物联网关键技术丛书·电子标签与网络

# RFID 物联网世界最新应用

[日]三宅 信一郎　周文豪　编著

北京理工大学出版社
BEIJING INSTITUTE OF TECHNOLOGY PRESS

**图书在版编目（CIP）数据**

RFID 物联网世界最新应用／（日）三宅 信一郎，周文豪编著. —北京：北京理工大学出版社，2012.7（2019.1重印）

ISBN 978 - 7 - 5640 - 6250 - 7

Ⅰ. ①R…　Ⅱ. ①三…②周…　Ⅲ. ①无线电信号 - 射频 - 信号识别 - 应用　Ⅳ. ①TN911. 23

中国版本图书馆 CIP 数据核字（2012）第 145086 号

北京市版权局著作权合同号　图字:01 - 2012 - 5010 号

出版发行／北京理工大学出版社
社　　　址／北京市海淀区中关村南大街 5 号
邮　　　编／100081
电　　　话／(010)68914775(办公室)　68944990(批销中心)　68911084(读者服务部)
网　　　址／http：// www. bitpress. com. cn
经　　　销／全国各地新华书店
印　　　刷／北京虎彩文化传播有限公司
开　　　本／710 毫米 × 1000 毫米　1/16
印　　　张／18.75　　　　　　　　　　　　　责任编辑／施胜娟
字　　　数／389 千字　　　　　　　　　　　　　　　　　　申玉琴
版　　　次／2012 年 7 月第 1 版　2019 年 1 月第 3 次印刷　责任校对／周瑞红
定　　　价／58.00 元　　　　　　　　　　　　责任印制／王美丽

图书出现印装质量问题，本社负责调换

# 序　言

　　什么是物联网？物联网是在互联网结构中虚拟存在的各自唯一可识别的物品以及它们间的相互联系。

　　物联网概念最早是由凯文阿什顿在 1999 年提出的，通过 Auto-ID 中心开始传播，使得物联网的概念开始广为流行。射频识别（RFID）被看做是物联网的基础。如果将日常生活中的所有对象都配备射频标签，人们可以快速识别它们。

　　什么是信息技术？信息技术指的不是某一种技术，而是在它出现的 1958 年当时以至今天都不能用统一的名称来描述的一类技术。

　　出现在 1999 年的物联网可以说是信息技术的一部分。它是在网络上标识实际物品的虚拟存在。

　　信息技术包含了四个方面：网络、通信、计算和终端。

　　上述现代信息技术的发展基于计算机的数字计算。数字技术与模拟技术的区别在于数字技术具有保真、直接与快速三个重要特点；而现代数字技术是计算机技术产生的前提。

　　以 EPC 为标准的 RFID 之所以成为物联网的基础，就在于它是基于数字对物品进行标识的终端技术。它的"快速"源于"标识"（"贴标"和"识别"）。与之不同的模拟技术的代表是传感技术。例如，在指纹身份识别中虽然指纹可以转变为数字，但毕竟其本身还不是，它远不及上述"保真、直接与快速"的数字技术的特点。这就是"标识"在物联网特定应用上大大优于"传感"的原因。以光学原理为基础的"条码"也是一种"标识"，它已经开始由"传感"进化到"数字"的边缘。虽然这是一种进化但不如后来者居上的 RFID 电子标签。它不再依赖于对物理形态的感知而直接通过读取数字信息获得被标识对象的"身份"，因此能够更加自动、直接和便捷地认识物品。

　　物联网除了终端和网络之外，也要用到计算和通信，例如，云计算和无线通信。可以说，当今的每一项信息技术都不可避免地与其他相关技术有着天然的联系。但当今有人把物联网与传感网，甚至信息技术全体相混淆，搞乱了认识世界的客观规律。因此我们为物联网正名，恢复其本来的意义非常必要。发展物联网的同时对于信息技术的其他领域的发展也起到有力的推动作用。有时我们不得不称之为"RFID 物联网",来区别其他被误称为"物联网"的东西。本书书名中也包含了这种因素。

明白了这些,世界就有了共同语言。中国就不会也不必要再关起门来"独善其身"地"胡思乱想"。认识物联网本来的意义,明白它并非信息技术的全部,既不包含传感网,其本身又与泛在网不同。这样认识和行动对于发展各种信息技术都十分有利。

物联网具有"物品、名称、自动"三要素。也就是说,物联网涉及的对象仅仅是"物品",为此每件物品需要有"名称",而识别这些名称还需要"自动"。三者缺一不可,分别代表着物联网的目的、手段和特点。RFID 就是通过对被贴标"物品"的标签上的"编码"进行识别的,与其他手段如条码相比更具有"自动"的特点。这些在本书中都有体现。

运用 RFID 物联网首先要从自动识别这种终端技术出发,本书列举了大量事例并做了充分介绍。同时涉及了网络技术,才能做到物品的互通互联。本书虽然没有在网络方面大费笔墨,但是从各种应用的背后都映衬出网络的存在。网络就像日常使用的电力、通信、计算那样须臾不可或缺。它们对 RFID 应用的重要性自然不言而喻。

物联网最大量的应用何在?就是把还在生产线上的零部件和刚刚下线的产品用可唯一识别的电子产品编码来标识,使得该产品能够在现实与虚幻的世界中得到同一的唯一识别,在物流与电子商务等应用领域中做到数据共享,并为现实的生产和生活所利用。这样的物联网才具有实际意义。RFID 在对物品标识的重要标准 ISO/IEC18000-6c 上充分体现了网络的存在,它使电子标签只需要编码,而其内容需要到网络上去查询和解释,也就是使得电子标签成为"后台"方式的了。这为物联网的"快速"、"准确"、"低成本"以及"安全"提供了保证。甚至使得 RFID 在身份认证、防伪、安防、定位等诸多领域都得到广泛应用。这些应用在本书中也可以找到。

本书重点着眼于上述与产品关联最紧密的两个领域:现代制造业和物流业,突出了上述物联网三要素中的手段——标识。而本书涉及的频率多为超高频。虽然部分章节涉及了 2.4GHz 微波频段,其实微波的称呼是从波长的角度而言,从频率来讲还是超高频。在编码标准上本书主要涉及的是 EPC,或者是将其上升为国际标准的 ISO/IEC 18000-6c。这是世界上现代制造业和物流业的主流标准。只有当世界采用了共同标准之后,物品无论在现实世界还是在虚拟世界中的流通才能如行云流水、来去自如。

RFID 技术实际就是电子标签技术,搭载着记忆编码芯片的电子标签是条码纸签的"上位"电子版本。物联网的自动的特点才因此得以实现。根据本书作者们的切身体验，时下相当普及的条码技术一旦升级为 RFID 之后，其优越性就得到了充分体现。

本书所收集的 RFID 在全世界包括欧美亚地区已经实施的三十四个应用案例都是 RFID 物联网的应用。这些案例不愧为物联网应用的瑰宝，也不会因为岁月的稍有流逝而略减光芒。

作者们援引的成功案例都源于亲身经历的实践。最可贵的是在翔实地记述了应用的背景、解决的问题和达到的效果之外，他们把实施过程中的宝贵经验毫无保留地与读者分享。

发展 RFID 物联网产业，对于推动现代制造业、物流业、食品以及医疗卫生行业都具有极其重大的意义。本书向读者力荐的还有参与本书写作的企业、团体和个人的那种脚踏实地的工作风格。

RFID"门槛"并不高，入门也很容易，但是把读取率提高到百分百并不简单。本书作者与其他实践者们把降低系统的成本、扩大和普及面向全社会的应用作为自己的终极目标。吸取本书的成功经验，反复实践极为重要。我相信伴随此书的隆重问世，读者们一定能够乘 RFID 之强劲东风，行物联网之万里航船，乘风破浪高歌猛进！

《射频世界》杂志、《世界物联网》主编　周文豪

# 前　言

至今我仍然能够回忆起 2004 年夏天在美国所看到的场景。那是我作为日本赴美国参观团的成员在参观美国田纳西州的孟菲斯的惠普公司的印刷机装配和发货中心时所看到的场景。

当踏进这个打印机产业中规模最大的惠普公司的大门，在这家面向北美市场的最终装配和发货中心时，我看到了从未见过的壮观场景。

在那里竖立着一排由牢固的钢管制成的牌坊般的门柱。在每根钢柱上都设置着朝向不同角度的天线。叉车运载着装满纸箱的托盘钻过门柱。在仓库的地板上，散乱着一些条形码的标签。捡起一枚一看，在标签上还有天线和 IC 芯片。

"这究竟是什么呢？"我好像走进了科幻世界。

其中让我印象最深的是，装配线后端的工人和出货码垛前的叉车司机使用着我未曾见过的全新机器。业务流程虽然都是新近设置的，但是大家却操作自如，看上去似乎早就习以为常了。在生产线的旁边，工人们有时一边拿着 RFID 标签，一边相互交谈着什么。我和厂长见过面之后，他便开始滔滔不绝地介绍起 RFID 对于企业运营的重要性。我仔细听了他的介绍才开始明白起来。我有感于他对如此全新的日常业务流程了如指掌。

我注视着那些散乱的 RFID 标签，仿佛感受到了什么。

"毫无疑问，这是一种创新，它将改变世界。其他国家迟早也将把眼前的景象变成现实。"

在日本，为了面向普通市场推广和普及 RFID，我参与了政府组织的实践检验活动。当时，为了把手机使用的部分超高频频段让位给 RFID 使用，政府正在准备制定和实施与 RFID 相关的电波法。与美国麻省理工大学，美国的沃尔玛、英国的乐购、德国的麦德龙等大型零售商，以及宝洁、惠普等大型生产商，条码和 RFID 的标准化团体，系统集成商等共同合作，酝酿着在世界任何地方都能应用的 RFID。与此同时，国际标准化组织确定了 RFID 的一些世界共同标准。

通过生产商的努力，高性能的 RFID 标签和读写器已经在世界各地热销。欧美用户自不待言，日本、中国和韩国等亚洲各国的政府团体和民间企业也都开始积极推广 RFID，从而出现了社会与企业对其广泛应用的世界性热潮。

当时在日本社会虽然有些人听说过 RFID，但是对于它是用来做什么的，以及电波、IC 芯片、信息技术中的一些专业词汇就不太明白了。使用 RFID 的似乎仅仅限于一小部分大型企业。很多人对于这种新的电波技术或许还有些感到不放心，他们感觉与 RFID 相比还是条码这样的光学技术让人们更放心些。RFID 的读取率达不到百分之百的传闻、RFID 标签的价格太高等因素使人们对它敬而远之。面对如此卓越的技术，真正愿意放眼将来并努力尝试和实施的企业或团体并不多见。

当然 RFID 不是表演魔术用的魔杖，不具有点石成金的神奇。至今从世界范围内体验和运作过的人那里收集到的信息也是褒贬不一、参差不齐的。但是，RFID 能够实时、准确和自动地采集数据却是有口皆碑的。

就连在社会和生产活动中原来采集不到的数据现在也能够采集了，不透明的地方变得"透明"了。世界上发生的事件的相关信息超越了时空和距离，都能为人们获知。这有点像具有超视距的飞机那样借助于雷达能够看见仅凭人类的视觉所不能看到的世界那样，仿佛世界之窗突然被打开。

面对能够在世界上推行的如此卓越的技术，不论是专家，还是普通的读者，又或是刚刚听说过 RFID 却不解其详的人，包括感兴趣的普通人、学生、教师、主妇等，我都热切希望大家更全面地了解一下 RFID。

愿上述人群，获知 RFID 的本来面貌，去掉过分的期待、走出误解与略带恐惧的误区。愿本书作为广泛传播的福音，支援普通大众的普及活动。同时期望通过阅读和实践，为读者带来更深刻的理解和对社会的改革作出更大的贡献。

到目前为止，很多 RFID 的相关书籍已经出版，但是大多数都是介绍 RFID 的基础知识。本书与那些书不同之处在于，没有把主要精力花费在晦涩的专用词汇上，而是把以实践为基础的成功案例精选出来，深入浅出地讲述 RFID 的应用方法和价值。

书中列举了众多事例，跨越的地理范围遍及亚洲、欧洲、北美、南美等区域，涵盖物流、流通、零售、制造、公共、服务、医疗、环境、教育等广阔领域。具体来说，包含库存管理、生产管理、资产管理、店铺商品管理、销售管理、到场人员管理等诸多方面。若您有意实施 RFID 技术，本书必将成为您的参考资料。

我深信广大读者一定会与本书介绍的案例以及作者的感受产生共鸣。务请认真思考，举一反三，不停留于些许细节，而是面向未来，大胆灵活运用 RFID，在为世界造福之路上迈出最初的第一步。

从小处着手，但是从现在开始。

　　从本书附录 2 的"作者介绍"可以了解到，本书八个章节是在日文《RFID 活用战略》一书的七位日本作者所著相应章节的基础上翻译、补充、修改而来的。同时追加了三位中国作者所著的其他章节。因此本书是一本由日中作者精诚团结、珠联璧合而著的新书。本书见证了近年来 RFID 发展的变迁。其中美欧的相关技术产品和应用与亚洲相比较早一步，但是亚洲的进步和发展也十分迅速。我们相信随着本书的问世，欧美亚在 RFID 技术和应用领域必将产生出大量卓越的成果。我们还将为这些应用著书立传，继续见证上述应用的变迁和进程。

　　我谨代表编者向参与写作的中国及日本的同仁、翻译者、技术资料和图片的提供者、本书涉及的 RFID 实践的亲身参与者表示由衷的感谢！

　　在此，特别对于参与本书相关章节翻译的许庆云、彭石婷、殷烽彦以及为中日编著者之间的协调提供莫大支持与帮助的无锡市浩汉物联传感技术有限公司和无锡飞威信息系统有限公司表示深切的谢意！

三宅　信一郎

# 目　　录

# 第1章

# RFID 的基本知识

## 1.1　电子标签（RFID）的概念

一般来说，电子标签（RFID）由 IC 芯片和天线构成，是使用非接触的阅读器读取所搭载的 IC 芯片上存储的 ID 等数据的一种标签。其还被称为电子标签、IC 标签、无线标签等。本书称它为电子标签。非接触 IC 卡也用到 RFID 的原理，但本书因与其用途不一样所以并不涉及它。

电子标签系统的基本构成如图 1.1 所示，电子标签和阅读器之间在超高频频段或微波频段中，通过电波（短波、长波）方式或电磁诱导方式进行通信。

电子标签中的 IC 芯片吸收电波和电磁波中的能量来提供电源驱动 IC 芯片，由整流电路、控制电路、发射接收电路、内存等构成，如图 1.1 所示。吸收电波和电磁波来提供电源的标签叫做被动型电子标签，自身带有电源的是主动型和半被动型的电子标签，电子标签的种类如表 1.1 所示。

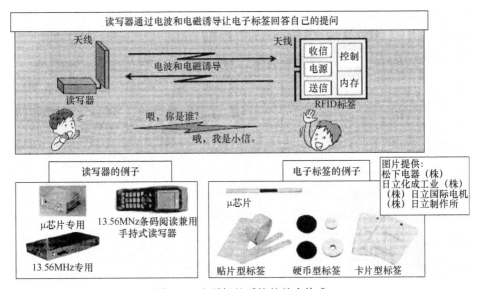

图 1.1　电子标签系统的基本构成

**表 1.1   电子标签的种类（根据供电方式不同分类）**

| 标签类型 | 概要 | 有利 | 不利 |
|---|---|---|---|
| 被动型 | 标签内不含有电池，依靠电磁感应产生电力 | 廉价不用维护 | 通信距离最多只有几米 |
| 主动型 | 标签内含有电池，可以自己发送电波 | 通信距离有几十米 | 电池寿命有限，需要维护，高价 |
| 半被动型 | 标签内含有电池，靠反射读写器的电波发射信号 | 与主动型相比电池寿命长 | 必须维护，高价 |

在通信中被使用的诱导电波和电磁波的频率，从长波到微波使用了各种各样的波。要是频率高则天线可以短。波长 = 光的速度/频率，这就是一般电学教科书上可以找到的计算公式。一般来说，电子标签采用的是 1/2 波长以下长度的天线，例如，微波的天线在 6cm 左右，超高频为 15cm 左右。同样，在短波中，1m 以上长度的天线是必要的，这种情况下由于比较难做，所以要把天线卷成线圈形状。此时，不是用电波，而是用电磁诱导来通信。根据频率和方式，方向性和水，金属的影响方面有各种不同的特性。图 1.2 总结了几种频率标签的各种特征，由图也能够看出，不能简单地认为频率高的其尺寸就小、性能就好。理解了它们的特性后根据用途来选择电子标签是非常重要的。

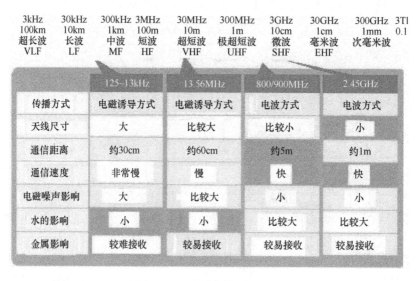

图 1.2   RFID 频率特征比较

# 1.2　标准化动向

电子标签一般都粘贴在物品上使用。由于这个物品有可能在世界范围内流通，为了使得它在世界任何地方都能读取，所以对电子标签的读取要有国际标准。简单来说，做到这一点要通过下面三个方面来推行 RFID 的标准化。

（1）电子标签和阅读器的通信方法的标准化。横跨企业流通的产品，为了读取贴在箱子等包装上的电子标签，读取和写入的标准化是有必要的。通过标准化，即使是不同的生产商的阅读器也能够自由地阅读和写入。

（2）电子标签中所存编码的标准化。储存在 RFID 上的商品识别编码也必须和条码一样进行标准化。标准化后的编码不仅能够识别商品，也能够检索生产商和保质期限，以及与原材料有关的商品信息。

（3）借助网络来使电子标签的信息共享并能够互换的标准化。进出货、验货以及商品的所在场所等，为了利用读取到的 RFID 信息并在供应链中共享利用，相关企业必须在这种信息的读取和互换上进行标准化。

如图 1.3 所示，"EPC 全球化"和"泛在 ID 中心"等多个标准化团体都在研究这些标准化。与此同时，各国在各自的电波使用方面也进行着规范化

| 标准化推进团体 | RFID标准化 | 编码标准化 | 信息共享方法标准化 |
|---|---|---|---|
| GS1/EPCglobal | UHF Class 1Generation 2 | EPC(SGTIN等) | EPC global-net word (EPCIS ONS) |
| 泛在中心 | — | ucode | ucode解决服务器 UCR框架 |
| ISO/ITU | ISO/IEC18000 | ISO/IEC15459 | ITU-T NID(NetworkedID) |

\*GS1：条码的标准化团体国际EAN协会美国和UCC合并，2005年发起的。
EPCglobal：GS1伞下的RFID关联内容的标准化团体。

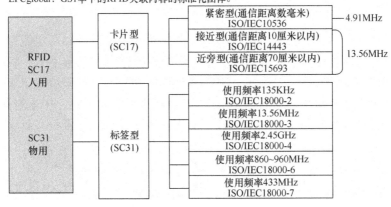

图 1.3　标准化动向

的工作。电波的规格包括频段、发射信号输出和散乱输出等，这要根据各国的电波情况来决定。

# 1.3　电子标签（RFID）的种类

这里简单说明一下电子标签的构成要素。首先是核心的 IC 芯片以及把芯片、天线和胶片合为一体的镶嵌片。现场使用的标签有时要把镶嵌片封装在纸张、塑料、陶瓷上，以便印刷文字，并把这种标签用不干胶或其他方法粘贴或固定在物品或包装箱上。IC 芯片是半导体生产商制造的，带有天线的胶片或瓷片要由天线专业厂商设计制造。这些材料的最终组合就是电子标签，如图 1.4 所示。

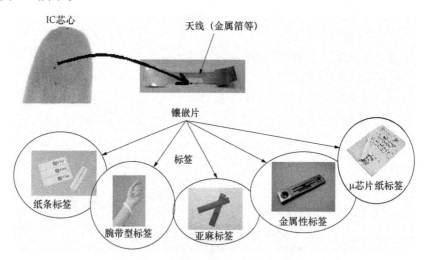

图 1.4　电子标签的种类（株式会社日立制作所　提供）

IC 芯片以国际标准为基准，根据制造商和种类的不同存在功能差和性能差，例如，能够存储数据的内存容量、影响通信距离的消费电力、数据安全等。用户想采用的标签中的 IC 芯片的这些内容并非通过肉眼就能了解。从制造商那里买来的标签，很大程度上受到 IC 芯片性能的限制。在选定标签时，不但要将视线放在 IC 芯片上，还要试验在性能和功能上能否和实际应用环境相匹配。

天线有时很关键，标签的种类和通信能力在很大程度上取决于天线的设计。由镶嵌片封装成的标签常常因天线的设计和材质对通信产生很大的影响，因此要特别留意天线的设计和加工对标签特性可能造成的影响。

标签的最终封装形式根据其应用不同而不同。用于货签的标签，有时需要做成能够印刷的纸质和胶片的封装。同样的，标签贴在纸箱上或是塑料箱上有时都会产生不同的效果，所以它们有时是由不同厂商提供的。还有一种标签，其表面的文字图形可以反复印刷和涂抹，其印刷面可以反复使用，所以它们适用于流通托箱或者 RFID 作业指示书。

　　有时，与其称之为货签不如称之为标牌更为贴切。搭载有天线和芯片的标签，要求在风雨中和在酷暑的气候条件下不产生变形。另外，在严冬或寒冷的地区，因为标签很容易被冻住，随着锤子等的冲击，标签容易随冰雪一起脱落，所以有的标签要求结实并有抗冲击力。此外，还有需要能够适用于金属表面的或者适用于在洗衣房内能够经得起洗涤的标签，这些标签都被研发出来了。推荐大家务必选定与用途相匹配、有效果并且效率高的标签。

# 1.4　其他外围设备

　　构成 RFID 系统的要素除了基本的电子标签和读取标签数据的阅读器之外还有以下物品（见图 1.5）。

　　（1）阅读器的外置天线。不仅仅是阅读器的附属物，也是接收和发射信息的重要构件。电波的强度由阅读器自身的输出和天线的利得两者来决定。有必要根据用途选择合适的天线，但根据电波法，不能随意改变输出功率的大小。

　　也有只读一个近距离标签而采用的技术叫做近场通信。

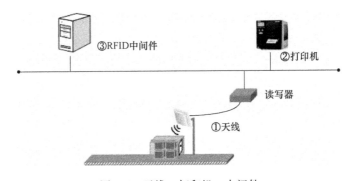

图 1.5　天线、打印机、中间件

　　（2）打印机。在供应链用途上将电子标签做成货签来使用。货签表面的印刷和电子标签的数据的写入有时要在不同的时间进行，这就有可能在某个环节上发生矛盾。一般电子标签的印刷和芯片写入同时进行。在写入数据时，因为能够检知错误，也就能够同时进行标签的甄别。印刷面能够被多次重印的标签的专用打印机，在标签表面印刷文字和条码的同时，也能够重写标签的数据。

（3）中间件。中间件不仅用作标签和读写器之间的接口软件，还起着包含过滤器作用在内的几种非常重要的作用。

为了了解过滤器的作用，我们来考虑如何构筑一个从货架上得知有哪些商品的扫描系统。阅读器对货架上的 100 个商品上的标签每 10 秒钟读取一次数据，如果这样的货架有 30 个的话，在每个小时内要进行 100 万次的数据读取和处理。在这些信息中，真正想要知道的是有多少商品新放到货架上以及有多少商品被拿开了，尽管在这一小时内只有几件这样的事发生，就要由过滤器从 100 万规模的数据中提取仅仅几个有用的数据。上述过滤有几种类型，其中差分过滤的作用很有效。差分过滤能够把读取标签的变化抽取出来，也就是说，当商品拿下货架或者放上货架的同时，贴在商品上的标签的信息编码被提取出来发送给事主。这样的另一个好处在于，多余的数据不被送入网络，网络也就没有多余的负担，原来的目的就能够达成。

除了过滤之外，中间件还可以控制工厂内的信号灯塔（蓝红黄色的信号灯）与显示器等外部装置，监视阅读器的工作状态等，与各种机能相适应要由各种软硬件来实现。

# 1.5　肉眼无法看见的电波陷阱

因为电子标签通过电波与阅读器进行通信，做到离开一定距离也能够读取，有时还要同时读取几个标签。但是，由于电波是肉眼无法看见的，其中的操作非常复杂，多数情况是人们并不知道究竟发生了什么。明明是同样的条件，为什么有的能读取而有的不能读取呢？这些问题有时难以理解。在本节中，着眼于电波来解答 RFID 的原理，研究通信距离和读取率的同时，介绍一些值得注意的重点问题。

## 1.5.1　通信距离

不带电池的标签叫做被动型电子标签，它吸收来自阅读器的电波中的能量后工作。如果与阅读器的距离很远就得不到足够的能量来工作。也就是说，标签的 IC 芯片所需的工作电力小则通信距离可以长一些。标签的天线如果能够将电波能量高效率地传递给芯片的话，也可以延长通信距离。但是，电波往往并非直线式地进行传播，通信距离不是可以如此单纯地决定的。

有人认为电波是从阅读器直线传给电子标签的，实际上并非如此。电波要在周围的地板、天花板、货架和叉车等各种东西那里反射过来。电波经各种东西，从不同方向反射后抵达标签。上述四处反射来的电波与直接发射来的电波，有时不巧相互抵消，从而使得应该可以读 3m 远的标签却连 1m 远的距离都读不到，这种情况时有发生。反之，也可能与反射波相互加强，超过了应该读取的范围，就连 5m 远的距离也能够读到，这种情况也会发生。

电波不仅仅具有在物体上被反射，也具有容易被物体吸收的性质。例如，如果在富含水分的食品上贴上电子标签，因为食品吸收了电波从而使通信距离变短。在梅雨季节也很有可能发生读取错误。此外，墙壁的材质和形状，旁边是否有人等，也会对通信距离产生影响。

由于电子标签的方向和贴付方法的不同，通信距离受到了影响。电子标签多数采用的是细长型的偶极天线。因为偶极天线能够接收各个方向的电波，所以得到的能量的强度不同。而且，标签中的多数产品自身存在个体差异，必须要考虑通信距离参差不齐的情况。

花费了很多工夫后，虽说电波能够传递得更远了，但是也不尽然。有时想要对眼前的货架上的商品进行盘点，读取的却是它对面那个货架上的商品，或是它背后那个货架通过墙壁反射过来的商品的信息。在充分调查实施目的和利用环境之后，进一步根据验证实验的结果，来灵活运用 RFID 在离开物品一定距离也能读到的这种特性。

## 1.5.2　多个标签的读取和读取率

所谓的多个标签的读取指的是当货品通过进出口的同时，要求读取到如运载在传送带或托盘上的数十个乃至数百个货物标签的情况。在多个货物标签中被读出的概率叫做读取率。读取时若希望通信距离长且电波的扫描方向宽，则选用电波扫描范围比较宽的超高频 RFID 较为有利。在供应链等应用领域中，世界范围内多采用和推行这种超高频的 RFID。

读取率除了与通信距离和扫描方向有关之外还会受到其他各种各样的因素的影响。例如，出入口的通行速度，标签和阅读器之间的通信速度，被粘贴标签的物品和箱子的材质，箱子的堆放方法、温湿度和天花板的高度，附近有无其他阅读器工作等，但是影响程度各不相同。有时看上去没什么关系，实际上包含了数不清的影响因素。

在此，先了解一下多个标签读取的原理（见图 1.6）。当使用阅读器查询标签时，需要少许时间，标签先后应答阅读器的查询。因此阅读器会将标签逐一地读取下去。如果有两个以上的标签同时回答时，阅读器就再度进行查询。查询到的标签被做上记号并令其"休眠"，防止再次被读到。像这样在阅读器和标签之间进行着高速的数据交换处理，这个过程被称作拥塞控制和防碰撞。

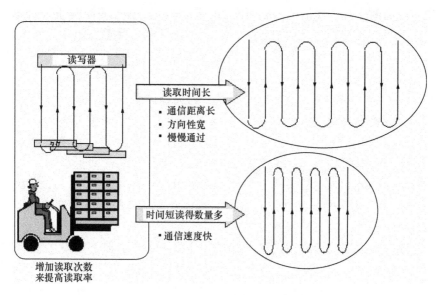

图 1.6　同时多读的原理与读取率

在理想的状态下读取 100 个标签大概会花费不到 1s 的时间（通信速度 40kbps 的情况）。在此期间，台车和传送带，叉车上运载的货物移动了从 1m 到数米。虽说在这段时间内阅读方向发生了变化，但是由于通信距离可达到数米，即便贴有标签的物品移动也能够成功读取。也就是说，只要是扩大读取范围，延长读取时间，就可以增加阅读器和标签的信息交换次数（见图 1.7）。

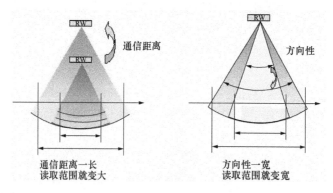

图 1.7　多读时提高读取率的方法（读取范围扩大）

还有别的方法用来提高读取率，这就是阅读器和标签之间的高速化通信的方法。图 1.8 是根据超高频的 RFID 的通信速度的差异读取率的实际测量结果。通信速度要是上述 40kbps 的 4 倍 160kbps 的话，100 个标签的理论读取时间将缩短为 0.2s 左右。使用通信距离短的小型标签在传送带高速运行的情况下，也能够改善读取率。

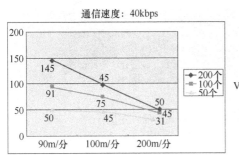 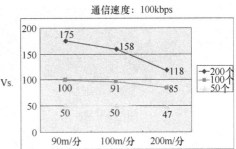

图 1.8　多读时提高读取率的方法（提高通信速度可在短时间内多次读取）

## 1.5.3　与电波的"交流"

电波是肉眼无法看见的，通过各种各样的研究和验证实验，人们煞费苦心希望更准确地读取标签上的数据。例如，很少有使用阅读器在一定的场所中准确读取 100 个标签的理想情况。例如，箱子中如果装有了含有金属的商品，屏蔽了电波，就不能从某个角度读取。又如，在箱子中有多个标签，要是因为靠近的标签或物体遮挡了电波，电波就不能传递到其中的某个标签。因此，要改变阅读器的天线的方向和货物的位置，尽可能在所有的角度都能够读取。在惠普公司北美的印刷机工厂里，商品运载到托盘上之后要通过包装工程。在包装装置上设置阅读器，让每个托盘回转，能够一边进行回转包装一边进行读取（见图 1.9）。通过多次重复实验，终于实现了 100% 的读取率。

被设置在附近的其他的阅读器也会影响阅读器的工作。要是同时从多个阅读器中发出电波，就会相互产生干扰。因此，制定了细分化频率频段以及电波不能持续发射的休止规定。但是，如果这个规定不能够顺利执行的话，就会制约通信速度，缩短通信时间，从而使读取率下降。而且，对于通信距离长的超高频的情况，因为来自其他阅读器的电波一旦到达，不归它读取的某个标签却被读取；相反，本来应该读到的阅读器反而不起作用。这就提醒我们，在设置了多个阅读器的情况下，必须事前充分进行布局设计。在现场，对天线的位置、方向进行调整并对阅读器控制参数做优化设置是非常重要的。这些操作正确与否决定了在现场工作的读写器的读取率能否达到理想水平。

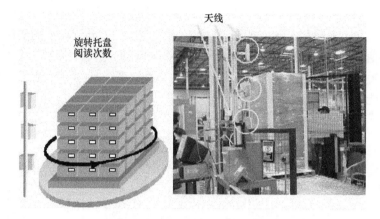

图 1.9　同时多读的案例（日本 HP 株式会社　提供）

即便事前设置得多么完美，也会出现电子标签坏掉的情况。无论如何，在要求读取率为 100% 的情况下，必须一个一个地读取。不采用装载到托盘上之后全部一次性读取，而是在装上托盘的过程中一个一个读取的方法，那么万一有损坏的标签出现，也就能够知道它是哪个箱子上的哪个标签，就便于进行相应的处理。

遗憾的是读取率不可能达到 100%。这就和电脑系统的运转率达不到 100% 是一样的道理。但是另一方面，电脑系统的读取率同样能够无限接近 100%。这依靠的不仅仅是熟悉 RFID 的专家们的力量，也包含读取遗漏时的应对策略的应用设计。

# 第 2 章

---

# 逐渐扩展的 RFID 应用领域

## 2.1　来到身边的 RFID

十多年前，RFID 的应用就开始出现在我们的身边。滑雪场的缆车检票处和停车场的出入口等，都有 RFID 的身影。利用 RFID 的钥匙是一种汽车的防盗技术，钥匙中的 ID 若与汽车本身装置中的 ID 不符合，发动机就不能启动。

2005 年，日本爱知县举办的世界博览会（即爱知万博）的门票上嵌入了电子标签防伪技术，做到了顺利入场和退场。这有助于统计入场人数，以及展馆的预订等。

此外，RFID 还应用于自行车停车场管理和驾驶执照、护照、借书证、交通卡等领域。等电车时，从眼前经过的火车集装箱上也有电子标签。各位读者肯定都接触过一到两个 RFID 的使用案例。

这些应用实例都是很贴近生活、显而易见的。还有在产业界被运用了很长时间的案例，如生产线上的应用和库存管理。

如果在条码上涂上涂料而不能够被读出来，作为代替它的自动识别这种媒介的 RFID 就得到应用。在托盘上贴上电子标签，通过叉车上的 RFID 阅读器来读取，以此对商品的位置信息进行管理，这样的想法也就顺理成章了。

特别是近年来，随着技术的进步，RFID 的价格也有所降低，同时由于媒体和各种书籍的介绍，RFID 更加为大众所了解，应用案例变得众所周知，应用范围也大为扩展。

## 2.2　生产管理与零部件管理

这是很久以来实际应用 RFID 的一个领域。

大多数制造业都从大量生产逐渐过渡到所谓"多品种少数量"的生产方式上来。即便是在生产线上，把在大量生产时相同的工作在尽可能短的时间内以同样的精确度来完成，这一点也是极为重要的。但因为是多品种少数量，随着每件产品的改变，其工艺流程随之发生变化。对于全部的品种都要记住它们的操作，要高精度地完成它们，也需要花费很长的时间才能熟练起来，并且发生错误的概率也比较高。

此外，对于要装配的产品，参照操作指示书上的条码与信息系统，让操作工能够保持以正确的零部件和正确的顺序来装配，提高了装配工作的准确性。但是与此同时却增加了一个读取条码的工作。

原以为"最多几秒钟就能完成"，但生产线上需要读取的地方可能多达几十处。就整个工厂而言，条码的读取次数是数千回、数万回，甚至更多。随着能够读取的条码的正确率的上升，生产效率就提高了。但是需要读取的地方过多的话，恐怕生产率反而会下降。从操作现场来看，条码被弄脏或是被蹭掉，就难以读出来了。从这个角度来讲，RFID 的优点就更被认可并开始实行起来。

使用了 RFID，又不增加阅读次数，又能够了解下一个产品是什么。对于工人来说，不但能够准确显示出工序，还能够计算每个人所使用的工作时间。这是实施 RFID 技术的另一个优点。

如果某道工序花费时间太长，而产品持续不断地被投入过来，这道工序便形成"瓶颈"并有可能导致全体生产线都被迫停下来。因此，要求在生产投入顺序上多下工夫来谋求操作的平稳化。所以，每道工序所需时间的预算对于生产线的投入设计以及工序的安排都至关重要。这不再仅仅依赖于长期积累起来的经验，还能通过 RFID 取得的实际成效来进行投入顺序的调整和工序的改善。

多品种小数量的生产方式也影响到保障材料的供给和处理零部件的手续。生产工序的作业指示每次也都不同，那是因为每次装配的零部件都不相同。

首先，由于产品种类增多，与以前相比就不得不处理更多种类的零部件。其次，每件产品的生产量很少，使得每种零部件的库存也相应减少了，所以越发谋求对零部件的多品种小批量的库存管理的精准化与效率化。

由于 RFID 技术适于管理零部件，所以早期就开始了针对解决上述难题的尝试。在每个产品上都粘贴电子标签，实行起来费用很高，但是批量单位的零部件管理已经有过一些成功案例。有了 RFID，即便工序经常变化也能够保证零部件随之灵活地准确供给。

为了应对生产现场的需求变化，之前人们就进行着反复的生产改革。现在，RFID 的出现就格外引人关注。在此基础上很多企业已经开始利用新技术并注重其经验的积累了。

# 2.3　供应链管理

沃尔玛要求有贸易往来的前 100 家供应商，在其进货包装箱和托盘上粘贴电子标签。原定期限是 2005 年 1 月。这个要求一时在全球引起一片哗然。因为 EPC（电子产品编码）在全球的普及，作为自动 ID 中心加盟会员的惠普、沃尔玛、吉列、宝洁、金佰利等零售商与供应商都开展了 RFID 在供应链的实用化研究和试验。于是，沃尔玛就断然决定了 RFID 的实际使用。

还有一个背景是欧美已经不能再忽视"缩水"造成的损失了。所谓"缩水"指的是商品从制造商那里出货，通过流通传递到消费者手中的过程中，由于盗窃和遗失等原因，商品数目减少的情况。据说美国的"缩水"数量已经达到了百分之几十。在店铺里被偷窃和在物流过程中的损失尤为巨大。由于 RFID 技术推进了物流的透明化，预计其能将"缩水"抑制到最低程度。这样看来，RFID 对于推动供应链管理的改善已经是势在必得的了。

然而，RFID 并非仅仅对于上述"缩水"有效。为了满足消费者需求的多样性，生产和销售商品的种类也在急速增加，但每个品种的库存量却大大减少。其导致库存和订单与以前相比，要求进行更加详细的管理。电子数据交换（EDI）技术为此起到一定的帮助作用。订单的间隔从每月一次到每周一次或每日一次，甚至是每两小时一次，其周期逐渐缩短。为了达到对流通、库存和物流过程实行透明化的管理，要求像 EDI 那样更加强化对供应链的管理。

信息系统和 EDI 在不断进化，所以数据的实时性和致密性也在随之提高。但是有时现场常出现数量不够的现象，应该有的产品却没有的现象经常发生。也就是信息与物品大相径庭。

RFID 的应用为解决这些问题带来了希望。实施了 RFID，就会像制造产品时那样，不论在什么场所都能够准确地检测到相同的任何种类商品的数量。何时向仓库运进了何种商品，在何时运出仓库之类的信息不必通过人而直接通过识别装置传入信息系统。信息和物品变得一致起来，即如信息所表示的那样，使某种商品在某处的准确率达到 100%。

信息和物品相互一致的效果非常明显；提高了按期交货率，使流通库存得到优化，预测信息的准确性也上升了。上述效果不过是其中的一些例子而已。进一步说，如果这种商品信息在零售商和供应商之间的供应链上的各个参与者之间都能够共享的话，那么其效果就会倍增。以前制造商从零售商得到订单后才能根据销售数据来重新修改生产计划，如果在流通过程中能够得到信息，则能够以实时信息为基础随时修订生产计划。

在 RFID 不断推广的过程中，与供应链共享信息的 EDI、生产、销售、物流等信息系统今后必将发生翻天覆地的变化。

## 2.4　跟踪管理与产品生命周期管理

在日本经常能够听到"产品生命周期管理（PLM）"的说法，这可能是由 2003 年公布的牛肉跟踪管理办法引起的。本来跟踪管理是检测仪器的术语，但是，现在它进入流通领域，用在了与产品有关的信息方面。

人们对于食品的卫生与安全越来越关心，对有机农产品的关注度越来越高。人们都希望公开生产与流通过程。对于国产的牛肉，要求每头牛的肉在商店里都要标示 10 位数的个体识别号码。根据网络，能够检索出其双亲的品种、在哪家农场出生、被转移到哪家农场、何时与何地被屠宰等信息。而且，在医疗与医药领域，疫苗等生物药品以及医疗设备的维护，都受到新修订的《药事法》的限制，从法律上规定了它们具有必须接受跟踪管制的义务。

对牛肉、医疗与医药的跟踪，也包含对生产流通路径的溯源，或称追溯。例如，农民也能够了解自己的产品经过什么样的流通路径、何时到达哪家商店、何时卖出的各种信息。

产业界特别是在制造业，很久以前就开始让跟踪体系化了。制造号码的商品编码化，使每道生产工序通过读取该产品的编码，在数据库中记录下必要的信息以备跟踪与溯源。使用这个数据库，能够较好地管理工厂和公司内的生产流程。但是，凭借传统的方法，一旦产品从工厂发货之后，其信息就难掌控了。在保管和召回时得不到必要的信息已变成一个难题。

恰好在牛肉跟踪法公布之时，RFID 也引起了关注，于是人们不断地把跟踪管理与 RFID 结合起来进行研究与实验。不仅仅是食品行业，同时波及医药、家电、电子机器、国际物流等多个领域。其中，与家电相关的产业需求最大，例如，如何对商品的价格进行标识。因此，在 RFID 的实施上，人们进行了普遍与积极的探讨。

对于家电产品来说，要在每一台产品上都附上生产号、登录卡（明信片），并通过网络使用户可以登录。农民也是一样，自己的产品在哪里以及由谁销售了的信息已经成为市场营销的重要参考依据。不仅如此，在召回的时候，因为有了追溯信息就能够快速地实行召回。召回时间越短，就越能减少对用户的困扰，还能够节约召回成本。

如果购买了家电产品的用户进行了登录，就算出现了始料未及的情况都会及时得到通知。如果人们希望，还可以及时得到新产品和耗材等有关信息。

购买新车时的登录已经成为销售商的义务，在召回时对每个登录过的用户都发送"重要通知"。对手机用户，及时发布每月的账单、新服务和新机型的通知。

尽管对于用户来说，诸如此类的优惠和便利显而易见，但是实际上还有很多人不登录。于是厂商设置了奖品，对登录的人群开展优惠宣传活动。这样的活动有的已经持续了十多年，但仍然收效甚微。

眼下，废物再生利用和产品安全等社会需求日益高涨。因此，跟踪管理获得快速发展。产品生产后被销售，经过长期使用后被废弃，然后循环被再次利用。这是一种对产品一生进行管理的想法，被称为产品生命周期管理（PLM：Product Lifecycle Management）。

实现 PLM 不仅仅依靠制造商的努力，而且与物流，与流通、零售、保管、再利用业的合作也是密不可分的。更加重要的是，要得到消费者，也就是用户的密切配合。目前官产学都在共同努力实行 PLM，持续开展构建更加安心、安全、舒适社会的活动。

## 2.5　物流财产管理

在物流界实施 RFID 技术的研讨与实施在持续不断地进行着。货物运输时往往是搭载在存放它们的物流容器中，如托盘、周转箱、包装箱、集装箱、柔性集装袋等。在很多情况下，那些容器运送完货物被腾空之后也需要通过运输来回收。所以更加有必要使用 RFID 技术对于上述物流容器进行有效的管理。

纸板箱有一次性使用的，也有重复使用的，但是托盘和周转箱有时需要回收再利用。这些被再次利用的物品被称作可回收运输品（RTI：Returnable Transport Items）。令人感到不可思议的是，经过一年的使用，可回收运输品总是越变越少，必须经常重新订货加以补充。根据运输货品的不同，有时托盘比货品更昂贵。RTI 的遗失对企业来说损失很大。

通过 RFID 来管理 RTI，不仅仅是保护财产，对装有货物状态的 RTI 的管理也是对货物的管理，除此之外，没有对这批货的更好的管理方法。只要给 RTI 粘贴上标签，即便不给每件物品一一贴上电子标签，也能够看到 RFID 技术对整个托盘上的货物管理带来的好处。

因为 RTI 是反复利用的，贴上的电子标签也可重复使用，所以电子标签对于物流总成本的影响微乎其微。好的性价比，是实施 RFID 合理性的重要因素。而且，RTI 往往既是货主的财产，也是物流业者的财产。二者的基本诉求与问题的解决手法都是一致的。

# 2.6 安心、安全与安防

## 2.6.1 加强安防

以 2001 年 9 月在美国发生的多起恐怖袭击为契机，美国海关贸易合作反恐程序（C—TPAT：Customs-Trade Partnership Against Terrorism）在全球的物流领域中强化物流安防的呼声越发高涨，现在采取什么对策是重中之重。

而且，近年来日本国内的企业实施了"内部管制"系统，即执行了J-SOX 法，执行了"供应链的安全管理体系的条款制定（ISO/PAS28000）"，以及根据"世界关税机构（WCO）的国际贸易的安全保证以及顺利实施的基准框架"的要求，在产品物流的跟踪与管理的需要与物流从业者的风险管理政策等方面，围绕相关物流企业的环境发生了很大变化。就全球的物流而言，全面实行安防政策在很多国家都已经成为紧急课题。

对日本国内配送中心员工的勤务管理以及加强对他们在仓库内的活动进行监管等对于人员管理所采取的相应措施必然在减少货品的被盗、损坏、遗失等问题上产生积极的影响。与此同时，促进了仓库内作业的高效率化和透明化。

另外，以 2001 年 6 月在大阪池田市（大阪教育大学附属池田小学）内发生的事件为契机，对于学校儿童上下学以及外部人员进出校园等，使用 RFID 技术来进行安全监测的可行性和必要性展开了积极讨论。而且，关于聋哑、老人福利院等机构的人员以及医院住院病人的个人认证和活动状况的掌握，还有新生儿室的进出、药品投放的安全管理等的安防问题都进行了全方位的探讨。为满足这些实际需求而进行思考和探讨都引发了人们对于新技术特别是 RFID 技术的浓厚兴趣和研究活动。

## 2.6.2 RFID 可适用于安防

一般来说，现在的 RFID 电子标签的种类根据标签内电源的使用情况大致分为三种（见表 2.1）：被动型、半被动型、主动型（参照第 1 章表 1.1）。在集装箱上搭载的作为开封履历管理的电子封条、人或物品上设置的用来实现活动路径管理的标签中，主动型标签被积极采用。

表 2.1　根据本身是否内置电池来分类标签

| 方式[1] | 主动型（微弱无线或特定小电力） | | | | | | 被动型（结构内无线或特定小电力） | | | |
|---|---|---|---|---|---|---|---|---|---|---|
| 电池 | 内置 | | | | | | 非内置 | | | |
| 频率 | 300MHz以下 | 300~426MHz | 433MHz | 245GHz | 2.4GHz（IEEE 802.11方式） | 5GHz以下 | 125/134kHz | 13.56MHz | 860~960MHz | 2.45GHz |
| 通信方向 | 双向通信型，或是标签发射型 | | | | | | 双向通信型 | | | |
| 通信距离[2] | ~1m | ~20m | ~100m | ~20m | ~100m | ~10m | ~0.3m | ~0.7m | ~8m | ~2m |

[1]　此外，有叫做半被动型的用电池方式。

[2]　通信距离以国内电波为基础有大致的基准。

物流领域常常将被动型 RFID 技术用于当物品被搬送进出仓库时的信息管理。被动型的 13.56MHz 的卡片型标签广泛用于"人"的 ID 卡。关于保安方面对人的活动路径进行管理常常使用 300MHz~426MHz 频段的有源标签。而且，关于海上运送的集装箱这类用途，具有检测距离较长特点的 433MHz 频段的源标签因比较适用而受到重视。

加强应对恐怖活动、防止偷盗等安防以及简化国际物流手续等已经成为国际上普及 RFID 技术的最大动机。与此相比，在日本国内，有助于仓库操作的高效化、勤务管理、财产管理、活动路径的把握等的 300MHz 频段的标签也受到人们的重视。也就是说，对人员的应用也成为使用 RFID 的重要原动力之一。

为了适应日本国内电波法对无线电管理较为严格、发射信号比较微弱的特点，需要适当选择标签频率。于是考虑到利用简便易行、常常为人员的行动路径进行定位管理的 300MHz 频段的 RFID。通过这种管理，是谁、何时、何地等情况变得一目了然。不仅是定位，还能够根据时间判定人员的行走方向。例如，物流中心内的机器和操作位置如何优化配置，为提高作业效率的路径安排，学生上下学道路的优化，以及对于学校或周边来往人员的监视等，这些使用也都要顾及操作便利性。

目前，在物流的安防和人员的保安方面使用了 RFID。UHF 频段的主动式 RFID 的应用还处于一个开始与试行的阶段，但不可忽视的是，这将会出现许多成功案例。所谓"实时定位管理系统"（RTLS，Real Time Locating System）对于能够捕捉到位置信息的主动式 RFID 应用的需求日渐增长，也有些人准备开始实施。日本国内的配送中心、各种建筑设施、楼宇内部、限定的区域范围等场所及相对封闭的环境内开始实施 RFID 技术。对于其便利性和投资效果的评估，随着技术方案的不断落实，RFID 的普及加速是毫无悬念的。

# 第3章

# RFID 应用的先驱者

## 3.1　流通高效化的道路

## （淀桥相机株式会社：案例1）

### 3.1.1　日本最早将 RFID 用来提高效率

在日本颇有实力的大规模家电零售商淀桥相机株式会社（以下简称淀桥相机，总部在东京都新宿区，社长是藤沢昭和），将 RFID 技术应用于横跨各个企业的物流系统，成为业内构建先进零售业的先驱者（见表3.1）。

RFID 技术在日本的应用可以追溯到 2006 年 4 月，当时惠普和淀桥相机的另外几家供应商开始合作开发 RFID 的应用技术。

数码家电与多媒体市场的高速发展，商品的多样化，商品生命周期的短期化，店铺的大型化，交易量的巨大化，厂家与大规模零售商等供货商之间所进行的各种手续的繁杂化，这些都发生着急剧变化。

在这样的变化中，淀桥相机倡导的方针和策略是：面对来店光顾的顾客，汇集上乘的商品、丰富的品种，让便宜的价格、出色的客服、顾客无须等待便能得到一步到位的服务保持下去，以与供应商相互配合，从订货开始到配送中心收货，再到店铺的配送、店面的商品管理、供应链整体管理的一系列手段来保证时间得以短缩、流通成本得以控制，在绝不丧失任何销售机会的前提下实现恰到好处的库存量。

为此需要对流通业务和程序进行根本性的改革，必须利用 RFID 等的新技术来提高业务的自动化和高效化。

表 3.1　淀桥相机株式会社

| 公司名 | 淀桥相机株式会社 |
|---|---|
| 应用 | 物流·流通管理 |
| 场所 | 淀桥相机组装中心（神奈川县川崎市） |

| 公司名 | 淀桥相机株式会社 |
|---|---|
| 目的 | 从订货到向中心的运货、向店铺的配送，以及店铺的商品管理的全过程的供应链的高效化 |
| 项目期间<br>（计划开始与运行期间） | 2005 年秋开始计划大型商品项目；2006 年春开始运行；2007 年 5 月开始运行周转箱项目 |
| 电子标签设置对象 | 商品外包装箱和周转箱 |
| 实施效果 | 检查商品业务的时间和成本都缩减到原来的 2/3。另外，准确与及时两个原本矛盾的诉求得以两全 |
| 今后需完善之处 | 就商品外包装箱和周转箱而言，实现从供应商到店铺的全部物流与流通管理 |

## 3.1.2　在现场实施 RFID

为了建设一个拥有 $23800 \text{m}^2$ 面积并号称日本最大卖场的新店铺"多媒体秋叶原"以及东京近郊的多家大型店铺送货的配送基地，2005 年 10 月淀桥相机在神奈川县川崎市开设了一家新的物流基地——淀桥相机配送中心成为RFID 技术的实施试点单位（见图 3.1）。

图 3.1　淀桥相机配送中心（淀桥相机株式会社　提供）

最初，淀桥相机之所以根据 RFID 技术来决定改革的目的是为了在商品的进货方面提高检验业务的效率。要求打印机那样大型商品的制造商在商品的包装箱上贴上 RFID 标记后才能入货。另一方面，对于数码相机和电脑的周边设备等小型商品，淀桥相机把被称为周转箱的塑料制集装箱上贴上 RFID 标记后借给这些产品的制造商与大规模零售商，并要求他们把货物装在箱内发往淀桥相机（见图3.2）。

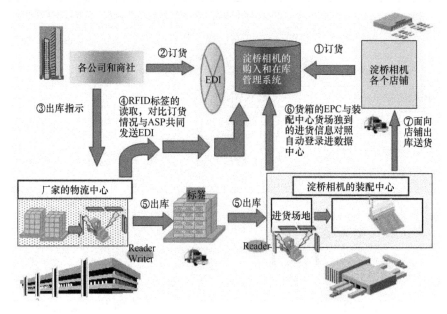

图 3.2    供应商和淀桥相机之间的 RFID 业务流程

淀桥相机在2005年9月召集30家制造企业，在公司总部召开预定于同年十月开业的淀桥相机配送中心的说明会。在说明会上，对于即将实施 RFID 与 EDI（电子数据交换）的信息管理手段也一并加以说明。实施 EDI 的目的就是要通过网络实现配送中心与厂商之间进行有关商贸交易的数据交换。

这个计划的目的是利用上述 RFID 和 EDI 实施最新的信息管理技术，精确并迅速地开展业务联系。通过商品上的标签编码的写入和读取来实现过去不曾实现过的这种挑战。

使用 RFID 和 EDI 进行业务的流程如下：

（1）物流仓库出货前，制造商在箱子上粘贴超高频符合 EPC 标准的电子标签。出货前在 RFID 标签上写入能够自动读取、对照订单指示书的内容后，在 ASN（事前出货通知）上记入 EPC 后再发送数据。

（2）在配送中心的出货码头上，司机将从卡车上卸下的货物的箱子通过在顶端安装的阅读器来读取上面的电子标签。再和事先由 ASN 送来的信息自动对照后完成验货，在入库检验、购买管理系统里登记产品。一个读取区域设置有 10 台阅读器，40 个无线电波装置，在大范围内能够读取每一个货物包装上的标签，提高了读取率（见图 3.3）。

（3）RFID 信息能够正确地被读取，商品检验完成之后，在有出货码的显示器上，作业员自动地实时反馈结果。迄今为止，都是由人工逐一读取入货商品的条码商品编码，加上读取错误时有发生，十分耗费时间和人力。而且，有时车辆同时到达，产生入货重叠。等待搬入容易引起车辆的停滞，效率严重下降。实施 RFID 之后能够解除效率低下和车辆堵塞的问题，时间和成本也降低到原来的 2/3。而且，使得正确性和快速性这两个原来难以两全的矛盾得到了圆满解决，做到了两全其美。

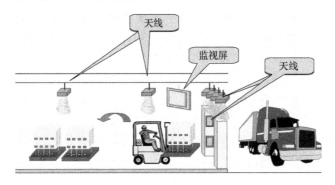

图 3.3　通过 RFID 来自动进行产品检验操作

更进一步来说，对于数码相机和电脑周边产品等小型商品，从 2007 年 5 月开始，淀桥相机利用被称作周转箱的塑料制容器（长 50cm、宽 35cm、高 30cm）逐一贴上 RFID 标识，开始管理此内装载的商品的数量、商品名称等。通过 RFID 标识对周转箱进行管理，以此对提高物流效率进行了尝试，淀桥相机在业界开创了先河。基于 RFID 的物流转运箱的物流路径如图 3.4 所示。

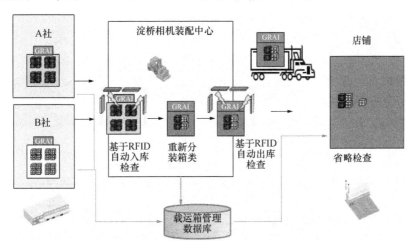

图 3.4　基于 RFID 的物流转运箱的物流路径

在大规模零售商以及其他商社的仓库中，商品装入周转箱出货之时，需要记载哪个周转箱内装的是什么商品的信息，然后通过 EDI 传送到淀桥相机的数据库中。在配送中心进货时，读取周转箱上的电子标签，并与数据库的信息进行对照。用这样的方法代替了手工验货。

配送中心为了提高装载效率，在商品重新包装后向各店铺发货。此时，根据新装入的商品的内容对周转箱上的电子标签重新登录，这样做也可以让收货的各家店铺废止了手工验货。

所实施的 RFID 采用的是符合 EPC 全球标准的超高频标签系统。每件货品的管理采用"每一包装一个标签（SGTIN）"的管理方式。在以周转箱为单位的管理中要使用被称为全球可回收资产标识（GRAI：Global Returnable Asset Identifier）的管理代码。

配送中心的常务董事藤沢说：由于实施了 RFID 技术，物流业务中读取商品编码达到了过去不曾实现的速度和准确性。通过实现高效率的流通，不仅在商品的种类及价格等方面能够满足顾客，而且由于因此加强的卡车运输的节能管理，在减轻环境压力上也作出很大贡献。将来，因为更多的单品也能够贴上 RFID 的标识，能够实现更加准确且迅速的流通。

淀桥相机根据周转箱在物流的实际情况，为了实现从供应商到店铺通过 RFID 技术来进行一贯管理拟定了一系列解决方案，向着更高效的流通改革迈出了坚实的一步。

# 3.2　提高物流仓库运营效率
## （日本惠普株式会社：案例2）

### 3.2.1　公司概要

1939 年，惠普公司成立于美国帕洛阿尔托。惠普的营业额在信息技术企业中是全世界最高的。生产的产品以 UNIX，Windows 的服务器为主，同时进行电脑和打印机的制造销售，并且提供信息技术服务和解决方案。

惠普公司应用案例见表 3.2。

表 3.2　惠普公司应用案例

| 公司名 | 惠普（美国 Hewlett-Packard） |
|---|---|
| 应用 | 物流管理 |
| 场所 | 美国田纳西州·弗吉尼亚州终端组装·出货中心 |
| 目的 | 承接北美大型零售商的委托，实现高效的供应链运作 |

| 公司名 | 惠普（美国 Hewlett-Packard） |
| --- | --- |
| 项目期间<br>（计划开始与运行期间） | 2002 年试验项目开始；<br>2003 年以供应美国沃尔玛的打印机箱和货盘为对象，开始 RFID 项目 |
| 电子标签设置对象 | 商品外包装箱和货盘 |
| 实施效果 | 实现仓库内运作（进出货检验）业务的高效化，高精度，供货周期得以缩短 |
| 实施难点 | 如何活用包装箱和货盘旋转读取，或如何利用现场现有条件进行准确读取，提高读取准确率 |

营业额：867 亿美元（2005 年度 10 月期）

总部：美国加利福尼亚州帕洛阿尔托市

销售/支持基地：170 个国家以上

日本法人（日本 HP 株式会社），职员数：约 5 600 名。注册资金：100 亿日元。营业额：4 000 亿日元以上。

### 3.2.2　实施背景、课题、目的与目标

美国惠普（以下简称惠普），从 2002 年开始在田纳西州的孟菲斯市物流基地 HP 的供应链/物流部门开始在打印机制造、物流领域尝试使用 RFID 技术。2003 年接受到沃尔玛在惠普生产的打印机上粘贴电子标签的要求，其是接受这种要求的八家公司中的一家。

在 2002 年，正值惠普和康柏电脑合并期间。与此相伴，实行着公司内基干系统统和的同时，供应链的效率化受到追捧。惠普实施 RFID 的课题有以下两个方面：

（1）要使供应链与 RFID 准确对接。惠普的制造与物流开始形成了以亚洲为中心的部件生产，经过物流运往北美和美国进行最终组装的这种格局。因此，谋求实现跨越多个基地间的部件单位的精确识别和对接。

（2）提高仓库内部的效率。条码操作具有一定的功能和某种程度的准确性，但是因为其容易出错、作业效率低下而存在着很大的局限性，而且容易使工人产生较大的精神压力。

### 3.2.3　项目概要

现在，惠普在全球的 27 家基地，都在实施 RFID 技术的应用。其中，具有代表性的基地目前有三处：

（1）面向北美的打印机制造基地的田纳西州的孟菲斯；

（2）面向中南美的打印机墨盒制造基地的弗吉尼亚州里士满；

（3）面向南美的打印机制造基地巴西的圣保罗。

在本节中，从提高仓库作业效率的角度来介绍孟菲斯（3.2.4）和里士满（3.2.5）实施 RFID 操作的概况。有关圣保罗的案例将在3.3 节中加以介绍。

## 3.2.4　RFID 在惠普的孟菲斯工厂

北美孟菲斯的网站，是惠普最早开始进行的所谓"实践实验"（PoC）的网站，它是运用 RFID 技术的系统构建的经验和技能所培育出来的网站。孟菲斯是为了面向全北美的打印机从组装、包装、保管直至出货而存在的物流基地。

（1）孟菲斯简介。惠普喷墨打印机成品组装的中核配送中心。

孟菲斯从事的是打印机部件的组装和成品的出货。如图 3.5 所示，打印机部件的进货，委托伟创力进行组装，并将电子标签粘贴在打印机的包装箱上，使成品在码垛时已经有了标签。码垛好的产品由传送带送至配送中心（Distribution Center，下面简称 DC）。DC 的业务委托给第三方物流（3PL：3rd Party Logistics）的门洛帕克公司承担。

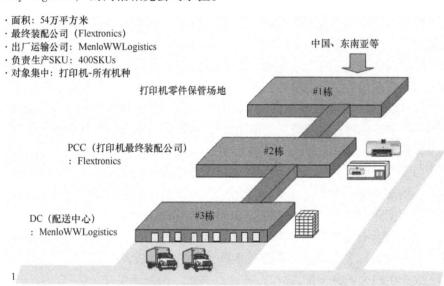

图 3.5　孟菲斯基地概要（日本 HP 株式会社　提供）

（2）最后的组装工序作业。在孟菲斯的打印机的生产特点是承接在亚洲生产的部件，委托给伟创力公司组装成最终的产品。从亚洲特别是中国进货的部件上已经粘贴了电子标签。

① 在包装箱上贴标签。最终产品、在亚洲制造的附件、使用说明书、CD 等都放进包装箱内做最后的装箱，同时在上面粘贴电子标签。

电子标签的有关操作在装箱的最终阶段进行，读出条码上的产品序列号，在箱子上贴电子标签。所谓 EPC，就是在读取条码的产品序列号的同时，由中间件发行的 SGTIN 是由电子标签打印机来写入和发行的（见图 3.6）。

② 在托盘上载货（码垛）和在托盘上粘贴标签。将包装好的打印机放到托盘上，也就是码垛时，为托盘发行一个集体包装的 EPC 标签（SGTIN）。由此完成了整体的托盘用标签和各个包装箱的标签上序列号的整合。

这样在孟菲斯，对每只箱子都完成了粘贴标签并装载在托盘上之后，用塑料薄膜对其整体做旋转包装，同时把最终的整体标签贴在托盘上（见图 3.7）。

图 3.6　包装打印机时粘贴电子标签
（日本 HP 株式会社　提供）

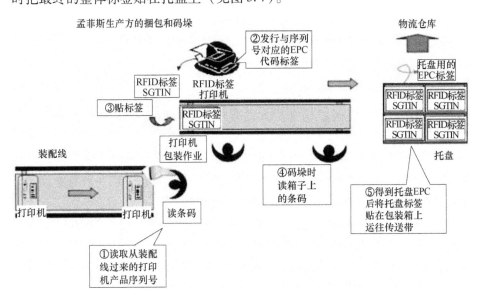

图 3.7　孟菲斯操作生产方的工序（日本 HP 株式会社　提供）

（3）未来和课题。也许会有一个问题使读者不解："在亚洲粘贴的标签到底如何?"这个问题出于亚洲标签与孟菲斯标签的一贯性的问题。也就是说，先是在亚洲贴了标签，当在孟菲斯装箱时又重新贴了标签，亚洲的标签就作废了。也就是说如何保持关联性和持续性的问题。因为当时实施 RFID 管理还不久，对于连续性还缺乏考虑。接下来，在亚洲制造阶段贴上的标签即使是身处供应链的上游，也需要得到利用。

另外，像惠普圣保罗那样的基地，从上游生产的主要零部件的单品都贴上标签，实施了从零件到产品统一的 RFID 管理模式。关于这一点，下文还将进行介绍。

（4）对孟菲斯物流业务的介绍（见图 3.8 和图 3.9）。

图 3.8　通往出货仓库的传送带（左）和
用叉车运送产品（右）（日本 HP 株式会社　提供）

码垛好的产品由传送带运往配送中心的物流仓库，然后由叉车把它们运送到库房的堆放区域。装载后的托盘有装同样打印机的，也有混载的，所以放在不同区域。出货时根据交货方的要求，就一整个托盘为单位进行发货（见图 3.9）。

（5）RFID 在搬运/出货手续上的效果。利用 RFID 的搬运，首先要提高搬运操作效率。下面介绍将 RFID 实施在搬运和出货方面产生的实际效果。

① RFID 实施前的出货过程（见图 3.10）。

（a）叉车扫地机选择叉车出货托盘，将托盘运送到准备出货的区域。

（b）口头告诉仓库工人已准备好托盘。

（c）仓库的工人用条码扫描枪读取货物上的条码标签并与出货单对照，如果一致，就把印刷好的出货标签粘贴在货物上。

（d）粘贴好标签后叫来叉车运走货物。

（e）叉车把托盘运到存放区。

② RFID 实施后的出货过程（见图 3.11）。

（a）叉车运载托盘通过出货前的通道。

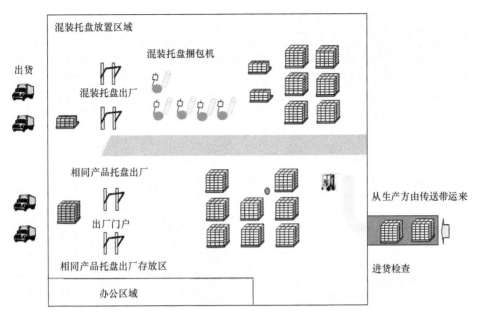

图 3.9　孟菲斯配送中心概观（日本 HP 株式会社　提供）

图 3.10　RFID 实施前的出库操作（日本 HP 株式会社　提供）

图 3.11　RFID 实施后的出库操作（日本 HP 株式会社　提供）

（b）RFID 阅读器的天线读取托盘上的标签。

（c）利用系统识别托盘标签的时间，印刷出货标签。

（d）当叉车到达通道的末端时标签印刷完毕。

（e）托盘直接运到发货专用的临时区域。

实施了 RFID 之后，不但节省了协调各项操作所耗费的大量时间，也节省了对照出货表单而用手工读取条码的时间。"作业待机"现象完全消失，出货作业变得十分通畅。

（6）在 RFID 搬运/读取上所做的努力。

天线的位置和开始读取的光学开关的位置稍稍错开，为了让读取有所提高而下了些工夫。

在图 3.12A 处的天线以 45°角的方向指向内侧。这是在实际调试中通过反复试验得到的位置。现在可以使用对检测到的电波强度进行透明化处理的工具来进行这种调试，可以收到较好效果。

另外，在现场进行确认会妨碍日常工作，因此能够调试的区域受到很大限制。在 HP 噪声实验室内进行调

图 3.12　在出货通道的门柱上设置的阅读器天线（日本 HP 株式会社　提供）

试与现场的调试极为相似，所以也推荐在这样的环境内进行调试。

## 3.2.5　提高里士满物流仓库的效率

北美的里士满以生产打印机墨盒为主。

里士满概况如图 3.13 所示。

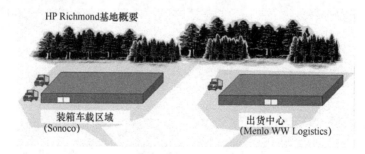

HP Richmond基地概要

装箱车载区域
(Sonoco)

出货中心
(Menlo WW Logistics)

图 3.13　HP 里士满基地概要（日本 HP 株式会社　提供）

里士满为了进行成品装箱，组建了装载中心和出货中心 2 个部分，分别由索诺科公司和门罗公司来运营。这两个中心位于两个相邻的建筑物内，驱车需要 3 分钟的路程。

（1）里士满简介。进行喷墨打印机用的墨水装箱与包装作业的中核配送中心。

占地面积：3 200m²

产品：喷墨打印机用的墨盒

成品（装箱、装载）担当：索诺科公司

出货配送担当：门罗公司

产量：1 万~5 万箱/日

里士满和孟菲斯一样，这里汇聚着受惠普的委托而从事各种制造、仓储和物流的公司。因此有不同的公司之间的进出货，出货一方由索诺科公司装运作业，入货一方则由门罗公司进行入货检验作业。

随着 RFID 技术的实施，进货业务变得自动化，各种作业都有明显的改进。此外，门罗公司在出货时采用了读取率达到 100% 的 RFID 装置来识别混载物品，因此工作效率大大提高。

下面我们将结合 RFID 作业的状况作进一步的介绍。

（2）最终产品制造厂发行标签的流程介绍。给打印机墨盒贴电子标签的过程如图 3.14 所示。

① 每只纸箱、每个托盘都贴一个标签。

② 根据 SKU 的信息，借助于中间件生成 EPC 标签。此外，在把货物装载上托盘之前还要验证 EPC 是否已经被正确地写入进去。

③ 对于排列在托盘上的纸箱群体用塑料薄膜进行旋转包装，同时读取和确认每只纸箱上的标签，也就是一边转动，一边读取。最后把所有纸箱上的信息组合起来建立整个托盘和所有货物之间的关系。根据以上数据通过中间件来发行捆包好的整个托盘上货物的 EPC 标签。

（3）RFID 管理下的自动发货与收货（Automatic Receiving）。制造方（索诺科公司）与配送方（门罗公司）之间的物流，不论二者距离有多么近，因为毕竟不是同一个公司，所以各自必须办理出入货的手续。与传统的读条码的同时与货单比对的手工作业所用的验货时间，在实施了 RFID 之后，不论是入货还是出货时间都大大缩短了。

收货方在厂家的堆栈里取货时，叉车只需在阅读器旁边经过，便容易地读取到货物信息，与传统的读条码的同时与货单比对的手工作业所用的验货时间相比，减少了很多。

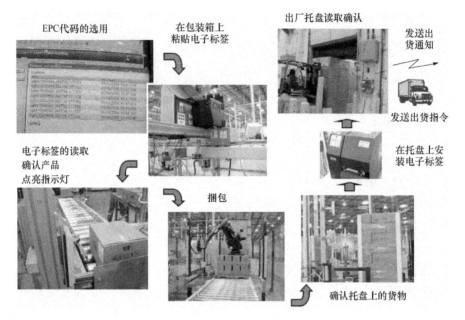

图 3.14　给打印机墨盒贴电子标签的流程（日本 HP 株式会社　提供）

另外，入货方实时地收到"事先送货告知单"（ASN：Advanced Shipping Notice）之后，也得到配送中心自动发来的在库信息。由于信息能够自动更新，所以入库验货手续所花费的作业便大大减轻。

也就是说，正是由于采用了能够使物品和数据同时送抵的 RFID 系统，只要在发货方得以确认，入货方只要识别了 EPC 代码，就意味着入库作业能够顺利进行。

惠普把上述作业称为"自动发货与收货"（见图 3.15）。

在这个自动交接货的过程中，实施了电子标签系统，这是最能体现效果提升的一个重要方面。

（4）基于 RFID 的发货与收货开始面向大规模零售商的发货中的订单确认。在北美，想象中面向以沃尔玛为代表的大规模零售商的物流时，以粗略的单位（如搭载统一货品的托盘）来发货应该比较实用。但是事实上正好相反，大约八成的产品就像在日本进行的物流那样，每订一次货，相对应地就必须根据每一张订单来发货。

也就是说，配送中心（门罗公司）原来有八成是用塑料薄膜捆绑在托盘上混载的货品也不得不把它们拆解开来，根据每一订单重新码垛。

根据索诺科公司统计，捆绑包装在托盘上的货物中有八成都是以混载的形式出货的（见图 3.16）。

图 3.15　利用 RFID 自动交接（日本 HP 株式会社　提供）

　　同样，在孟菲斯打印机出货量中也有许多是混载发货的。人们也在讨论是否在这个工序中实施 RFID。

图 3.16　面向销售店的货物混载托盘（日本 HP 株式会社　提供）

　　在原来的混载出货的情况下，在托盘上装载货物的总计件数比一整个托盘都是同样货物的总件数要少许多。在使用条码时，对每个单品都必须读取，既有读取密集摆放在托盘上的货物的情况，又有读取没有摆放在托盘上的货物的情况，因此读取的准确性和操作效率都存在问题。

　　与此相反，在薄膜包装机上安装 RFID 天线。一边旋转一边读取产品的EPC 代码，读到的数据与 WMS 之间，自动进行出货产品与件数的比较和确认。这与手工读取条码和人工比对数据相比节省了大量的时间（见图 3.17）。

图 3.17　旧式的混载托盘和通过 RFID 来识别的新式托盘（日本 HP 株式会社　提供）

孟菲斯与里士满 RFID 的实施要点如表 3.3 所示。

表 3.3　日本 HP 株式会社的孟菲斯与里士满 RFID 实施要点（日本 HP 株式会社　提供）

| 项　目 | 孟菲斯 | 里士满 |
|---|---|---|
| （1）地点（最近的机场） | 田纳西州（从孟菲斯机场开车需要 30 分钟） | 弗吉尼亚州（从里士满机场开车需要 30 分钟） |
| （2）产品 | 喷墨打印机 | 喷墨打印机用的墨水管芯 |
| （3）生产量 | ・1 200 000 个/月<br>（圣诞季 1 800 000 ~ 2 000 000 个/月）<br>・300 个/h/line | ・10 000 ~ 50 000 箱/日<br>（20 号生产线一整天的操作） |
| （4）承建商（装备工艺） | 伟创力 | 索诺科 |
| （5）承建商（船厂/DC） | 门洛帕克 | 门洛帕克 |
| （6）RFID 对应生产线 | 21 条生产线 | 20 条生产线<br>同时在 3、4 条线上应用 |
| （7）阅读器/录入器 | Alien，Tyco | Alien 2 台<br>AWID 23 台 |
| （8）印刷机 | Printronix | Printronix SLPA7000r mp2<br>ZEBRA Printer Z4M |
| （9）中间件 | 伟创力：独自<br>门洛帕克：Shipcom<br>Pinata（返修区） | REVA TAP |
| （10）实施效果 | ・混载托盘的 100% 读取<br>・通过自动扫描使产品检验效率化<br>・出货产品检验的效率化 | ・混载托盘的 100% 读取<br>・通过自动扫描使产品检验效率化<br>・出货产品检验的效率化 |

续表

| 项　　目 | 孟菲斯 | 里士满 |
|---|---|---|
| (11) 现场的创意 | 混载托盘：在收缩研磨过程中，使托盘运转，提升精确度的创意 100% 读取<br>同一产品托盘：三个标签一读 | 混载托盘：在收缩研磨过程中，使托盘运转，提升精确度的创意 100% 读取<br>同一产品托盘：<br>读取 60% 收缩包装<br>读取 2%（自动运输读取） |

# 3.3　打印机生产中实施 RFID

## （惠普巴西圣保罗工厂图像和打印部：案例 3）

惠普（巴西）公司实施 RFID 的情况如表 3.4 所示。

表 3.4　惠普（巴西）公司

| 公司名 | 惠普 Hewlett-Packard（巴西） |
|---|---|
| 应用 | 生产工程管理·生产追踪·出货管理 |
| 场所 | 打印机生产·出货中心（巴西圣保罗） |
| 目的 | 活用生产工程的移动跟踪信息，实行工程透明化，确立 PDCA 循环工程 |
| 项目期间<br>（计划开始与运行期间） | 2005 年 |
| 电子标签设置对象 | 打印机的主要零部件 |
| 实施效果 | 防止产品滞留，提高出货效率。成品生产周期缩短 12%～23% |

## 3.3.1　新的挑战

前述的北美孟菲斯和里士满的 RFID 实施和应用已经稳定下来后的某一天，图像和打印部门（IPG：Imaging Printing Group）的领导们会聚到巴西圣保罗。以 IPG 的副总裁迪迪埃（Didia），全球供应链管理（SCM）信息强化推进小组的格雷格和迈克等人为首，针对在沃尔玛的 RFID 项目上如何相互协作进行了探讨。

他们在 2005 年度新事业的计划中，讨论了今后基于 RFID 系统化的课题以及实施计划。

在孟菲斯、里士满实施的用于供应链管理的 RFID 在物流流程的效率化和加速方面的确作出了贡献。然而，RFID 系统带来的投资回报率（ROI）没有激发出投资者对于下一代系统的投资热情，相反却形成了一个微妙的局面。

孟菲斯 RFID 系统项目经理格雷格这样说道：

"随着2004 年孟菲斯实施了 RFID，从产品到物流中心的运送作业都得到了改善，作业的速度和准确性都得到了提高，用于产品的可追溯基础数据已经完备。在发货阶段对于批量货物的一并读取，其信息的有用性已经在交货中得到了证明。如果利用从沃尔玛得到的收货数据就可以建立起防止缺陷产品流出的体系……"

稍稍停顿片刻，迪迪埃说道：

"正如格雷格所讲的那样，孟菲斯、里士满的系统化，已见成效。配备有RFID 技术的机器，中间件的利用技能以及 RFID 系统本身对业务的流程的改革发挥了很大作用。但是，在全球范围内考虑供应链管理方面，我们还有很多不敢确定的东西。"

"例如，在孟菲斯，因为他们没有在亚洲建立 RFID 的基地，现在采用的方法是阅读在 PCC 行开头的条码来发行 EPC。让我们想想看，这在亚洲各国，当批准了超高频法规后会发生什么？当然在生产基地也就是生产过程的初期也可以在产品上贴标签。但是，这样到底会带来什么好处？我有点想不通。想听听大家的意见。"

对于这样的振振有词，结合后来与他们的交谈，还有迪迪埃关于 EPC 全球的谈话，他们的观点就不那么难以理解了。

基于孟菲斯事例的经验，将当时的课题进行整理后，得出了以下三个要点：

① 打印机是在亚洲生产，在孟菲斯总装。EPC（在电子标签中存储代码）读取此时的条码后再发行。

换句话说，为了发出 EPC，进行了商品编码的操作。

② 合同制造公司（Flex 的并口）的运作与其在车间的关系中，介绍了系统的特殊性，对 RFID 中间件及系统集成难度大，难以进行小的扩张。

例如，产品文档使用的包装材料，如 CD 级的 ID。包括条码操作的最小化。

③ 考虑到制品的上游后，无论怎么说，在亚洲也需要一个以上的基地来推动 RFID 技术。

相反，巴西是从零部件生产，到总装采购的机构，有一个配送中心的一贯制。和现在的北美完全不同，也就是说，从生产工程的上游来看，根据标签的粘贴，使测定实验的效果变成可能。

巴西与到现在为止的北美的途径完全不同的是，从生产流程的上游就开始发行标签，这样可以证实其实际效果。日后在全球范围内推广 RFID 的原点可以追溯到 2005 年的这个试点案例。

### 3.3.2　惠普巴西圣保罗工厂

惠普的巴西圣保罗工厂是典型的以生产线为主体的工厂，由作为使用 RFID 的展示平台用的实验设施以及面向顾客的放置相关材料的房间等构成（在 HP，这个设施叫做 COE：Center of Expertise）（见图 3.18）。

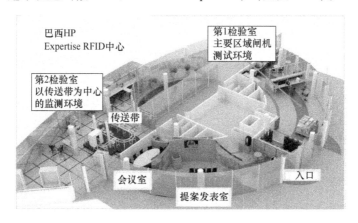

图 3.18　HP 巴西 RFID 中心（日本 HP 株式会社　提供）

就工厂本身而言，为了实现从调集零部件到制成产品的生产一贯性，要由仓库、出货堆栈开始着手构筑。所谓全盘实施 RFID 就要贯穿从批量调集零部件开始时粘贴 RFID 标签到出货为止的整个过程（见图 3.19）。

图 3.19　巴西圣保罗工厂的概观（日本 HP 株式会社　提供）

### 3.3.3　圣保罗 RFID 系统化概要

圣保罗 RFID 运行的特征可以总结为以下三点：

① 在产品装配过程的早期阶段，直接在打印机底盘上粘贴电子标签。RFID 阅读器是用来设置在装配线的主要环节上的，以门型天线的形式来判断零部件以及它们的所在位置。

② 在装配的各个环节，将箱标签写入具体信息，以便在生命周期内进行维护。

③ 将从每一个 RFID 阅读器得到的单件数据累积起来形成生产管理用的资料。

### 3.3.4　在生产过程中实施 RFID

（1）在产品本体上粘贴电子标签和生产线。如图 3.20 所示，在生产开始时，由 RFID 打印机发行电子标签，将其粘贴到打印机底盘上作为起点。其特点是将信息写入电子标签本身中。标签里面含有序列号、元部件版本、测试结果等，这些信息可以用来控制产品的品质，即便不与电脑相连接也可以得到有关信息。

RFID标签的印刷和打印
粘贴在机箱上的现场

写入测试结果

在生产线上设置天线

写入EPC代码和产品序列号

图 3.20　在生产线上电子标签的粘贴和写入（日本 HP 株式会社　提供）

（2）托盘堆放和向库存区的移动。通过生产线组装好的基本部件成品堆放在托盘上，通过天线读取 EPC 编码。虽说同样是读取数据，但这是在产品移动途中，天线对 EPC 进行的自动读取。所以和条码读取相比，其作业量大不相同。

在码垛阶段，要收集和整理装载在托盘上各个部件的 ID。要把这些信息传送到信息系统中。在托盘上安置的产品部件，暂时存放到装配前的库存区来保管。

向库存的区域移动，要通过装备有 RFID 天线的通道。这时读出的托盘上产品的编号向系统传送向库存移动的通知（见图 3.21）。

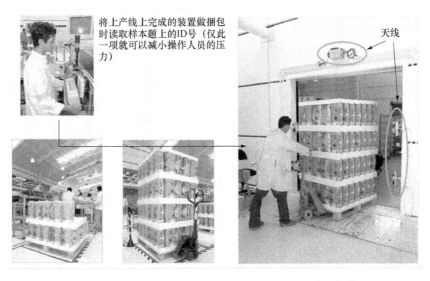

图 3.21　从码垛向仓库区移动（日本 HP 株式会社　提供）

关键是，通过该通道时，根据读取到的托盘上成品的 EPC，能够将已经码垛的产品信息都协调起来，能够把握托盘装运的物品的全部 EPC。实施 RFID 系统的场合，总是能听到"读取率不能达到百分百的话可不行"这样的话。但是，惠普的供应链团队对读取托盘上的产品标签的读取率十分自信，通过它可以确认全部内容。由 RFID 管理构成了透明快速的系统。

（3）从最后包装到出货码垛的过程。作为部件产品的在库产品，根据生产计划向南美各国出货，将墨盒、使用手册、附属品 CD 进行装箱。此时，根据进货国的国家代码、墨盒的使用期限等作为最后产品的 DNA 写入电子标签中（见图 3.22）。

像北美的孟菲斯那样已经把电子标签贴在打印机上，就没有必要在包装

前再根据条码内容发行粘贴在箱上的 EPC 了，这些恰恰实现了 HP 的供应链
团队所追求的目标。

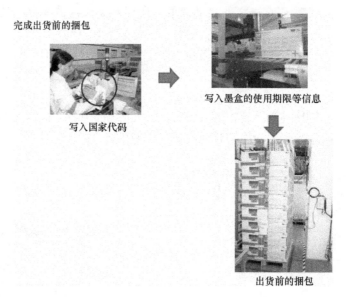

完成出货前的捆包

写入国家代码

写入墨盒的使用期限等信息

出货前的捆包

图 3.22　最终完成阶段 RFID 的操作（日本 HP 株式会社　提供）

### 3.3.5　RFID 提高供应链透明化

讨论 RFID 时，有些人往往只是根据其速度与自动化等操作来进行衡量，
即以它能使人工费降低多少等投资回报率（ROI）作为考虑的重点。难道仅
仅如此吗？

从电子标签可以读出供应链中物品在制造地点以及在进出货地点的相关
信息，即关于地点、产品 ID、读取场所、时间等基本情况都能够读取。这些
在运用 RFID 技术之后方能得到的与事件有关的数据，作为使经营得以展开的
信息的 PDCA（P：计划；D：实行；C：评价；A：改善）循环，应该能够被
人们使用。

在惠普的制造管理部门存在着一个数据分析组，进行改善已出现的能够
看见的透明化课题的活动。

下面（见图 3.23）的例子是打印机生产线图，模仿的数据存储来自他们
收集的数据。这是事件数据收集和透明化的具体例子。

这样，在生产线上通过的是已被贴上标签的产品，在操作时，作为示例
数据自动地被收集，并被存储于电脑系统中。在圣保罗的工厂，3 万事件/天、
100 万事件/月的事件数据仍在持续增加着。

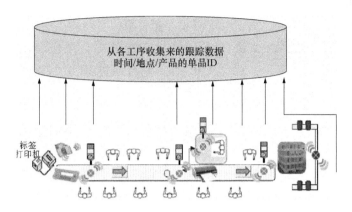

图 3.23　工厂生产线的 RFID 数据的存储（日本 HP 株式会社　提供）

图 3.24 是一个事件的收集和分析数据的例子。

该图的水平轴和垂直轴是时间，是与每个产品 EPC 生产线所需的时间（ID 产品）相匹配而构建的图。

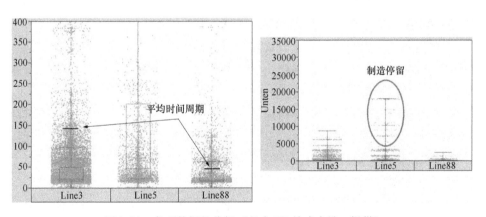

图 3.24　各项数据的分析（日本 HP 株式会社　提供）

图 3.24 中，每一个点指示一个产品个体的号码。换句话说，该图显示了产品的滞留情况，在右边的高水平图上，能够看到一个引起长时间产品滞留的问题。根据 RFID 技术，粘贴在每个单品上的标签就能够实现透明化管理。

生产管理部门在此数据的基础上，能够判断是由于切换产品所带来的问题还是仅因为滞留引起的问题。追究那个时间点的情况就可以找出发生原因，有助于问题的改善。

这种改进活动使得生产周期缩短 12% ~ 23%。一般工业制造企业在生产过程中的流程有所不同，为了改进作业，在有限的时间内虽然尽了很大努力，但有些问题还是不能马上解决，而 HP 通过实践 RFID 逐渐开始明白了一些。

首先，"从小处着手，从现在开始！"同时通过 RFID 实施来贯彻 PDCA（P：计划；D：实行；C：评价；A：改善）也很重要。

# 3.4　纺织业实现传统与新技术的融合

## （植山纺织株式会社：案例4）

### 3.4.1　日本最初的超高频 RFID 项目的启动

植山纺织株式会社是一家位于兵库县北部地区的从事布料生产和销售的老字号企业。按照传统的产品管理方法，是在每个单件布匹上贴上标签并且凭借肉眼与账簿比对进行货品管理。

植山社长认为这个管理方法作业量很大，影响管理的精确度。长期以来，产品管理的效率化都是一个重要的课题。

植山纺织株式会社原来打算采用根据商品的条码进行管理的方法，但是逐匹读取的效率太低。而且条码设置在包装薄膜的下面，将会产生读取不良的现象。所以长期以来没有找到一种合适的解决方法。

于是植山社长与一直想要构建公司内部自动化系统的好友内桥社长商量此事。

"我们要清楚地认识到提高产品管理的效率是我们的主要任务。能够最大限度地运用新技术来为我们解决产品管理上的这个问题吗？"

"RFID 是解决问题的关键，尤其是通信距离长、非接触、一次能够同时读取几个电子标签的超高频 RFID 系统就很适用于这种情况。"

听取了内桥的建议，植山的信心也就增强了。植山纺织与凸版印刷株式会社合作，开始利用 RFID 的技术来构建产品管理系统的项目。此时，日本也刚刚对无线电波法进行了修订，而且当时在日本国内没有哪家企业实施了RFID 技术，所以此技术仍处在萌芽阶段。在日本正要推行符合 EPC 全球标准的 RFID 技术，于是一旦在这个传统业界内积极推广新技术的决心一下，植山就开始实际部署 RFID 项目的实施。那是发生在 2005 年的事情（见表 3.5）。

表 3.5　植山纺织株式会社

| 公司名 | 植山纺织株式会社 |
|---|---|
| 应用 | 盘货管理，进出货管理 |
| 场所 | 日本·兵库县 北播磨地区 |
| 目的 | 简化进出货业务，提高库存管理精确度同时提高客户需求应对能力，提升客户满意度 |
| 项目期间（计划开始与运行期间） | 2005 年秋：开始计划<br>2006 年 4 月：开始实施 |
| 电子标签设置对象 | 纺织布匹与布料 |
| 实施难点 | 超高频的机器及标签在市场上还不多见（超高频带：特高频波段） |
| 成功的关键 | 企业领导的理解及支持，业务课题明确 |

## 3.4.2　课题与项目实施背景

在介绍 RFID 的项目前，让我们先看一下植山纺织的独特的纺织方法。

植山纺织在实施 RFID 之际，必须慎重考虑原来的纺织方法。他们采用的是色织面料技术，也就是在织布之前要先染纱，再用这种纱织布。例如，想要织出格子的图样就必须按照预先设计好的颜色的线织出格子图样。而普通的手法是织完白布之后印制出所需要的图形。与传统手法相比，这种先染后织的产品档次要高，也就是所谓的高级名牌产品。植山纺织生产的日常衬衣的面料是占有相当高的市场份额的高级名牌产品。此后，中国制造商也学习和掌握了这项技术，这个领域因此进入了高速发展阶段。

因为自家的样板商店与客户保持着直接和深入的关系，公司开始聘用一些设计师进行有自己特色的款式设计，请客户从准备好的各种图形的升级版中自由选取。因此可以与以前较单一的设计不同。这种改变使客户的选择范围更宽，而且不再受原先客户的限制了。

通过改变经营模式，预先拥有的内部设计和可从事业务的种类发生了变化，发生了从传统的承包类型到生产型的模式变化。而且，布料本身也具备使用寿命长的特性。随着新样式的不断开发，已经有 4 000 种样式了。其中，有常见的样式，偶尔也有不常见的样式。仓库中通常备有 5 万匹的库存量。公司在这种模式下运行着。

库存也被称为"罪库"。最初，用它来形容拥有大量的过剩库存。因为库存会导致利润损失和亏损，有时还因错了了销售机会而造成了利益损失，从而被看做是"恶"。但植山纺织的情况与此不同。

通常很多面料会有变动，对于一两匹这样小批量的订单基本上当日就能交货。对于客户来说，隔天或两天后就能拿货，这种模式受到了客户的好评。

所以客户也在源源不断地增加。而且，仓库为公司所有，在仓库能够大量存货，这就是其与其他公司产生差别的主要原因。

在这件事情上，植山社长的确有些头疼。他说："话虽这么说，要是库存量有 5 万件，销往何处其实也并不清楚。就此事来说，一旦盘点就必须动员全体员工整整花费两天的时间。这种事态无论如何想要避免……"

但最大的问题还不在库存上。当客户询问时，在系统中查验过后表明有库存，客户就订货了，公司也就接受了预订。临近发货时到仓库里才发现，本来应该有的却怎么也找不到了，结果给客户造成了麻烦。信息和库存不一致，也就是说账面的东西与实际的东西不一致。植山社长决心无论如何也要想办法解决这种矛盾。

### 3.4.3  项目实施

"有一个新的技术，叫 RFID。试一试怎么样呢？"

从 Waizurabu 公司的内桥社长那里接受了引进 RFID 技术建议的植山社长眼睛一亮，说道："这很有趣，一定要试试 RFID 技术！"

然而在日本，当时只有 13.56MHz 频段的 RFID 技术。虽说 13.56MHz 技术本身已经确立，但是因为读取距离短，需要逐一读取布匹上的标签。

"这不就和条码是一样了吗？并没有达到我所希望的效果。能够同时读取全部布匹是一个绝对条件！"

正在这个时候，日本的无线电法进行了修订。听到传闻说能够长距离读取全部产品的超高频电子标签终于面世了。

"终于准备好了，这样就可以开始了！"

"好！那我们就开始做吧。"在社长的指示下，相关人员开始着手实施真正的 RFID 技术。

在植山的授意下，人们正准备搭建系统，但是一打听，当时既没有生产超高频电子标签的厂家，也没有生产读写器的厂家。

日本总务省开放出一部分手机用的超高频电波频率用于 RFID，这发生在 2005 年 4 月。但这只是一个大的框架，实际上 RFID 在现场由于受到诸多条件的限制还不能使用。后来，RFID 供应商生产出真正可以使用的设备，并对电波发出做过几次细微的改动。在这种状态下，积极应对的供应商屈指可数。

"这种情况下，系统还是行不通……"

受此困扰的内桥社长多次与凸版印刷公司进行磋商。当时的凸版印刷在几年前就已经做过通产省的实验验证，具有丰富的经验，本身就在开发超高频的 RFID 设备，作为 RFID 机器的生产厂家开展了研究，因全力以赴地从事超高频 RFID 领域而在业内处于领先地位。

此话出自于凸版印刷公司的主管。

"因为是仍处在开发阶段的技术，即使以这样一种形式来试着开始也算是可以的吧？"

"即便这样我也要委托你们。但是希望能够在 2006 年 4 月 1 日开工运转。"

植山纺织、Waizurabu、凸版印刷公司合作的项目就此开始。当时从电波法修改时算起已经过去了半年。

Waizurabu 执行整个系统的设计与技术集成。凸版印刷开发并提供高频电子标签以及读写器与周边系统。发行电子标签的打印机由佐藤公司开发和提供。

结果，新技术从 4 月开始逐渐投入运营，然后反复多次进行调试，给所有的库存产品都贴上电子标签。利用移动式装载着天线的台车，在盘点仓库中发挥出巨大威力。这时已经是 2006 年的秋天了。

### 3.4.4　系统的流程

系统的流程如图 3.25 所示。

首先，在面料加工、布匹检验工厂与布匹卷曲完成的同时，对各匹布发行含有 ID 的特定超高频电子标签。

过去对每一匹布发行包含型号、颜色、花纹等文字信息的纸质标签，再用胶带纸贴上。经改造后，同样的信息被打印成可视文字和保存在 RFID 内存中的信息两者兼顾的电子标签，然后粘贴在布匹上。为了防备电子标签万一被损坏而读不了的情况，还在标签上打印了二维条码。

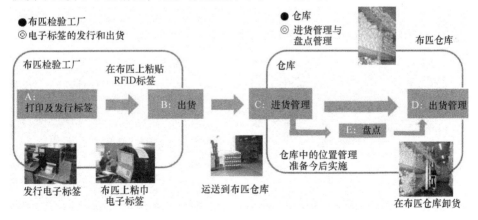

图 3.25　全部业务的流程（植山纺织、WaizuRabu 有限公司、凸版印刷）

重要的是，在现有纸质标签的基础上追加发行 RFID 标签的系统就可以了。不改变现有的操作体系，只要追加电子标签就可以了。

事实上，加工和检查布匹的公司与植山纺织不是同一家公司，这家公司除了和植山纺织之外还和其他公司有业务往来，仅仅对植山纺织有利的事情很难被他们接受。而植山社长也不打算请他们在既有系统中追加新的手续。

布匹管理用的超高频电子标签是凸版印刷开发的。发行电子标签所用的打印机是佐藤公司生产的内置 RFID 读写器的打印机。尽可能在制造现场并且当产品还是处于供应链上游的原料阶段就被粘贴上电子标签，直至包含消费者在内的流通下游都可利用，也就是说大家所考虑的最大限度地提高电子标签在供应链上的利用价值。为此，不论什么产业都想在原料阶段就粘贴上电子标签，这就是源头贴标。从这种意义上来讲，植山的案例已经做到这一点了。

在加工检验工厂出货时经过天线出入口，通过托盘读取货物信息。植山纺织所有的仓库进货时，在用叉车搬运时，托盘上堆放的 80 匹布上所贴的所有电子标签，通过设置在出入口的阅读器来读取。

进货读取的同时，根据从产品加工检验工厂送来的布匹的米数和花色信息发行每匹布的独自的 ID 号，自动发行检验与入库票据。布匹上标签的数据能够由叉车上的阅读器读出，然后通过无线局域网与在线的电脑相对照。

出货也是如此，在通过出入口时叉车或台车或门柱上搭载的阅读器或者手持阅读器读取叉车上装载的托盘和布匹上的电子标签，同时发行出货票据。

盘点时，装有阅读器的盘点小车读取放置在立体货架上的全部布匹。以前大约需要 15 名员工用整整 2 天的时间来盘点，但是实施了这个系统后，一个人花 2 小时的时间就能全部处理完毕。操作效率产生了本质上的提升。而且，至今为止的盘点作业中存在着一些困难，例如，布匹有时堆放在货架的深处，或是因存放时间太久覆盖了灰尘使读取很难得到准确的信息。实施了 RFID 系统以后，能准确掌握在公司里的不同仓库中有几匹布料的准确信息。

图 3.26　粘贴二维条码和其他视觉信息的标签
（植山纺织、WaizuRabu 有限公司、
凸版印刷）

图 3.27　出货管理
（植山纺织、WaizuRabu 有限公司、
凸版印刷）

図 3.28　进货：叉车运载托盘在　　　　　　　図 3.29　出货：装载着布匹的台车在
　　　　　天线前通过　　　　　　　　　　　　　　　　　天线前面通过
（植山纺织、WaizuRabu 有限公司、　　　　　（植山纺织、WaizuRabu 有限公司、
　　凸版印刷）　　　　　　　　　　　　　　　　　　凸版印刷）

## 3.4.5　实施效果

　　植山纺织生产的先染后织布匹，库存多达 4 000 种，总计 5 万匹，分散存储在几个仓库中。如此大量产品的盘点，在当时需要 15 个人花费整整 2 天的时间。实施了 RFID 系统之后，上述巨大的盘点工作再也不需要如此繁重的工作了。这使得仓库的进出货业务大为简化。

　　通过 RFID 技术来改善自己仓库的操作效率，在其他公司保管的一部分产品也能够返回自家仓库进行保存了。RFID 技术降低了这方面的经费，每年消减了大约 30%。

　　更重要的好处可以说是提升了盘点的精确度。要说是 100% 读取虽说做不到，但是可以做到非常接近于这个数字，与以前相比有了很大提高；库存内容更加准确，对其内

図 3.30　使用盘点专用台车进行盘点

容的把握几乎可以说是准确无误。这样应对客户的能力大大加强，同时大大提高了客户的满意程度。

　　实施 RFID 技术后，现场管理立刻得到预想不到的好效果。因此职工能够作出准确的判断，实现了信息和物品的高度一致。

因为热衷于 RFID 技术而率先实施了 RFID 的植山社长认为，今后在整个播磨地区的全部产地都将普遍实施最先进的超高频 RFID 技术，就可以借此提高自己公司产品的认知度和知名度。

# 3.5　托盘一体化中的 RFID

## （日本托盘租赁株式会社：案例5）

### 3.5.1　对 RFID 的期望

有一天，日本最大的物流用托盘租赁公司——日本托盘租赁株式会社（以下简称 JPR）的社长山崎视察了麾下的千叶县市川市的托盘仓库设施。JPR 在那里开展着通过 RFID 技术试验租赁托盘的业务，包括空托盘的租赁与回收。该设施还向大用户的领导演示了试运行情况。

正巧山崎社长站在出入口观看托盘的返还和托盘业务的现场情况。迎面而来的卡车司机还不认识社长，停下车来与社长近距离地做了交谈。

"要使用新的机器吗？和 JPR 相关的工作对于我们司机来说都很轻松。推行托盘公用一体化以来，这样运送托盘的工作就简单了，司机无论把车开到哪里都不需要我们清点和装卸车，都是自动进行的。"

"是吗？"川崎社长这样回答司机。

"你知道吗？托盘公用一体化借助于 RFID 技术。有了电子标签确实能够将司机从繁重的体力劳动中解放出来，这也是我最希望做到的。"山崎社长对着津津有味听他讲话的司机继续说道。

"卡车司机也是工程师呀！在欧美，卡车司机都以自己是货运工程师为自豪。只有日本不这么认为"。

"不知你是谁，但你说的话倒是很中听。真是那样的，我真感动。"那位司机有些感极而泣。

"人就要做有尊严的工作。"这是川崎社长的管理理念，这也是 JPR 的经营哲学。

事实上，在半个世纪以前日本就开始出现了"物流"这个概念。围绕日本的货物运输、搬运业务的机械化、近代化，出现过一些启蒙活动。有一位曾经引领 JPR 的发展，甚至可以称之为伟人的平原直先生（1902—2001）的理想跨越了时代，至今都存活在日本社会中。

"根据某位制造商的说法，为了把自己尽全力生产并引以为荣的商品送到消费者的手中，物流这个环节是必不可少的。要是做物流，与上述那位卡车司机同样的人物存在才能构成物流的网络。"

山崎社长十分感慨地说道。

"不仅是以自己的产品而自豪的厂家，还有以能够凭借优质服务把产品送到客户手中而自豪的物流业者也很重要。然而，在当今的社会系统中，在实际现场并非如此。从这种意义上讲，RFID 技术应该定位于把从事生产和物流的人们从繁重的体力劳动中解放出来，那些本来不是非手工不可的工作交给机器去做。干起工作来让人们能感到尊严、自豪与愉悦。我确信这些一定是可以实现的。"

日本托盘租赁株式会社应用 RFID 技术的情况见表 3.6。

表 3.6　日本托盘租赁株式会社

| 公司名 | 日本托盘租赁株式会社 |
|---|---|
| 应用 | 物流管理·资产管理 |
| 场所 | 米泽租赁场（山形县 米泽市） |
| 目的 | 通过托盘的共同回收，实现所处方位即时管理，提高回收率 |
| 项目期间<br>（计划开始与运行期间） | 2006 年 4 月：设立 RFID 实验中心（JPR 革新中心） |
| 电子标签设置对象 | 托盘 |
| 实施效果 | 托盘实现单个识别，管理精准度得到飞跃性提升，回收率提高<br>此外，有效的运行管理导致碳排量大幅削减 |
| 今后需完善之处 | 不仅局限在托盘，还期待其在仓储笼和周转箱等 RTI 资产管理中的高效运用 |

## 3.5.2　托盘共有化的由来

作为日本近代物流的鼻祖，已故的平原直先生在 1971 年创办了日本托盘租赁株式会社（JPR）。后继者们继承了平原氏的理念和宏愿，在该公司建立起托盘共用一体化体系。

日本托盘租赁株式会社在日本已经拥有约 100 个托盘仓库。主要从事 JIS 规格及 T11 型托盘以及相关设备的租赁和销售等核心业务。

托盘是由塑料和木材等材料制成（见图 3.31），薄薄的四角形箱，是一个看似不起眼的物流工具。作为以货物存放、装载、运送等目的的承货台的托盘，实际上不仅是对于物流业，而且对于改变未来的经济、产业的面貌都将起到不可估量的作用。

JPR 公司在日本国内拥有 700 万个托盘。它不仅开展租赁业务，而且在全

图 3.31    塑料制托盘和木制托盘
(日本托盘租赁株式会社    提供)

球范围内开展广泛合作，并与韩国最大的托盘租赁公司韩国托盘（KPP）以
及中国、中国台湾等有实力的公司合作。建立了"亚洲托盘"（APP）的宏伟
构想，发挥着"领头羊"的作用，以期早日在亚洲构建以标准托盘为基础的
托盘共用系统。通过这样的活动来实现亚洲地区托盘的一体化。那么托盘一
体化是什么呢？我们来看看 JPR 的加纳副社长的话。

"JPR 的托盘最大的特点是，从生产工厂到流通配送中心的多个企业与基
地使用相同托盘来实现一体化。进一步来说，对于提供给企业的托盘，在流
通中，在盘点和物流中心等地发挥作用，由 JPR 来全部回收。这就是托盘一
体化的概念。"

依靠这个系统，带来了以下几个好处：

（1）通过托盘使货物重复堆积的工作量减少，来达到进出货业务的效
率化。

（2）对于物流中心来说，提高了保管效率。

（3）JPR 与回收合作店共同进行空托盘的回收，提高了回收的托盘卡车
的运转效率。

正如开始说的那样，山崎社长的想法是从物流作业中解放人们的繁重工
作，实现必能有所贡献的系统。

按照传统的方法，不到现场就不能了解究竟可以回收多少个托盘。但是
现在各个公司可以把从 JPR 租借来的托盘与自家锁车的托盘清楚地区分开来，
也使得 JPR 能够清楚把握有多少只空托盘需要回收。这样，能够更有效地对
托盘的回收时机进行准确判断。回收托盘的卡车可以保持近乎满载的状态。
结果，减少了回收卡车的台数并使得行驶路径得到优化，减少了 $CO_2$ 的排放，
从而对环境保护起到一定效果。

### 3.5.3　RFID 促进托盘一体化的发展

对于与物流和环境来说起到较大作用的托盘租赁系统，加纳副社长作为向未来的挑战而提出了进一步改善的设想。

"目前，托盘共同回收的首要问题在于，改善目前仅仅知道有多少需要回收的托盘，也就是进行的是数量管理。但实际上，那些托盘在哪里，我们并不十分清楚。所以加强对其所在位置的管理是当务之急。"

为此，时常有遗失托盘的情况发生。有时，派卡车前去回收，结果现场的托盘多得大大超过预期以至于不能回收完全部托盘。有时，赶到现场却一个可回收的托盘都没有的情况也时有发生。

其中，JPR 于 2006 年 4 月开设了利用 RFID 加强托盘回收的实践验证中心。在这里，在托盘和 RTT（能够重复使用的容器见图 3.32）上面粘贴电子标签，并对于利用 RFID 技术可以在托盘共用化方面做什么工作进行了实质性探讨。进一步还对那些想学习 RFID 的用户开始进行教育和研修。

在这个中心进行的验证表明，通过 RFID 来识别每一个托盘上的电子标签可以对全国流通的 JPR 托盘"现在哪里有几个"的状况做出实时且透明的把控。

对于 JPR 所主持的在托盘上贴电

图 3.32　可回收物流容器
（日本托盘租赁株式会社　提供）

子标签的计划已经开始实施。由于这个计划的实行，JPR 强化了对托盘等资产的管理。而且对于用户来说，解决了托盘的遗失问题。同时，托盘的回收率也上升了，对于最初一直存在着的有效安排回收车辆以提高车辆利用率的难题也得到了解决。

### 3.5.4　实现环保物流

因为有将人类居住的社会变得更加丰富作为原动力的企业理念，JPR 也参与了一些与环境相关的课题。

其中，它参与了"绿色物流之友协议会"的样板事业。"绿色物流之友协议会"是为了降低 $CO_2$ 的排放，促进物流及货主企业间进行广泛合作的组织，会员达 2600 多家。

这个样板事业采纳了 JPR 的提议，它的提案被选定了。这个提案的内容是"利用超高频电子标签以及读写器提升回收空托盘货车的利用效率"（见图 3.33）。

这正是 JPR 用来推动自家运营方针的样板事业。这个样板事业受到食品公司、空托盘回收公司等七家公司的协助而得以实施。

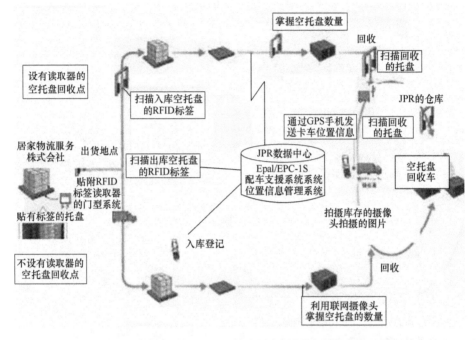

图 3.33　利用超高频电子标签以及读写器提升回收空托盘货车的利用效率
（日本托盘租赁株式会社　提供）

方法如下：

① 在家庭物流服务公司的出货地点，在托盘上设置电子标签；

② 在多个地点（出货地点的货物进出口，空托盘回收代理店的货物进出口，空托盘的保管地，JPR 的托盘仓库的进货口）设置阅读器；

③ 各个地点的阅读器上传过来的 RFID 信息交由 JPR 的名叫 epal 的数据中心系统和 EPC 网络系统进行集中管理，实时地管理托盘的个数和所在的场所；

④ 在没有设置阅读器的空托盘回收代理店，通过网络摄像头来掌握托盘的数目，向 epal 传送信息；

⑤ 通过 GPS 手机向回收空托盘的卡车司机提供托盘的所在信息，提高回

收空托盘的效率。

### 3.5.5　与人类环境相和谐的 RFID

与以往的托盘管理方法相比，如此回收空托盘在管理上的精度大为提高。如图 3.34 所示，其中最关键的在于：传统的托盘管理是仅仅知道"A 公司有两个托盘，B 公司有两个托盘"，也就是对具体的个数进行管理。但是各个托盘的状况却无从得知。

然而，实施了 RFID 技术之后，变得能够了解"A 公司有 a 和 b 两个托盘，B 公司有 c 和 d 两个托盘"。也就是连每个托盘的信息都能掌握。管理的精确度有了质的提升，用传统方法不能得知的托盘信息也都能掌握了。现今，不能看见的托盘的流通状况变得实时和透明起来。

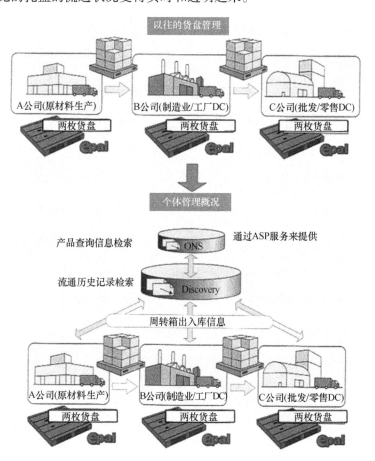

图 3.34　使用 RFID 来进行个品管理（日本托盘租赁株式会社　提供）

过去，司机不去现场亲自看，就连哪里有几个托盘都搞不清楚的情况很普遍，回收托盘的业务管理只能根据经验来进行。因此产生没有全部回收，或者投入没必要的大容量卡车去回收，在车辆的管理上造成很大浪费。

然而，由于精确度的提升，更有效率地运行管理已经变成了可能，减少了无效的车辆移动。也由此超过了当初削减 34.1% $CO_2$ 的计划，$CO_2$ 削减量上升到40.6%（见图 3.35）。

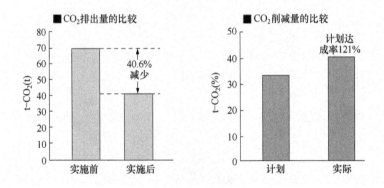

结果

通过实行本项工程，达成减排40.6%的成绩，大幅超过当初的预计目标(碳减排34.1%)。

| | 实施前 | 实施后 |
|---|---|---|
| 碳排量(每年) | 69.50972t-$CO_2$ | 41.30044t-$CO_2$ |

图 3.35　绿色物流协做团体示范案例（日本托盘租赁株式会社　提供）

"连卡车司机都是工程师"，伴随着川崎社长亲临物流现场调查后疲劳的消除，当他发出这样的感慨的同时意识到，"把我们居住的社会变成丰富的原动力"这一 JPR 的企业理念转变成现实的力量非 RFID 莫属！

# 第4章

# 制造业中的应用案例

## 4.1  财产管理的高效化

### （NEC 公司：案例 6）

### 4.1.1  公司概要

日电集团（以下简称 NEC 公司）电脑技术株式会社自 20 世纪 90 年代后期开始以提高生产品质和生产力为目标进行了生产技术革新，此后的 10 年间业务效率大幅度提升，其效果十分显著。该公司对 RFID 技术的运用相对较早，其中把超高频 RFID 用在财产管理领域，并由此积极推行和扩大生产革新的活动。NEC 公司应用 RFID 的情况见表 4.1。

表 4.1  NEC 公司利用 RFID 的情况

| 公司名 | NEC 公司 |
| --- | --- |
| 应用 | 材料调配 |
| 场所 | 总部·甲府生产所（山梨县甲府市） |
| 目的 | 在多品种变量生产中，伴随材料牌数量的增加，进行各类进货材料到货管理业务 |
| 电子标签设置对象 | 材料牌 |
| 实施效果 | 通过实施统一读取识别系统及混装品统一读取识别系统，实现到货材料验收作业的高效性和精确性 |
| 今后需完善之处 | 伴随 RFID 功能、性能的进一步提高，期待更迅速、更精确的验收、管理系统"整体透明化"的实现 |

NEC 公司研发的超级计算机 SX 系列主要用于汽车碰撞分析、气象、气候模拟等研究开发，在全世界的订单总数突破了 1 000 台，连续十多年保持着电脑共享服务器世界第一的排名。NEC 公司生产了各种顺应顾客需求的特殊产品，例如，在银行窗口业务中常用的存折打印机以及便利店中常用的 ATM

机。正是像这样不断推动产品的多样化生产，十年前就开展了与产品创新相关的课题研究，NEC 出色地解决了产品品质及产能提升等一系列问题。尤其是迅速将 RFID 标牌实施到零件供应体系上，乘着在日本全国开展的共同物流的浪潮实现了最大限度地进行资产调配的自动化和效率化。此外，凭借此系统，NEC 公司还取得了"资产回转率提升"，"业界最短交货周期内交货"等众多成绩。

## 4.1.2 减少入口处货物的滞留

随着生产革新的持续推动，资材货物管理变得更为细致。入库资材不断增加而要求不断缩小放置场地和资材的在库数量。但是，一方面因为材料入库登记种类的增加、货物验收数量也在加大，所以在入库业务上发生堵塞和停滞在所难免。特别是实行多品种少数量的变量生产以来，货物的种类和包装花样繁多，而收货员只能通过目视确认供应商预先送来的货物数量和实际货物是否一致。这面临着一个"资材领域高效化"的课题，也因此催生出了一项革新活动（见图 4.1）。

图 4.1　进货时各种货物的包装形态（NEC 公司　提供）

因此，课题是在提高工作效率时如何使资材的收货检验更简单、迅速、准确。围绕此课题的 RFID 技术应用研讨相继展开。NEC 公司将最新的 RFID 技术与现场实际负责人的想法，技术人员的智慧相融合，相继实施"统一读取门系统"和"混载品统一读取系统"这两种系统。物流业者从搬入口运送货物这一操作过程与之前无异，但针对搭载于托盘货物的搬入，则在搬入口设置 RFID 感应门。针对混载品，则是设置了单独开发的接受 RFID 轻点的货物旋转台，对部件资材上贴的电子标签进行完全读取。这样，一个高度效率化的检验操作环境得以构成。此外，公司在标签的粘贴方法和在软件读取提高准确度等方面做了很大努力，使这项革新更为有效（见图 4.2）。

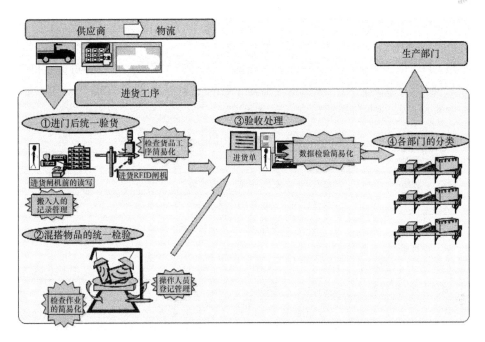

图 4.2　基于 RFID 技术的进货工序流程

### 4.1.3　生产革新的步伐仍在持续

此外，谈到资材领域的 RFID 技术应用，由于资材的类别、性质各异，接收读取距离和读取精确度均不尽相同。选择何种电子标签要考虑到实际使用的耐久性而进行严格的挑选，也要通过反复试验努力提高 RFID 读取通道的准确率。NEC 公司内设"RFID 技术革新中心"来进行实际检验。并通过此基地对 RFID 技术实施效果等进行初步评定，当有了大致思路或方向后紧接着进入现场环境应用评定。通过这样分阶段试验，以期构筑一个最合适的读取环境。

NEC 公司期待通过不懈的实践和摸索，不断提升 RFID 的功能和性能，使整个检品系统在读取速度和准确度上实现质的飞跃。在此基础上，扩展 RFID 的应用领域，预期可以实现管理系统的透明化。

## 4.2　个人电脑事业生命周期管理的强化

### （NEC 公司：案例 7）

NEC 公司米泽工厂自 2004 年 10 月首次实施 RFID 技术的生产管理系统后，实现了产品品质提升和强化跟踪管理等一系列生产创新。据当时的统计数据表明，使用 RFID 技术之后，每日减少约 10 万次的条码读取操作，生产力提高约 20%，工厂内部库存压缩至原来的 1/3。此外，部材调配业务中也实施 RFID 标签制度，以期强化品质跟踪管理及检品系统，并最终可望在此基础上将 RFID 技术运用于强化质量管理、风险管理及客服品质提升管理方面，进而实现产品的生命周期管理（见表 4.2）。

表 4.2　NEC 公司应用 RFID 技术的情况

| 公司名 | NEC 公司 |
| --- | --- |
| 应用 | 材料调配，生产管理，跟踪功能 |
| 场所 | 米泽生产所（山形县米泽市） |
| 目的 | 实现式样的多样化，强化品质管理，缩短交货期 |
| 项目期间（计划开始与运行期间） | 2004 年 10 月：实施 RFID 技术的生产管理系统 |
| 电子标签设置对象 | 材料牌，生产指令 |
| 实施效果 | 生产力提高 20% 以上，工厂内零部件库存压缩至原有的 1/3，生产周期缩短 |
| 今后需完善之处 | 全球化推广，客户 PC 的授受管理，进一步强化产品生命周期管理 |

## 4.2.1　从生产指令到批量读取

NEC 公司旗下的 NEC 个人电脑事业占日本国内个人电脑市场的最大份额。一直以来，生产线上的每一项工序记录，加之出货数据、收货数据等，每一个货箱上都贴有多处记录各类数据的条码，这些条码均通过人工进行读取。对于工厂半年生产种类达 2 万种的电脑生产线与出货线，每天生产总量约一万台，需要人工进行的读取操作约 10 万次。这些操作必不可少，但是如此巨大的电脑生产中的成本却无法从电脑销售中得到弥补。因此这种操作应该是业务精简化过程中首当其冲要解决的问题。目前面临的困难更加巨大。伴随着生产式样越发多样，品质管理越发严格，交货期要求越发短缩等现实因素，需要读取的数据量有越来越大的倾向。

基于以上因素，NEC 公司于 2004 年在业界率先实施 RFID 技术。统一将电脑式样和生产编号、交货数据、生产指令、出货指令等数据写入 RFID 卡片，这项措施实施以来，惯行的人工扫描操作均被自动化读取所替代。此后 NEC 贯彻"每年一个改革主题"的精神加速了生产创新，通过"实施 RFID 电子标签"，"连接 ERP 系统"等一系列手段，进一步扩大 RFID 技术的应用范围。各项工序的生产历史、检查结果和生产进度情况等数据都得到自动保存，与此同时，工序的透明化管理也得以实现。此外，通过实施超高频 RFID 批量产品检验系统，在出货与配送环节操作也扩大了 RFID 的应用范围。这样做不仅大幅度削减了货品数据的读取操作，工厂内部库存也实现减半。同时，生产准备周期最短也得到了业界的公认。（见图 4.3）。

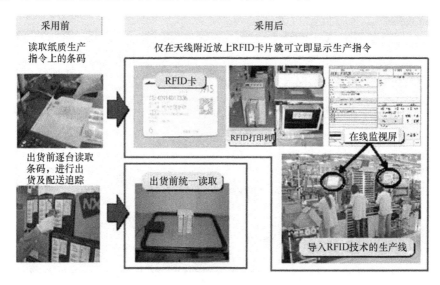

图 4.3 实施 RFID 后降低成本减少在库数量（NEC 公司 提供）

## 4.2.2 强化跟踪管理

将 RFID 技术应用于生产和物流相关企业内部的供应链管理和跟踪管理变得比较常见。近来，为了应对企业间协作日益加强的必然趋势，NEC 个人产品中的生产革新伴随企业间合作，快速地蔓延到国外的工厂中去。已在本公司投入应用且收效显著的 RFID 生产管理系统在国外的关联工厂中也得到推广，使得本公司能够对关联工厂运送至日本的货物不需开包就能够准确和实时地掌握和管理零部件的生产过程等数据，改变了过去不开包就不能检验的历史。

NEC 公司一贯为商业电脑提供客户定制服务，但是公司于 2008 年新增加了一条新的规定，即工厂出货时将型号/系列号/工厂出产日期等数据预先写入电子标签并逐个粘贴在每台电脑上。用户企业的资产管理号码也能够追加写入含有这些数据的电子标签中。这样只需在客户企业方添置电子标签的读取系统，就能利用这些数据高效地进行电脑的携带外出管理以及资产管理。

NEC 公司还进行从用户处收购使用过的电脑，进行翻新并再次销售的电脑翻新销售业务。在回收旧电脑的时候，把附有电子标签的授受管理传票添附于旧电脑上。实施了从收购到抹去电脑中原来数据的过程管理，从而强化了防止旧计算机内的数据泄露而进行的跟踪管理（见图4.4）。

图 4.4　应用 RFID 实现对客户 PC 的接收管理的确切化（NEC 公司　提供）

### 4.2.3　进一步强化生命周期管理

NEC 公司到目前为止进行了各种各样的生产改革。不仅限于电脑生产的效率化、品质和风险管理的强化，而且在提升客服质量中也采用 RFID 技术。这些得益于公司对电脑生命周期的把握及前瞻性的企划能力。

另一方面，RFID 技术高昂的实施费用及运用普及方面的一些实际问题的确不能忽视。在很多情况下，实施新技术后需要工人熟悉新的操作方法和程序。但是，实施的效果的确是喜人的。对于每天需进行一万台左右电脑的组装、出货的工人来说，在数据读取上节约的时间绝不是一星半点。此外，自动读取和通过的数据识别方式既简单又省力，这成为 RFID 实施领域不断扩大的一个有利的推动因素。

NEC 公司计划在进一步强化生命周期管理的同时推进 RFID 技术的应用。并在集团下属各分公司中分享集团内应用 RFID 的经验和要点，争取在提供实施 RFID 的技术知识咨询方面也作出应有贡献。

# 4.3　大御县的案例（日立公司：案例 8）

## 4.3.1　公司概要

日立制作所株式会社（以下简称日立公司）数据控制系统事业部位于茨城县日立市的大御事业所内。从 1998 年开始实施基于细胞概念的生产，2004年开始着眼于 RFID 技术。公司以"RFID 技术能否成为细胞概念生产改革中的良药"作为切入口，在本公司的制造现场持续进行验证的同时，不断循环进行试行、测评、落实、改善这一过程直至今日（见表 4.3）。

表 4.3　日立制作所株式会社应用 RFID 的情况

| 公司名 | 日立制作所株式会社 |
| --- | --- |
| 应用 | 生产管理 |
| 场所 | 大甕生产所（茨城县日立市） |
| 目的 | 实时且准确地获取基于单元柔性生产方式的生产跟踪数据 |
| 项目期间<br>（计划开始与运行期间） | 2004 年开始实施 |
| 电子标签设置对象 | 现有产品单票/作业指令表 |
| 实施效果 | 通过实现作业现场的"透明化"，改良现场作业方法，提高生产力，缩短生产周期 |
| 今后需完善之处 | 将通过 RFID 技术实现的"透明化"进一步推进，加速 PDCA 循环以推动生产现场改革 |

## 4.3.2　RFID 实施的背景

"细胞型"生产方式是取代以往生产线型的生产方式。它将生产分解成每小组或小单元，能够迅速灵活应对顾客不断变化的需求，具有生产批量小、库存量小等优点。在传统的生产线型生产方式中，工序分工细密，一整条生产线上多个工人必须各司其职。而在细胞型生产方式中，则是一名工人同时负责多个工序，在堆放零件和工具的操作台上进行作业（图 4.5 为该事务所中试行细胞型操作的一例）。

在这个"细胞型生产方式"中，日立公司对于应该如何把握操作指令的进度状况、零件和半成品的完成情况等数据展开广泛研讨。这正是 RFID 技术在日立公司得到实施的契机。当时一般人员对电子标签的认知度极低，很多生产现场的工作人员普遍认为用条码进行管理已经足够。然而，伴随电子标签更小型、识别距离更长、价格走低等有利因素，越来越多的员工认识到，RFID 可能成为代替条码的自动识别技术。通过大家充分协商酝酿后，终于迈出了实施 RFID 技术的关键一步。

图 4.5　细胞型生产方式案例
（日立制作所株式会社　提供）

### 4.3.3　细胞型管理方式实施的背景和 RFID 实施的经过

日立的这个事务所针对客户提出的规格要求，为支撑社会基础设施而提供电力控制（发电、送变电、配电）、交通控制、上下水控制设备等的控制装置和系统。印刷电路板作为设备系统中的重要零件，被要求具有较高的品质。对此提出特殊需求或定制规格的客户不在少数。此外，作为社会基础设施中的控制设备，对其使用期限的要求也较长。因此在过去的已交货系统中所使用的印刷电路板作为维修部件必须被重新生产出来。这是与少量多品种生产相对应的。在这种情况下，为实现降低价格、缩短交货期，常规方法是在预测需求量的基础上，适当加上预备数量来满足当前生产和一定库存。但是，实际上的市场需求瞬息万变，印刷电路板种类的大幅增加将造成库存大大增加，因而带来经营指标的恶化。因此，日立事务所"应对市场多样性"和"改革经营"的困难局面，将如何做到两全其美作为一个亟待解决的课题。

另一方面，对于能够迅速应对客户需求变化的小批量生产，细胞型生产方式因能够最大限度降低库存而备受注目。细胞型生产方式如前所述是一种单人或少数人即可进行的，自律性极高的生产方式。

考虑到"应对生产量的变动"，"缩短生产周期"，"减少在产品的库存量"等一系列因素，事务所毅然决定实施 RFID 来适应形式发展对业务的要求。

细胞型生产方式实际上有很大缺陷。例如，由于没有专人负责，生产效率在很大程度上依赖于工人的技能，自律性操作下很难进行项目进程管理等，诸如此类的问题一直悬而未决。而要解决这些难题，切实地收集管理生产工序的"生产跟踪数据"，明确课题以及进行改良活动三者缺一不可。

搜集"生产跟踪管理数据"看似简单实际却很难。

列举该事务所生产现场由工人自行搜集业绩数据存在着以下问题：

（1）没能实时记录数据；

（2）让工人用电脑记录业绩对于工人来说很烦人；

（3）操作情况数据中错误随处可见。

这样一来，工人们可以说变成信息技术系统的数据登录员了，而这项工作的烦琐可以说已经阻碍了数据共有的实时性、数据的可信性和准确性。

也就是说，即使从现场收集了很多数据，但是数据收集依赖于工人本身。如果工人随意篡改数据，那么数据在处理过程中就失去了正确性，还有不及时的记录也使数据的价值大打折扣。

### 4.3.4 印刷电路板生产现场 RFID 的实施

准确收集生产跟踪管理数据是一个公认的必须解决的课题，因为管理者有必要搞清楚哪个工人在何处、用什么样的工具、使用哪个零件、制造了哪个印刷电路板等一系列数据。但另一方面，又绝不能让工人因为收集这些数据感到负担，也就是说，必须在操作过程中自动收集数据。

下面我们来讲讲其中的关键所在（见图 4.6）。

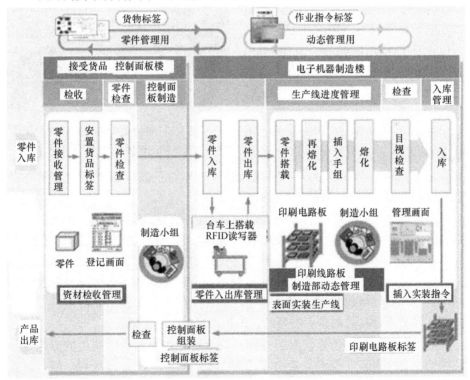

图 4.6 印刷电路板制造工艺流程以及 RFID 的适用范围

（1）零件管理（资材验收管理与零件进出库管理）。

一枚印刷电路板上往往实装 1 000 处以上的零件。为避免作业不善或品质不佳，且当控制系统发生问题时有源可溯，对这些零件的管理十分必要。在此我们列举一下零件管理中几个值得高度重视的问题：

① 零件的外观构造形状相同，但功能或规格不同。

② 零件占库面积增大。

③ 经常发生需要找寻零件的情况。

上述第①点，即工人在处理零件时，由于相同的零件也区分来自供应商的特供型和外购得到的购入型，有时由于它们的名称不同而引发错误。不是所有的工人都能够区分零件的来源所产生的特供型和购入型的差异。这就容易引起数据和实物不一致的问题。这种问题发生在入库验收时就会在其后处理零件的时候发生错误，同时产生为了消除错误所造成的影响而需要做的工作。这就是时间和人力的浪费。考虑到以上种种，这个事务所为了确定零件而决定采用可重印型的搭载电子标签的卡片作为"零件身份证"。

这种可重印型 RFID 卡片，不但可以在电子标签内写入零件的信息，还可以在卡片表面印刷文字（见图4.7）。

卡片一般按以下步骤使用：首先，资材接收后发行卡片；其次，收货时以数量为单位在外包装上粘贴卡片；最后，按照入库接收、确认这种顺序实施。随着资材的接收

图4.7  可以重印的电子标签
（日立制作所株式会社　提供）

和检验的结束，卡片与货物一同进入零件仓库。最终，这些已包装的物品全部被使用后，卡片可以被回收和再次使用。

上述第②点，库存产品不断增加必然会占用仓库面积。因为仓库面积有限，工人只好考虑在有限的场所里如何摆放更多的产品。也就是说，固定物品必须在规定场所放置，如果还要去寻找其相应的放置场所，必然又会引发上述第③点问题，即要找的零件常常找不到。东西既找不到，库存量又在不断增加，究竟如何解决呢？多余的零件、未使用的零件、不能使用的零件等各种各样的零件其实都是不需要的，不该占用库房的有限位置。

对于放到生产现场旁仓库的零件，调查它是否得到有效利用的方法也是同样的。仓库中若发现不需要的零件后，工人必须立即进行处理。但有时正因为没能及时处理，致使需要马上用的零件却被放到仓库的深处位置上；而

不太利用的零件却被放到了近处，这种本末倒置的现象时有发生。

在回收粘贴电子标签的卡片时，运用 RFID 技术能够通过自动验知所回收的 RFID 标签卡片得知该零件什么时间被放到哪个仓库。也就是说，通过这样的检验入库零件的回转效率就很容易随时掌握。此外，换个视角来看的话，零件的先入先出原则可以得到实施，对新旧零件的管理可以变得十分透明。对于物品或零件的一般使用习惯是尽量先从旧的开始用起。实施 RFID 标签卡片后就可从回收的卡片来判断被标识的该零件是否遵循了这种使用常规。

（2）零件拣选（零件出入库管理）。多数制造企业都有拣选零件和资材的效率难题。拣选作业中最关键的是根据指令正确拣选出要找的物品。若拣选出现错误，毫无疑问，后期工作将出现混乱。这样一来就不可避免地要进行补救的纠正作业。

其实关于零件的拣选，有时无法完全按照指令选出零部件或资材。例如，没有在零件上粘贴或没有粘贴好显示零件名称和属性的卡片，或者卡片上误贴了好几个标识零件的标签，导致难以判断哪个才是正确的物品标签。甚至还有因工人自身的判断失误而导致错误出现。考虑到提高生产现场的效率，尽量避免因上述零件管理不善所引起的错误十分必要。

（3）细胞型生产作业支援（插入实装指令）。细胞型生产方式以及它的优点如前所述，一个人或多个人能同时负责并完成多道工序。然而对于工人来说，这种少量（变量）多品种的生产所采用的细胞型生产方式存在着哪些问题呢？

① 不是相同操作的反复（每回的操作都不一样）。

② 作业效率有高有低（操作效率的参差不齐）。

③ 作业品质有好有差（操作顺序不尽相同）。

说到工人的个人能力和作业效率，讨论这种层面的问题就没有尽头了。从技术传承层面来讲，工人自身的能力提升不可或缺。但是，事实上是怎么样呢？比对 2007 年的人才流动性增强等社会现象，就不难发现这一问题的严重程度。因此，日立事务所以"每位员工都能生产出同样品质的产品"为主题进行生产改革，而细胞型生产操作支援（插入实装指令）正是在这种环境下应运而生的。

在对细胞型生产操作的支援上，电子标签被当做作业指令票来使用。作业指令票通过阅读器可以显示目前正在进行中的是在哪道工序的作业，并显示出相应的工序规则。此外还要显示组装生产的印刷电路板种类。这种使用方法类似于我们的传阅板。工人接到指令图后开始操作。实际上整个过程中，细胞型生产工作台上安装的 RFID 阅读器读取作业指令票上标签的内容，写入的内容便显示在屏幕上（见图 4.8）。

与零件管理的本质相同，在这种少量多品种生产的情况下，让工人自己掌握所有产品的生产方法困难很大。此外，印刷电路板本身形状和构造的不同十分微妙，所以让工人仅仅通过外观来判断，错误的风险就比较大。

也就是说，作业指令票对于工人来说就如同车钥匙一般。在细胞型生产操作台上进行生产作业时，毫不夸张地说，要是没有这个指令票，操作就无法进行。

图 4.8 基于 RFID 的作业数据自动显示
（日立制作所株式会社 提供）

### 4.3.5 RFID 的优点

日立事务所在使用电子标签之前，一直使用的是条码系统。现在其一部分生产线仍然使用着条码。作为条码的替代方案，RFID 常常被拿来与其进行比较。那么它们之间的区别到底是什么呢？这个问题值得好好考虑。按照我们的理解，电子标签应该是泛在物联世界的工具。特别是，信息技术对于我们日常电脑使用者来说不是什么大不了的事情，但是对于生产现场的操作工来说就并不那么简单。工人感到电脑操作为其带来压力。而电子标签的优点在此得到充分体现。工人只需重复将贴上标签的部件"刷一下、放一边、装入、送出"这套流程，利用 RFID 来完成细胞型工作方式就轻而易举了。

工人的操作简化所产生的效益十分可观。可重印型电子标签的运用对于生产现场一直使用纸张记录来说，其环保效益也不可小觑。

### 4.3.6 总结

正如前面所介绍的，在细胞型生产中，电子标签的适用范围非常广，收效也十分明显。特别是使用了电子标签进行生产管理后，从前看不见的生产中的一些浪费或无用功变得明确透明。通过 RFID 技术实实在在地提高了生产效率。为了使 RFID 技术能够扎根于生产现场，在生产改革的 PDCA（P：计划；D：实行；C：测评；A：改善）循环当中，A、C 阶段的运用尤为重要。

（1）电子标签和条码的价值不同，运用情况也不同。

（2）RFID 十分适用于作业指令卡片，在生产环境发挥重大作用。

（3）RFID 有助于生产管理的透明化，能够加速生产现场的 PDCA 循环。

# 4.4　富士通那须工厂的超高频 RFID 的实施

## （富士通株式会社：案例 9）

### 4.4.1　公司概要

富士通株式会社那须工厂位于栃木县大田原市。工厂占地面积约为 18.5 万平方米，有员工 1 000 名左右，是支撑富士通移动电话商务事业的核心工厂。作为新一代社会基础设施中必不可少的一部分的移动通信系统和手机终端也在这里生产制造。富士通株式会社利用 RFID 的情况见表 4.4。

表 4.4　富士通株式会社利用 RFID 的情况

| 公司名 | 富士通株式会社 |
|---|---|
| 应用 | 工场间零部件交易管理，面向生产线的零部件供应管理 |
| 场所 | 那须工场（栃木县大田原市），小山工场（栃木县小山市） |
| 目的 | 管理旨在促进产品创新的零部件交易，及生产线零部件供应 |
| 项目期间（计划开始与运行期间） | "零部件交易系统"于 2005 年 2 月提上富士通议程<br>2005 年 5 月 13.56MHz 带 RFID 技术开始应用；2006 年 5 月超高频 RFID 技术开始应用<br>"面向生产线的零部件供应管理系统"于 2006 年 5 月提上议程<br>2007 年 2 月开始超高频的 RFID 开始实施 |
| 电子标签设置对象 | 零部件交易需求票据；部件的装运箱 |
| 实施效果 | 即时的部件订购需求和库存缩减强化了供应链管理；部件的清点盘查作业更具效率化；整个无纸化管理流程节约资材更环保 |
| 今后需完善之处 | 扩大管理对象数量，提高交易/供应频度，提高验收精度 |

乘着富士通全公司引进丰田生产模式并进行改革和创新的浪潮，那须工场提出"只在必要的时候生产适量必要的东西"这一改革口号。致力于推动生产流程透明化、自动化，并力图彻底摒弃勉强、浪费、不均匀的生产方式。这项革新取得了巨大的成果。但与此同时，随着改革活动的推进，零件供给量和种类变得越发精细。这样一来，生产进度情况管理中的数据输入就变得非常艰难与费时。这成为了一个亟待解决的新课题。

富士通计划使用 RFID 技术解决这一问题。公司内部于 2003 年 12 月专门成立了 RFID 商务专家组，致力于研发以超高频电子标签为中心的产品群及方案群供工厂使用。同时专家组还拟定了如何在生产系统中实施 RFID 技术的方案，旨在利用最新的 RFID 技术提高生产效率。

## 4.4.2 零件实时抓取系统

在富士通生产现场，关于 RFID 的运用可以追溯到 2005 年 5 月。其大体过程如下（见图 4.9）：首先小山工厂生产的各种零件被运至那须工厂的零件调配系统，其后使用交易需求票据（即标签，粘贴 13.56MHz 可重印电子标签）进行交易的实时零件交易系统开始运行。为配合工厂的生产革新，从小山工厂调配来的零件也按照实时接收系统来进行接收。直到 2006 年 5 月，RFID 可重印标签替代超高频电子标签，进出货时实现统一检品。针对像这样

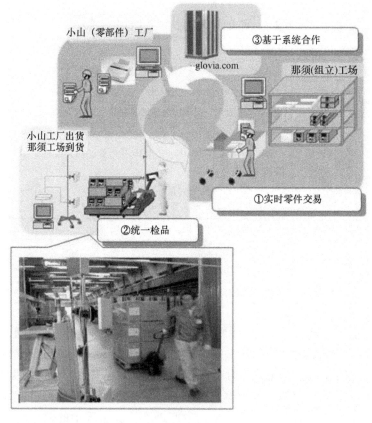

图 4.9　系统整体的构成（富士通株式会社　提供）

统一读取出货检品时瓦楞箱（前后左右）上粘贴的超高频可重印型电子标签，系统实施后，工作人员还进行了各式各样的模拟错误设定，测定结果十分喜人：始终保持着自开始使用后，"读取不正确案例——0 件"这一成绩。此外，零件调配系统还与工厂内主干系统相连接，彻底实现了数据录入的省时省力、高度精确，数据的实时化（生产周期缩短，库存减量）以及票据纸张的节约。由于以上突出成绩，本系统于 2006 年被总务省授予"U-Japan 大奖商业部门奖"的殊荣。

## 4.4.3　生产线零件供给实时管理系统

从 2007 年 2 月起，在那须工厂的生产现场，生产线零件供给实时管理系统就开始投入运行（见图 4.10）。那须工厂在推进生产革新前，一天需进行数次预先准备好的、对应生产线上生产作业的零件供给。而现在，这些作业都被生产线后期工序所取代。其结果就是供给单位变得更为细微，零件供给以一天约两万次的频度进行。这无疑会给工人增加巨大的负担（密码键入与条码输入作业）。与此同时，零件数据管理（零件现在何处、作何用、有多少）困难较大。那须工厂的 RFID 零件供给实时管理系统，为从仓库到生产线搬送货物时使用的 3 000 个周转箱都搭载了电子标签。标签内写入零件名称、装载数量等一并录入到系统中。工人（材料供给员）从生产线上回收的空周转箱搬送至零件仓库补充零件。将零件装入箱中后再度投入循环使用，即投入生产线供应生产需要。通过自动捕捉周转箱的行踪，每个零件如今在哪里、作何用、有多少这些数据不假人手即可获知，实物与数据的实时化得以实现。而这正是本系统的目的所在。具体来说，在周转箱经过的线路，即放置周转箱的台车经过的路线上设置多个感应门。在门上设置多个读取电子标签的读取器和感应天线。材料供给员只需推动台车经过这些感应门，装载于台车上的多个周转箱上粘贴的电子标签将被批量读取。其后零件名称、转载个数、运送方向，即从生产线到零件仓库，或从零件仓库到生产线，这些数据将被自动识读，并上传到系统进行储存。通过读取长距离的超高频电子标签，材料供给员无须手动输入任何数据即可进行材料的有序供给和数据记录。这一系统开始运行后还进行了数次优化，现在读取作业识别率高达 99.99%，基本可做到零错误、全方位读取。系统对零件的高精度管理使得供应链管理得到强化，即零件得到及时发货，库存得到缩减。同时零件的盘点也变得更为简易。全程无纸化操作对于环境的贡献也十分突出（每年可节省约 100 万张纸张）。

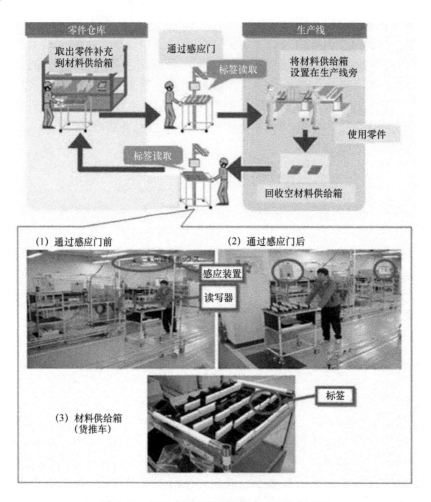

图 4.10　基于 RFID 的零件供应实时管理系统
（富士通株式会社　提供）

### 4.4.4　超高频 RFID 的实施效果和今后的问题

在生产革新方面，"逐件生产"是整个过程的基础。如前文所述，随着供给单位愈来愈小，通过输入数据的进度进行情况管理的频度却明显增大，工人的负担也随之增加。而数据输入这项操作实质上却对工人而言是无任何附加价值的无用功。因此，作为支撑 TPS 的基础设施，简化甚至取消数据输入操作，能够轻而易举地应对庞大繁杂的数据量，超高频电子标签的效用十分明显。上述事例中将电子标签升级到超高频电子标签，可以说是将电子标签的优势发挥到了极致。

　　此外，富士通公司还在不断推动"增加读取对象数量"，"增大读取频度"等读取技术的提升与检品数量逐渐增多（最多一次性 100 个）的同时，也使检品零件的时间印戳、去向数据等批量读取的精度得到了提高。富士通还将这项技术推广到了其他生产现场。

　　以上是富士通生产现场的事例。在这里，富士通解决的问题并不是其独有的问题。如果说我们使用电子标签是利用了它的"自动"采集物品的流动、作业数据的这一特点，那么其他行业也可以从中得到良多启示。

　　"今后若有与电子标签利用相关的新想法出现，我们将称呼它为'有关 RFID 运用的又一个新点子'，为了鼓励和激发更多 RFID 相关应用朝着积极的方向发展，我们打算继续公开我们的 RFID 运用实例"富士通的 RFID 责任者吉田氏如是说。

　　在现代制造业中，当今乃至未来，RFID 的实施模式见表 4.5。

**表 4.5　在现代制造业中现在乃至将来 RFID 的一般实施模式**（万库咨询株式会社　提供）

| 主题 | 课题（待解决问题） | 实施概况 | 实施带来的效果 | 未来改善、推进的课题 |
|---|---|---|---|---|
| 跟　踪　能　力 | | | | |
| 调配零件的运输情况（到货预定时间）估算把握 | • 与海外生产据点之间物资补充调配，进行全球化大规模生产时，致力于降低库存<br>• 为了实现提高生产效率这一目标的企业们在运输时间上容不得片刻耽搁。为不给生产造成障碍，运输过程中的货物情况把握尤为重要。（不能满足现状）<br>• 由于过程中涉及业者众多，对各个环节的咨询了解十分必要（尚未一体化管理）<br>• 咨询时的 ID 根据业者不同时常变换 | • 在零件调配的各个物流据点设置电子标签读写器，比目前现状区分得更细致，准确把握途经地点等数据情况<br>• 货物捆包状态下可统一读取，在整个物流过程中实现数据、货物的同步一致 | • 对于一些急需品运输要求上可单独督促管理，如在过海关等程序上给予特别优先待遇<br>• 急需品的所处方位容易掌控，在即时调配船运或空运时可优先安排<br>• 跳过 DC 或 VMI 等滞留点，直接交货的情况下，能够在不拆卸捆包状态下确认货品内容，使得特别调配能够顺利实施<br>• 普通物流状态下的货品也能够找出运输难点、堵塞点，缩短运输周期 | • 物流用电子标签的标准化<br>• 物流途中 RFID 读写器的设置和连接入网<br>• 为确保读取精确度需解决一些技术方面的课题 |

续表

| 主题 | 课题（待解决问题） | 实施概况 | 实施带来的效果 | 未来改善、推进的课题 |
|------|------|------|------|------|
| 跟 踪 能 力 | | | | |
| 工厂内部零件、中间品的库存管理 | • 正确把握工场内的零部件和中间品（半成品）的库存是生产管理的基本，但东西的放置位置一发生变动要做到即时通知十分困难，只能在工序的入口和出口等有限的点上做到掌握情况 | • 在零件（和装箱）或半成品上装附电子标签<br>• 在通过点设置RFID感应门，掌握部件移动数据<br>• 读取工序中的各个零件、半成品放置场的电子标签数据，掌握库存数据 | • 生产管理、工序管理效率提升<br>• 按时交货率提升 | • 金属部件上标签的读取性能和金属标签价格<br>• 标签设置的方位问题 |
| 各零件特性的保持和装配 | • 有的产品需要考虑到轴承和滚轴等每个零件的公差范围内的微小差别，需将其进行最优组合<br>• 装配全凭现场工人的手艺决定 | 给各零件装附电子标签，使其记住各自的尺寸<br>• 将A零件、B零件放置在各自的零件架中<br>• 给零件架安装上RFID读写器<br>• 系统会给出零件架中所有零件的最佳装配指令 | • 提高作业效率<br>• 组装品质有保证 | • 金属部件上标签的读取性能和金属标签价格<br>• 标签设置的方位问题 |
| 工序进度管理（流动生产线） | • 流动生产线上物品流动量大。如不能正确把握其进度，当问题突发时不能正确进行轨道修正，将产出成批次品<br>• 此外，推进产品库存削减的同时，生产只需数目的一些部件，或者目前正在加工中的半成品也可能被要求尽快赶工以赶上出货。此时，精确的进度数据非常重要<br>• 但是，由于数量巨大，每个产品的方位移动都靠人手进行条码读取并报告，效率低、成本高 | 给加工中的产品粘贴电子标签<br>• 在生产线上设置RFID感应门，把握产品或部件的移动情况。并录入部件通过时间这一时间戳记数据<br>• 工序中的分歧点（判断部件或产品是否是次品，是否该投入返工工序）这一问题上，也可有理有据进行判断 | • 成品率提升<br>• 按时交货率提升 | • 金属部件上标签的读取性能和金属标签价格<br>• 标签设置的方位问题 |

续表

| 主题 | 课题（待解决问题） | 实施概况 | 实施带来的效果 | 未来改善、推进的课题 |
|---|---|---|---|---|
| 跟 踪 能 力 | | | | |
| 工序进度管理（Job Shop 型机械加工工场） | • Job Shop 型机械加工工场，部件（加工品）在作业机械之间不断往来。每个部件的行进线路根据制作工序的不同而不同<br>• 因此，产品的制作进度变得很难把握。必须亲临现场，找出实物，并由此判断目前进展到哪一项工序 | • 在每一个加工品上粘贴电子标签，由此来掌握加工品的方位和移动方向<br>• 作业机械上的工人即可知晓待处理零部件的加工条件和紧急程度<br>• 各个零部件的加工历史等数据也将伴随电子标签留存在零件上 | • 可把握并改善进度。从而削减生产时间和生产库存<br>• 按时交货率提升 | • 金属部件上标签的读取性能和金属标签价格<br>• 标签设置的方位问题 |
| 熟成(退火)处理 | • 刚刚模塑成型后的塑料制品或是塑料薄膜由于容易变形，需待其性能稳定后使其熟成（退火），然后出货<br>• 家电产品中一部分需要在高温室温度加压后经熟成工艺筛掉不良产品（次品）<br>• 每个单品的熟成时间管理很困难 | • 在需要熟成工序的产品上粘贴电子标签<br>• 在电子标签上记录熟成的预计结束时间 | • 品质得到提升 | • 金属部件上标签的读取性能和金属标签价格<br>• 标签设置的方位问题<br>• 标签耐热温度的问题 |
| 防止暂时撤离生产线的在制品发生滞留状况 | • 在生产线上，因为一些原因（发现异常状况、零件不足、急需品插入生产造成原有生产产品滞后等待、工程师进行研究分析时个别零件的取出等）会造成在制品必须从生产线上撤下留存，并一直停留在休眠状态的情况。作为生产现场来说的话，发现这样的休眠品，时常会因为不知其留存的理由而无法使其正常返回到生产线上，造成资源浪费<br>• 最终结果就是，生产现场往往让生产工序正常的产品优先生产。且不会花费精力去分析或调查暂时撤离生产现场的在制品的调离原因，这些在制品就很难继续返回生产线 | • 给加工中的产品粘贴电子标签<br>• 对于一些投入生产但是没有可能完工的产品的把握（这个条码也能做到）以及它们的方位把握（这个需要 RFID 技术的帮助） | • 库存削减<br>• 减少报废 | • 金属部件上标签的读取性能和金属标签价格<br>• 标签设置的方位问题 |

| 主题 | 课题（待解决问题） | 实施概况 | 实施带来的效果 | 未来改善、推进的课题 |
|---|---|---|---|---|
| 跟　踪　能　力 | | | | |
| 装配入产品中的零部件记录数据 | • 虽然翻阅零件表就能知道每个产品中应该装入哪些零件，但是这些零件是何时购入等一些与零件批量相关的数据一般很难知晓。伴随厂家对于零件高性能的追求，随时记录下零件的历史数据，对于零件的品质保证来说越发重要。但目前状况是此项工作尚未受到重视。因此一旦发生故障，进行故障分析将花费大量时间，且一旦涉及召回问题，对象产品的生产厂家也无法为自己的产品进行申辩 | • 通过装附电子标签，高性能零件自身能够显示其生产历史数据<br>• 作为产品来说，零件装配而成的成品也相当于带有电子标签，附带了装配零件的批量数据和零件编号（这种情况称为 Component Association【CA】）<br>• 当发生产品性能不良状况时，以 CA 数据为准进行分析，此外，也便于企业采取召回等事件的预防措施 | • 当产品发生不良时能够及时分析<br>• 召回的范围被缩小框定，且真正发生召回时也能够控制事态，并将经济损失控制在最低限<br>• 进行产品保养服务时，也能通过读取 CA 数据，进行最适宜的预防保养和修理 | • 金属部件上标签的读取性能和金属标签价格<br>• 标签设置的方位问题<br>• 未来期待零件制造商能够实施 Source Tagging（在部件生产阶段就装附电子标签）（此处装附条码亦可。但是，组装时读取工作较花费工夫）<br>• 此项工序成本如何降低 |
| 捆包完毕产品库存（工场）的管理 | • 出货前成品将进行捆包和分箱<br>• 即将出货的产品如若发现品质不良，在出货前一刻被送回返工的事情时常发生<br>• 找出返工产品需要解开捆包箱<br>• 打开的箱子无法再作为商品使用 | • 给成品粘贴电子标签<br>• 无须解开包装就能确认箱中内容<br>• 捆箱移动的方位也能自动把握、记录，库存的管理落实到位 | • 产品品质问题上的花费降低<br>• 库存精度得到提高 | • 金属部件上标签的读取性能和金属标签价格<br>• 标签设置的方位问题 |

| 主题 | 课题（待解决问题） | 实施概况 | 实施带来的效果 | 未来改善、推进的课题 |
|---|---|---|---|---|
| 跟　踪　能　力 | | | | |
| 在产品质保机制上的应用 | • 若出货后发现产品不合格，由于该产品的加工历史和装配零件等数据未被保存，在原因的追索上将花费大量时间<br>• 原因究明后，一些被判断有相同缺陷的产品的方位难以确定，若想找出将花费大工夫<br>• 出于安全考虑，企业常常撒网式回收，时常将合格品也错误回收进来。浪费大量时间和金钱 | • 已出货的产品如若发生不合格状况，可通过可写入型电子标签进行单品管理下的产品历史数据查询，追溯其生产流程并进行定位<br>• 从生产历史数据中分析次品的产生原因，并框定其发生于零件的哪一个生产流程环节<br>• 基于零件生产历史数据进行原因分析，并定位其出货于哪一批次<br>• 从生产流程、生产批次及产品的生产历史数据来定位到具体的问题产品<br>• 通过已出货产品的历史数据管理，来定位其方位，并通过统一操作机能，在捆包状态下定位查找出该产品并进行回收 | • 找出其次品产生原因，明确对象货物身处方位后，以最快速度进行次品回收，将对顾客造成的伤害控制在最低限，维护自己产品的信誉<br>• 可大幅降低回收/报废产品的数量 | • 金属部件上标签的读取性能和金属标签价格<br>• 标签设置的方位问题<br>• 全公司的配套体制建设十分必要（此项目并非试验型项目） |
| 可再生零件的循环历史记录保存 | • 将可再使用（此处指循环利用，严格意义上来说是回收后作为资源再生，真正的"再使用"指的是重复使用）零件的历史数据进行整理，从而掌握其寿命数据并管理<br>• 有时候还可用于：复印机的色粉盒、打印机的墨盒、汽车零件等等 | • 为可循环使用的零部件装上电子标签<br>• 通过读取标签获知此物件已循环使用的次数<br>• 部件每次被循环使用时都将自动追加使用历史记录<br>• 便于零件循环再生据点判断此零件应该继续使用还是废弃 | • 零件品质得到保证 | • 金属部件上标签的读取性能和金属标签价格<br>• 标签设置的方位问题 |

续表

| 主题 | 课题（待解决问题） | 实施概况 | 实施带来的效果 | 未来改善、推进的课题 |
| --- | --- | --- | --- | --- |
| 跟　踪　能　力 | | | | |
| 废弃物管理（静脉物流） | • 使用过的产品回收处理过后，要进行再循环利用（作为资源再次被使用），或是重复使用（保持原状，外表更新一下后使用），或是按照《家电循环利用法》进行回收再生时，相关的数据不足 | • 给生产产品装附上电子标签<br>• 在生产过程中将其用于工序管理<br>• 在流通过程中亦可将其用做流通管理<br>• 在废弃过程中，可用做生产者数据，再使用数据，回收利用数据来源的记录 | • 循环再生，循环利用的效果十分显著 | • 金属部件上标签的读取性能和金属标签价格<br>• 标签设置的方位问题 |
| 食品的原料历史数据、加工历史数据、流通历史数据管理 | • 目前消费者无法知晓食品的原料和生产、流通历史数据<br>• 作为流通业者来说，普通的条码无法进行单品管理（即使今天的肉与昨天的肉店头价格不同） | • 材料按批划分，每一批都装附上电子标签，使得定位能够实现<br>• 获取生产中的数据记录<br>• 出货产品中装附电子标签，录入材料与生产条件等数据<br>• 流通过程中也是用做流通管理。录入历史数据 | • 使得消费者能够放心购买 | • 整个流程流畅的使用需要业界各方共同配合 |
| 集装箱、箱盒、周转箱和货盘等的RTI管理 | • 在供应商与买家之间，或是工场内各工序之间需使用专用的集装箱、周转箱或货盘等，它们的RTI管理费用高昂<br>• 有些容器每当使用到达一定次数，即需进行定期维修保养<br>• 这些箱子，货盘的方位管理和使用次数管理目前仍未实行<br>• 当这些箱子，货盘数量存在不均或不足时，一般管理者只会求简便，重新买来补足 | • 容器类产品在其货盘等RTI系统中粘贴电子标签<br>• 在容器放置场所可进行空容器的库存管理<br>• 设置读取门，记录其移动（方位变换）数据<br>• 容器中装入货品时，还能进行批量管理和新鲜度管理 | • 费用得到削减<br>• 品质安全有保证 | • 需选用可反复使用的耐用型电子标签 |

续表

| 主题 | 课题（待解决问题） | 实施概况 | 实施带来的效果 | 未来改善、推进的课题 |
|---|---|---|---|---|
| 跟 踪 能 力 | | | | |
| 装置和备用品的盘点和管理 | • 工场中可搬动的器具和道具众多，备用品的盘点是一项巨大工序<br>• 对工人的专业性要求颇高，有些光凭外表很难判断该器具是用于何处<br>• 不使用时，这些设备大多数时间闲置在仓库中<br>• 有些装备颇具重量，并且随着放置位置或方式的不同，有时很难进行读取 | • 给各类机器贴上电子标签<br>• 盘货时利用 RFID 读取仪器判断机器的方位所在<br>• 将装置的相关说明、式样数据预先写入标签<br>• 需定期检验的机器，将其记录留存 | • 提高管理水平<br>• 确保装备及备用品品质的良好及稳定 | • 金属适用性标签的性能提升和降低成本问题 |
| 模具的管理 | • 模具种类繁多，且造价高昂<br>• 使用寿命管理十分必要（使用 1 000 次左右会产生磨损等等）<br>• 因为颇具重量，操作不便，如使用条码方式读取亦十分不便。此外，条码不耐污染，易损坏 | • 为模具装附电子标签<br>• 通过 RFID 技术进行方位管理<br>• 通过 RFID 技术进行寿命（使用次数）管理 | • 提升财产管理水准<br>• 确保模具品质的良好及稳定 | • 金属部件上标签的读取性能和金属标签价格<br>• 标签设置的方位问题<br>• 如何提升电子标签的耐热性、耐水性及耐用性 |
| 工具的管理（寿命管理、取出管理） | • 生产现场有刀片等众多工具<br>• 很多工具长相类似，目测很难区分<br>• 如工具频繁出入生产现场，那么完备有条理的库存管理十分必要 | • 为各工具粘贴电子标签<br>• 通过 RFID 技术，能够识别出需要寻找的目标工具<br>• 设置识别感应门进行工具的出入管理<br>• 必要时，还可记录下使用时间间隔 | • 提高作业正确性<br>• 现货管理 | • 如何提升金属部件上标签的读取性能<br>• 如何提高电子标签的耐用性 |

| 主题 | 课题（待解决问题） | 实施概况 | 实施带来的效果 | 未来改善、推进的课题 |
|---|---|---|---|---|
| 跟 踪 能 力 | | | | |
| 工场内自动搬运机的操控 | • 工场内自动搬送车需要分别操控<br>• 通过中心服务器进行管理的话，光集中管理一项的任务就沉重复杂。可以的话还是期待能进行自律分散型管控 | • 将电子标签装附于自动搬运车上<br>• 在分歧点处判断其去向<br>• 实施 RFID 技术的同时兼用中心服务器进行管理，减轻中心服务器的负担 | • 提升财产管理水准<br>• 品质安全有保证 | • 工场内需进行无线 LAN 等基础设备的设置 |
| 安全管理（例：密闭室、出入室管理） | • 大型冷冻室等人员可能被关入，造成事故的地点的开关门及进出入监视工作颇费人力 | • 工人（戴的钢盔等）上粘贴电子标签<br>• 自动记录人员进出入密闭室的数据<br>• 在室内也能进行人员及其方位的数据读取及记录<br>• 系统确认完毕全部人员的退室记录才会关门 | • 安全性得到提升 | • 考虑到读取距离，需探讨使用何种活跃型电子标签 |
| 主题 | 课题 | 实施概况 | 实施带来的效果 | 未来改善、推进的课题 |
| 单 品 管 理 | | | | |
| 对应单个订单生产线上的组装、加工作业指令 | • 加工指令一般以纸质文件形式给出<br>• 实绩和进度也以纸质报告给出，不便于参考 | • 为产品的基盘部分，货盘，或是加工指令（生产指令）粘贴电子标签<br>• 并在标签中提前加入工序和加工指令数据<br>• 工人通过读取器械读取电子标签，并依照其指令进行作业<br>• 作业完成后将作业结果、加工条件、时间值等数据录入电子标签<br>• 各工序均按上述步骤操作 | • 提高作业正确率<br>• 掌握作业实绩实况 | • 如何选定最合适周波数带的电子标签 |

| 主题 | 课题 | 实施概况 | 实施带来的效果 | 未来改善、推进的课题 |
|---|---|---|---|---|
| 单 品 管 理 | | | | |
| 对自动加工机（NC工作机）的加工指令 | ● 在一条生产线上生产多个不同品种的机种或产品是常有的情况<br>● 加工指令以纸质形式给出<br>● 有时全凭作业人员目测判断机种，极易出现错误 | ● 给产品的基盘部分及货盘上粘贴上电子标签<br>● 标签中预先写入工序和加工指令等数据<br>● NC 工作机读取电子标签，并跟随其指令选出工具，其后登录必要的程序进行加工 | ● 单品的生产也实现自动化 | ● 金属部件上标签的读取性能和金属标签价格<br>● 标签设置的方位问题<br>● 电子标签耐热性、耐水性和耐用性的提升问题 |
| 模具生产线上的加工指令 | ● 模具由于都是单品生产，都需经历切削、淬火加工和组装工序<br>● 进度管理、作业指令较为复杂 | ● 产品的基盘部分及货盘粘贴上电子标签<br>● 标签中预先写入工序和加工指令等数据<br>● NC 工作机读取电子标签，并跟随其指令选出工具，其后登录必要的程序进行加工<br>● 装配工按照RFID 技术的指令搜索必要的指导书，并依据其进行组装装配 | ● 加工实现自动化<br>● 工序进度可管理 | ● 金属部件上标签的读取性能和金属标签价格<br>● 标签设置的方位问题<br>● 电子标签耐热性、耐水性和耐用性的提升问题 |
| 混流生产线上的组装、检查指令和结果保存 | ● 在一条生产线上生产多个不同品种的机种或产品是常有的情况<br>● 加工指令以纸质形式给出<br>● 有时全凭作业人员目测判断机种，极易出现错误 | ● 产品的基盘部分及货盘粘贴上电子标签<br>● 标签中预先写入工序和加工指令等数据<br>● 作业人员或试验机读取电子标签，并根据其指令进行操作<br>● 作业结果、试验结果、时间值等数据记录入电子标签<br>● 各工序均按上述步骤操作<br>● 根据 RFID 上的数据还可实现生产线上传送带传送货物的分流作业<br>● 根据 RFID 上的数据还可进行不同机种不同产品的自动包装 | ● 提高作业正确率<br>● 掌握作业实绩与试验结果 | ● 金属部件上标签的读取性能和金属标签价格<br>● 标签设置的方位<br>● 电子标签的耐热性、耐水性和耐用性提升的问题 |

| 主题 | 课题 | 实施概况 | 实施带来的效果 | 未来改善、推进的课题 |
|---|---|---|---|---|
| 单 品 管 理 | | | | |
| 零件拣选，指令和确认 | • 如按照拣选指令书来进行零件的拣选，光挑选出零件就将花去大部分时间，十分没有效率。并且拣选工如需练至熟练操作将花去不少时间<br>• 手拿拣选指令书的话双手不能同时用于拣选，增加作业难度<br>• 出于质量考虑，有时货品从拣选笼中挑出还需经历再次分选 | • 实施 RFID 技术从液晶监视器中发出拣选指令<br>• 拣选指令按顺序显示出<br>• 一个循环流程对应一个出货方 | • 作业效率提高<br>• 无须熟练工即可操作，降低成本 | |
| 单品的构成和特性数据及该产品的编入型维修保养数据 | • 即使去到客户的机器的保养维修点，作为维修人员有时也无法知晓该产品的构造和特性<br>• 使用零部件的详细数据（设计变更号）等都记录其中<br>• 有些需要定期保养维护的器械、部件会被漏看漏记 | 给产品粘贴上电子标签<br>• 每次保养过后将保养数据追加录入标签<br>• 当需要保养或改造时读取数据，并进行更新<br>• 定期实行老旧保养数据的删除工作。未完成的保养维护将被 RFID 检出 | • 作业效率提高<br>• 品质稳定有保证 | • 金属部件上标签的读取性能和金属标签价格<br>• 标签设置的方位<br>• 电子标签的耐热性、耐水性和耐用性提升的问题 |

# 第 5 章

# 流通与物流业的应用案例

## 5.1 德国麦德龙集团的创新（麦德龙：案例 10）

### 5.1.1 公司概要

麦德龙集团 2005 年的销售额达 600 亿欧元（约 10 兆日元），在全世界 31 个国家设立共计 2 400 家门店，拥有员工 27 万人。是德国国内销售额排名第一、世界排名第三的大型流通零售集团（见图 5.1 和图 5.2）。在这一集团中，控股公司麦德龙 AG 旗下有以下四个部门：

（1）Cash&Carry（现金交易批发业）。

（2）Extra 部门（食品零售超市）和 Real 部门（大型食品零售超级市场）。

（3）Media Market（多媒体零售商店和 Saturn 家电量贩店）。

（4）Galeria Kaufhof（大型百货商场）。

图 5.1　德国麦德龙集团（麦德龙　提供）

图 5.2　麦德龙集团活跃在世界各地（麦德龙　提供）

## 5.1.2　项目背景

借未来智能食品零售超市赖恩贝格店（位于杜塞尔多夫）2003 年 4 月开张为契机，从 2004 年 11 月开始，"未来商店计划"这一活动展开了。

参加这一计划的不仅仅是麦德龙一家企业，在以 SAP、英特尔、IBM 作为主要参与核心，包括可口可乐等一般消费品生产商，惠普等 IT 企业，以及多家 RFID 供应商在内的约 40 家公司成员的大力协助下，这一计划稳步推行。

麦德龙集团应用 RFID 技术的情况如表 5.1 所示。

表 5.1　麦德龙集团应用 RFID 技术的情况

| 公司名 | 麦德龙集团（德国） |
|---|---|
| 应用 | 国际物流管理、物流管理、商品管理 |
| 场所 | 中国香港的发货基地、欧盟境内物流中心、德国国内零售店等 |
| 目的 | 实现以从生产基地处物流为始，到零售店逐个商品管理为止一整条供应链的效率化，从而提升整个物流业务效率，强化商品管理，提高客户满意度，进而提升销售能力 |
| 项目期间<br>（计划开始与运行期间） | 2004 年 11 月：围绕未来商店这一计划，开始 RFID 可行性实验<br>2006 年 10 月：与包含中国在内的亚洲主要供应商之间开展国际物流方面的 RFID 项目<br>2007 年 7 月：欧盟境内 RFID 项目开始实行<br>2007 年 9 月：Kaufhof 绅士用品单品逐个管理项目开始实行 |
| 电子标签设置对象 | 货箱、托盘、绅士用品（单品逐个） |
| 实施效果 | 进出货管理业务效率提高。向客户提供全面的商品数据，客户满意度提升。逐个单品库存管理精度的提高使得缺货情况得到有效抑制，营业额上升 |

开展"未来商店计划"的目的如下所示：

（1）通过引入革新技术使零售业更具效率化

（2）对未来零售业前景的展望

（3）通过技术为消费者、零售业者、供应商带来便利，提高麦德龙在零售业界作为革新领导者的地位，也使其掌控了该行业在订立国际技术标准方面的主导权。

RFID 可说是麦德龙集团的一项技术革新。2004 年 11 月开始，RFID 技术应用的实证检验在赖恩贝格店开始。该实验进行之初，试验范围只限定在一小部分商品，一部分店铺和仓库上，但该实验最终演变成一个从制造商的出货场到店铺的销售货架这一流程中，如何实现正确掌握每个时段每个物品的动向，无浪费，保持最佳发货状态且有效防止店内缺货、盗窃发生，为顾客提供一个高效购物环境的课题。

此外，针对目前客户对于商品的品质、商品相关的各种数据以及极细小的服务层面的要求日渐增高，零售业商家如何准确把握物流过程的重要性也不言而喻，从这一方面考虑，这一实验也不可或缺。

麦德龙集团很早就考虑运用 RFID 技术来促进商业变革进程，达到业务效率化的同时削减了开销，同时一一满足了多样化的顾客需求。

## 5.1.3　项目的概要

以这个"未来商店计划"为切入点，在不久的将来，麦德龙集团还准备增开 3 个大型 RFID 相关项目。

这些项目将开展于实际的商务流通或交易现场，参与人员甚至包括亚洲、德国等境外的众多供应商、物流基地，以及欧盟境内的麦德龙零售店等多数参与者。项目开展后，从生产基地的商品运输开始到店铺中 POS 机（Point of Sales，扫描条码的同时将商品数据实时录入电脑，同时进行销量管理的系统）的商品结算及单品管理为止，整个供应链全体流程被清晰监控，欧盟境内自不用说，放眼世界也是规模巨大，卓有成效，极其规范标准的实施 RFID 技术运用项目之一。

## 5.1.4　立足亚洲的全球供应链方案

在 ALA（亚洲先进物流，见图 5.3）的旗号下，麦德龙着眼于以中国为主体的亚洲地区主要供货商的国际物流线，于 2006 年 10 月实行了其另一个 RFID 相关项目。2007 年，中国和越南两国约 100 多家供应商参与了这个项目。

此项目尝试在其后 10～15 年内，通过 RFID 技术，将海外生产基地为始到店头的 POS 机为止的一整条全球化供应链进行高效一体化管理。

图 5.3　亚洲先进物流（ALA）（麦德龙　提供）

此处电子标签运用方式有两种，一种是将 EPC 标准的超高频电子标签在货物装船前粘贴于货箱和托盘上，一种是在与麦德龙集团签约的物流仓库内先给货品粘贴上标签，集装箱装载后，从中国香港运输到欧洲，其后经由鹿特丹港转运至德国乌纳港的物流基地。

货物从中国运出时集装箱的装船以及运至欧洲后集装箱的卸船时，或者抵达德国国内的物流基地后进货时，都可以通过门型阅读器自动读取电子标签的信息，做到自动验货（见图 5.4）。

通过 RFID 技术来进行全球供应链管理的目的如下：

（1）自动进出货检品，使得进出货业务的速率提升，实现无停滞物流；

（2）通过自动对照进出货数据，防止错误调配的发生，提升库存管理系统登记的精确度；

（3）实现供应商全体的透明化，正确把握库存情况。

此外，麦德龙集团商会 GSI 香港和香港科学园，在香港开设了供应链创新中心（SCIC）。中心针对以中国为核心的亚洲供应商提供 RFID 测试环境，项目演示和验证，并开展市场营销推广、教育和培训等活动。供应商可在此学习 RFID 系统相关知识，为今后顺利实施打下基础。

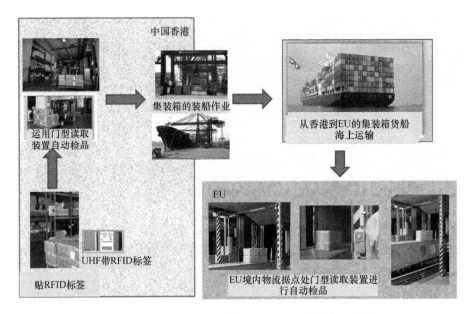

图 5.4　中国香港到 EU 的输送（ALA）（麦德龙　提供）

### 5.1.5　欧盟境内的供销管理改革之路

与上面所讲述的亚洲先进物流（ALA）相比，在欧盟境内，货品的不同消费地（即销往地）会开展各类大规模物流改革项目并集结当地的供应商、物流中心和店铺群进行参与，这些项目均旨在提高供销管理的效率化。

改革的第一个阶段，即从 2007 年 7 月开始，麦德龙为德国国内所有 Cash&Carry（现金交易批发业部门）和约 100 家 Real 部门（大型食品零售超级市场）共计 180 家店铺，及 MGL（麦德龙集团供需管理）旗下所有的德国境内 10 处配送中心仓库进行 RFID 的基础设置。在 180 多个供应商的一致协助下，货箱和托盘均粘贴上电子标签，并被搬入仓库。此后其他麦德龙供货商也分别参与其中，截至 2008 年，又有约 200 家店铺进行 RFID 实施的基础设置，欧盟最大规模的 RFID 技术的运作体制构筑形成。

整体构成如图 5.5 所示：

（1）欧盟境内约一半（180 家以上）的供应商，都在各自公司配送中心仓库中的货箱与托盘上粘贴超高频 EPC 标准的电子标签。

（2）出货时读取电子标签与订单数据相互比对，若无误则与 ASN（事前出货通知）数据一起，被发送至麦德龙的配送中心仓库。

（3）在配送中心仓库到货场读取货箱与托盘上的电子标签，并和到货数

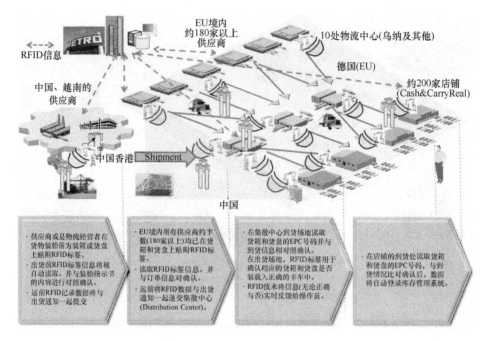

图 5.5　EU 内基于 RFID 的物流（BFC 咨询　提供）

据相比对。出货场上，RFID 技术自动判断并确认货箱托盘是否装载至正确的卡车，且即时地将这项数据反馈给操作员。

（4）在店铺的到货场读取货箱托盘的电子标签，将读取数据与到货数据相比对并自动登记库存管理系统，何种货物何时到店便可实时清晰知晓。

这一构成将自动防止出入货时间地点的错误分配，同时使得库存数据精确率的提高成为可能。

如图 5.6 所示，在大型的配送中心里出货用门共设有 36 处，每个出货门均设有一台阅读器和 4 个天线。每一个出货托盘上都放置一个粘贴 60 枚电子标签的货箱，出货时，电子标签数据将被准确读取。

此时，系统将自动监视货箱与托盘是否被装载至正确卡车之中，一旦发生装载错误，数据将立即反映给操作员。即使 36 处阅读器同时工作，信号也不会相互干涉，仍能确保读取成功。全套系统依靠美国 REVA 提供的 RFID 网络基础设备来进行控制。此外，该设备还能实时监测阅读器，读取情况与机器状态，一旦发生问题，立即向操作员发出警报。此外，麦德龙集团意识到欧盟盟区内超高频域较狭窄的问题，构建了能够处理海量数据的 RFID 数据处理系统并付诸实际运用。

图 5.6　大型货运中心出货操作情况（麦德龙　提供）

## 5.1.6　通过物品等级的商品管理来实现店铺创新

（麦德龙 Galeria Kaufhof 店：案例 11）

麦德龙集团所属 Kaufhof Warenhaus AG 公司，为自己旗下的百货商店取名

Galeria Kaufhof（下文简称 Kaufhof
店），并以 Kaufhof 艾森店的开张为
起点开始经营（见图 5.7）。Galeria
Kaufhof 在德国国内拥有 141 家门店，
是一个营业总额高达 36 亿欧元（约
6 兆日元），卖场总面积 150 万平米，
拥有职员 19 043 名的巨大百货集团。

作为麦德龙集团 RFID 运用中的
一个环节，Kaufhof 店中 RFID 的运
用从为托盘贴上电子标签开始。

图 5.7　Kaufhof Essen 店外景（麦德龙　提供）

Kaufhof 百货店实施 RFID 技术
的最初目的是提高物流和仓库管理工作的效率，其后的发展与亚洲或欧盟大
规模推行的麦德龙集团供需管理相关 RFID 项目不同，其实施 RFID 技术的目
的从供销管理转变为满足客户，或是满足营业员需求，从而进一步提高销量
这样一个目的。

Kaufhof 百货店 RFID 实施项目的最大特征是店内每个规定区域内放置的

所有产品均粘贴电子标签，进行着单品的管理。同时，百货店也早早地进行一些小规模性试验，如 2003 年为一个名叫 Gerry Weber 的直销品牌旗下所有成衣都由电子标签进行管理。

2007 年 9 月，艾森站前的 Kaufhof 百货三楼男装区（卖场面积 2 000 平方米）中陈列的大约 3 万件以上的商品（包括男士西服、男士用品、小配件等）全部都粘贴上了 EPC 标准的超高频电子标签。进而服装放置用的陈列台、柜、货架等 500 件陈列器材也粘贴上资产管理专用的电子标签，运用 RFID 技术管理卖场所用物品的项目开始进行。

在上述庞大数量的商品上粘贴的电子标签，通过楼层上配置的各个阅读器进行读取。阅读器和天线大体设置在衣柜、试衣间、结算 POS 机柜台、升降梯或扶梯的出入口、墙壁内、衣架棍，或是商品陈列台等地方。因设置巧妙隐藏较好，不易被顾客发现。

Kaufhof 百货店的男士用品、男士服装、配件等均从德国国内三个供应商处纳入其专用物流中心，这一阶段货品尚未粘贴电子标签，标签的粘贴工作由麦德龙集团接收货品后进行。其后出货时通过门型天线进行一个个商品的 RFID 数据读取，并与出货数据相比对（见图 5.8 ~ 图 5.11）。

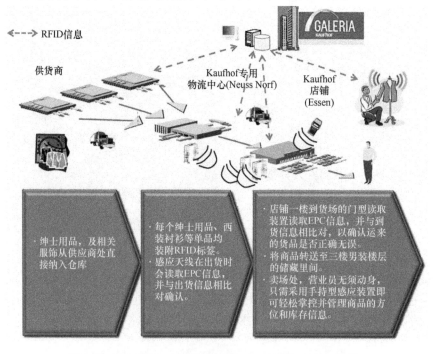

图 5.8　男士服装，用品的供应链（BFC 咨询公司　提供）

图 5.9　物流中心内设置的可以在电子标签上印刷条码的打印机（麦德龙　提供）

图 5.10　用 RFID 阅读器读取衣架上挂着的男服上的标签（麦德龙　提供）

图 5.11　在出货场设置的阅读器天线（麦德龙　提供）

完成了和出货数据的比对确认后，货品被运至 Kaufhof 百货店艾森店，通过店铺一楼进货口处设置的门型阅读器来读取电子标签并与到货数据相比对，所到货物确认正确无误后，被送至 3 楼男装卖场的储藏里间。从储藏里间通往卖场前台的通道上亦设置门型 RFID 阅读器，用以监控一直堆放于监视储藏里间滞销的是哪些商品，一直被送至卖场前台销量较好的又是哪些商品（见图 5.12 和图 5.13）。

· Automatic goods receiving

· Some perishables tracking

· Backroom to front room tracking

图 5.12　店铺内标签的自动阅读

（左）出货场地的门型阅读器

（右）在销售后台到前台的路上设置的阅读器（麦德龙　提供）

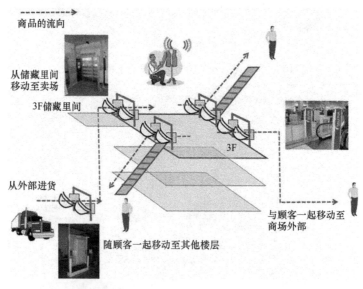

图 5.13　三楼男士区的出入口的门型阅读器和商品的流向（BFC 咨询公司　提供）

通过这个系统，店员对于从物流中心出货的每一个产品位于这家店的何处（一楼到货场，或储藏里间，或卖场前台），何时进货，进货多少，是否等待退货等数据能够实时正确把握。这样一来，店内库存数据亦能够以个品为单位进行实时更新，这就避免了卖场前台商品卖断货后，店铺不知此货型是否有库存或库存位于何处，而贸然向配送中心仓库发出订购，造成无端浪费的情况。此外，在此系统管理下，在卖场前台即将断货前还能够及时补充新货，为防止断货也作出了不小贡献。

我们再来详细看看百货店中活用 RFID 技术的卖场运作实况。在配送中心，仓库汇总粘贴的电子标签虽然均为 EPC 标准的超高频电子标签，但是采用了 3 种不同类型的编码。男士服装等单品上粘贴的是 SGTIN（Serialized Global Trade Item Number：序列化全球贸易标识代码）类型电子标签，而衣架、陈列台、柜子等器材上粘贴则是 GIAI（Global Individual Asset Identifier：全球单个资产标识）类型电子标签进行识别（见图 5.14）。

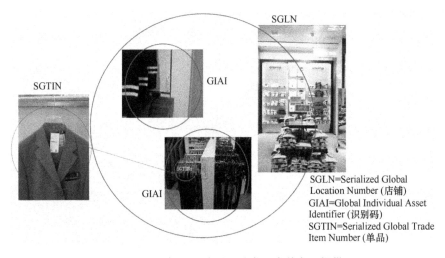

图 5.14　电子标签的编码和种类（麦德龙　提供）

位于三楼卖场一角的一家名为 The Gardeur shop 的店铺主营男士休闲用品，该店铺主要将 RFID 技术用于向客户提供商品数据（见图 5.15），以及及时补充热卖商品防止断货。这家店作为欧盟调查工程 BRIDGE（Building Radio frequency IDentification solutions for the Global Environment——利用 RFID 为全球环境提供解决方案）的一部分可说是该工程的一个范例，在与 GSI、Gardeur、麦德龙集团以及其他企业合作的同时，也进行着店内商品的移动走向分析。

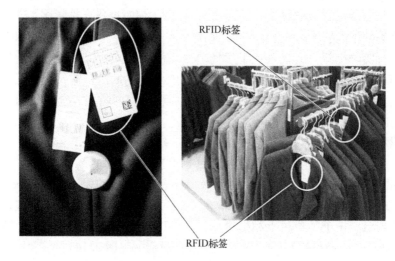

图 5.15　贴在男士服装上的电子标签
（在商标上印有条码和大小等产品数据　麦德龙　提供）

被称为智能货架的商品陈列台下面内置有一个阅读器，用以读取平时放置于陈列台上商品的电子标签（见图 5.16）。台上同时设置监视屏幕，为来到陈列台近处的顾客显示台上放置商品的种类，数量，及各商品的详细数据（材质，尺寸，颜色，洗涤注意等），致力为顾客打造一个轻松，便捷的购买环境（见图 5.17 和图 5.18）。

除了向顾客提供商品数据，运用电子标签后还能防止热销品缺货。RFID 系统实时掌握智能货架

图 5.16　The Gardeur Shop 全景
（在陈列台下面的货架挡板后面设置有阅读器
麦德龙　提供）

或货柜中的存货数据，若显示地域正常库存量，则向店员自动发出通知。在店内工作走动的店员亦可通过显示器直接获知库存状况。

这样一来，任意一件商品均能实现高效、无间断随时补货，订货时机也能较好地把握，避免了热销品缺货、滞销品积压等情况。

图 5.17　在智能监控货架和显示器上显现商品的数据（麦德龙　提供）

图 5.18　货架下方挡板的背后安装着天线（麦德龙　提供）

　　智能试衣镜与智能试衣间均内置阅读器和显示器（见图 5.19），例如，顾客欲试穿一条裤子，阅读器读取裤子上的电子标签，并通过显示器显示出这条裤子的详细数据（价格、其他尺码、颜色、库存情况、所处方位、材质等），此外显示器上还将自动提示出推荐搭配衣物等数据，顾客不用出试衣间即可进行高效率的选择，从而达到唤起顾客们购买欲望的目的。

图 5.19　智能镜子和智能试衣间（麦德龙　提供）

此外，顾客在试衣间时试穿了几件衣服？又从中选取了哪一件（或是哪几件?），哪些商品未被选中？进行试衣的顾客有多少？他们使用试衣间花了多长时间？试下来未被选中的商品又是如何重返销售场地等这样一系列可用于市场营销、新产品开发的参考数据能够轻松获取。

工作人员使用便携式手持阅读器，通过在 EPC 上检索，可查找出某种特定商品，也可获知何处有何种产品有多少库存这些数据。通过扫描特定商品的电子标签，还可获知这种商品畅销与否、货源好进与否，这样一来，销路好的商品货源可得到及时补充，货架使用方面也将得到合理分配，这就为销量增额创收打下基础。

另外，商品结算环节上 RFID 的运用也在试行，麦德龙计划将 RFID 系统与 POS 机相连，实施一整套自动结算体制（见图 5.20）。如若这一步得到实现，麦德龙集团将成为将 RFID 技术运用贯穿于一整条供应链（从全球化调配物流运输开始到店头一件件商品结算为止）的世界首家企业。

如上所述，通过贯穿整个流程设置的 64 个阅读器和 207 个感应天线实时正确地把握商品动态，以下各项将得以实现：

（1）知晓店面柜台何时需要补充何种货物，仓库需要进哪些货；

（2）可从店铺处知晓何时何地何种商品被退货；

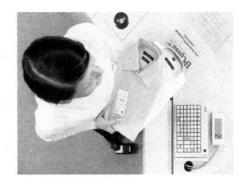

图 5.20　标签阅读器（麦德龙　提供）
（左）查询商品时用的手持式阅读器和（右）POS 机的内置阅读器

（3）实时把握库存情况（每件商品的库存回转率等）；

（4）POS 机将实现自动结算；

（5）对试衣间进行分析；

（6）商品陈列状况（商品是否陈列在正确的货架，顾客的购买动向）；

（7）有效防止盗窃，安保得以强化和完善。

Kaufhof 百货店通过活用 RFID 技术提供商品数据，为顾客带来了实实在在的便利以及购物上前所未有的愉快体验。客户满足度上升的同时，包括销售上的单品管理在内，供应链全体货品流向的透明又推动了流通合理化并削减了成本（见图 5.21）。顾客想要的产品在合适的时机以合适的价格出现在合适的地方——麦德龙想要实现的正是这种高精度流通管理。

与此同时，为了解开广大顾客对 RFID 的陌生和误解，让顾客对 RFID 的运用有更清晰的认知，Kaufhof 百货店还向顾客进行 RFID 宣传教育活动，在销售楼层向客户发送宣传册，并设置宣传板告知群众。Kaufhof 百货店还做出警示标记，在阅读器安放地点做上记号，清楚地告知顾客这些设备的存在（见图 5.22）。

运用 RFID 技术向顾客提供商品数据，客户满意度上升的同时，商家趁热打铁积极进行问卷调查、顾客采访，获取更多客户反馈数据，为其将来在更多门店的应用打下基础。此外，面对如此大规模的 RFID 基础设备构筑项目，店铺方面还经常与各相关供应商定期举行技术交流会。为进一步推进 RFID 技术运用更趋成熟，发挥着业界领军者角色的麦德龙集团不断努力着。

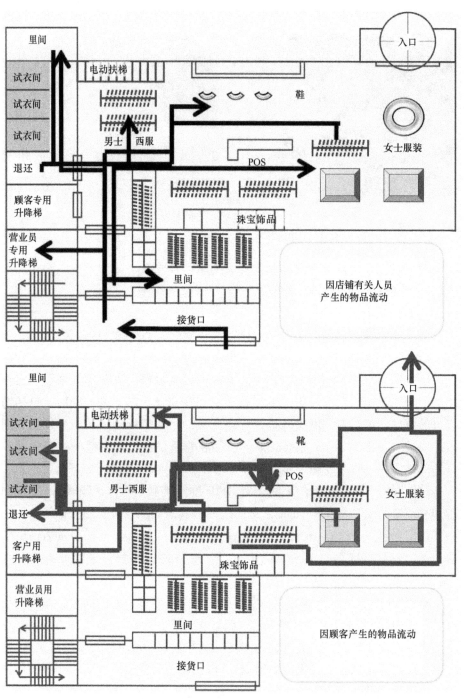

图 5.21 卖场中商品与客户流向的透明化（BFC 咨询株式公社　提供）

上：因店铺有关人员产生的物品流动　下：因顾客产生的商品流动

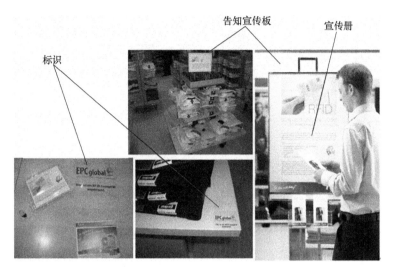

图 5.22   对于来店顾客的 RFID 应用告知（麦德龙　提供）

# 5.2   使用 RFID 构筑搬运小推车的自动管理系统

## （ECOS 株式会社：案例 12）

### 5.2.1   公司概要

ECOS 株式会社成立于 1997 年 7 月，企业主营食品连锁超市，为东京证券交易所的上市公司。其前身"平谷屋"兼并了 M&A 和其他店铺，规模不断扩大。因地制宜、灵活开店是其经营理念的基本。截至 2007 年 2 月，ECOS 株式会社在关东 1 都 6 县和福岛县共计经营 67 家门店。

### 5.2.2   实施背景、课题、目的与目标

供应商向物流中心发货，物流中心向各店铺配送商品时使用的都是台车（小推车）。按照目前的方式，每年大约会出现 1 000 台小推车遗失，这不仅造成直接经济损失，而且高峰期业务繁忙时，各方均不得不准备更多的推车来应对业务，工作效率大打折扣。此外，小推车的一个重要作用即借予供应商将货物分装入车，但有时因为小推车数量不够，无法向供应商借出，这样一来，物流中心积压的货物需要转运，压力增大。

除了小推车的借出问题，商品到达店铺后，若店方没有提前做好接收货物的准备，商品接收和卸货入店也会花费大量时间，这将直接造成生产效率

低下的问题。

为了提升小推车的使用和出借、返还、保管等管理的效率，推进物流的透明化。ECOS 决定使用 RFID 作为工具来实现这一目的（见表 5.2）。

表 5.2　ECOS 株式会社应用 RFID 的情况

| 公司名 | ECOS 株式会社 |
| --- | --- |
| 应用 | 商品配送手推车管理 |
| 场所 | 新物流中心（琦玉县所泽市） |
| 目的 | 手推车管理的高效化，物流流程透明化 |
| 电子标签设置对象 | 手推车 |
| 实施效果 | 避免了手推车无故丢失。通过向店铺发出发货通知提高工作效率，后勤管理精确度也得到提高 |
| 实施难点 | 多台读写器同时读取时，相互间电波干扰导致读取准确率较低，对读取范围也产生一定影响 |
| 今后需完善之处 | 大幅缩短从商品订购至商品到达店铺这一供货周期，提升库存管理效率 |

## 5.2.3　项目概要

在此次的项目中，山梨县某家物流中心率先使用了 13.56MH 的电子标签，尝试将其实施在小推车管理中。工人使用手持式阅读器对一台台小推车进行扫描读取，从而把握小推车的出货、归还、借出等不同状态。

在这个项目中，与山梨县物流中心相比，我们决定增加处理小推车的台数，不是对每辆小推车都读取，而是采用了别的方法。

基于"时间是仓库业务的关键"这一点认识，琦玉物流中心围绕如何构筑一个省时省力的小推车管理系统展开讨论，得出一致结论即采用可长距离通信的电子标签。公司最终选择的是日立公司的超高频的电子标签："回声" $\mu$-芯片。

在此借助图 5.23 来叙述一下此系统的概况。首先为所有小推车贴上专用的电子标签（图 5.24），感应天线设在进出货口的上方，小推车通过其下方。这样一来阅读器即可自动读取各标签内写入的数据。本物流中心出入货的通道共有 26 个，共设 13 台读写器，每个通道设置两个读写天线。后来都做成门型阅读器方式了（图 5.25）。

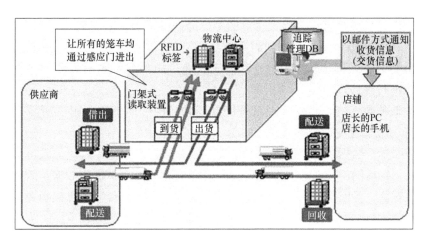

图 5.23　台车自动管理系统

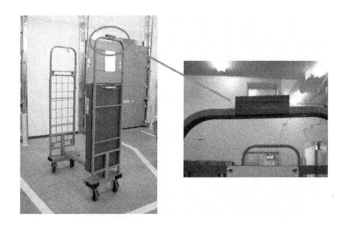

图 5.24　台车专用电子标签（右：标签粘贴部位）

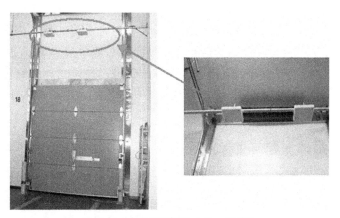

图 5.25　门型阅读器（右：天线）

工作人员从设置在各出入货口的触摸屏进行面向供应商的"小推车出借/回收",面向店铺的"出货/到店"等数据登记,小推车出入时,出入口的门型阅读器记录下其通过的台数。其后工人通过蜂鸣器和画面对电子标签的读取状况进行确认。

读取的数据将和仓库管理系统联动运转,用于向借出方提供所需数据以及进行小推车的位置管理等。

有了这个数据,每个出货方的出货台数都能正确掌握,因此工人可以事先向出货目标店的店长发送"即将到达店铺的小推车台数"这些数据,店铺方面收到数据后,可以提前安排收货地点,进行收货小推车台数和方位布置,以及安排收货人员,力争提升工作效率,使门店能够以最佳状态来应对每次收货。

此外,本系统构建时有一大问题,即十台超高频 RFID 读写器同时使用的问题。同一空间内超高频 RFID 读写器若十台同时使用,电波会相互产生干扰,产生读取率下降、读取范围缩小等问题。为避免这些影响,确保正常使用,工作人员在现场反复进行验证试验,区分使用的频率,调整电波的发射时间,通过优化计算各项参数解决了上述问题。

### 5.2.4  实施效果

首先只需使贴有电子标签的小推车从下方通过门型阅读器,系统即能够对小推车数据进行读取并管理。

无论是条码还是在山梨中心试行的 13.56MHz 的标签,都无法免除工人手持阅读器进行"读取"这一操作。而采用超高频电子标签后,"小货车在何时经过了哪里"这些数据的读取完全是在工人无意识状态下自动进行的,我们可将它称为物流向透明化方向发展的进步。

其次我们要说明实施小推车移动数据管理后我们得到的效果。第一点,管理实施后小推车的丢失现象得到有效控制,避免了追加购买小推车的投资;物流高峰期急需小推车时,小推车也能源源不断地供应。第二点,店铺可预先制订工作计划,货品的出货摆放工作效率提高,后院仓库的管理精度提高。与没有实施 RFID 技术时相比,该系统从商品订购到店铺到货为止的整个周期大幅缩短,效果值得期待。

### 5.2.5  今后的课题与目标

现在本中心正努力缩短店铺下单后,商品从供应商那里经过物流中心最后到达店铺所需的时间。本系统已成为这一目标实现过程中不可或缺的一个要素,同时本系统还致力于通过缩短交货周期来提高商品新鲜度等措施来提升顾客满意度，减少库存。为了使 RFID 技术得到更好的运用，中心还开展了针对标签的形状及粘贴方式的深入研究。

同时，商品出入库时如何利用 RFID 技术使得库存管理更具效率化的研究也在进行，为了将该技术运用到更广阔的范围和空间，中心还将进行更多类似的研讨。

# 5.3　品川库房与服务（日本通运株式会社：案例 13）

## 5.3.1　公司概要

日本通运株式会社（以下简称日通）主营汽车运输、铁道运输、海上运输、船舶运输、航空运输等业务。

公司以"与你的生活做伴"为座右铭，致力于多元化商务领域中为客户提供最先进的解决方案，成为一家主营综合运输、保管、供需管理的企业。日通应用 RFID 的情况见表 5.3。

表 5.3　日本通运株式会社应用 RFID 的情况

| 公司名 | 日本通运株式会社 |
|---|---|
| 应用 | 货物、拆装货架的位置管理 |
| 场所 | 品川新仓库（见图 5.26） |
| 目的 | 将关东周围基地中分散的货物集中放置的集约化管理，提高货物管理效率 |
| 项目期间<br>（计划开始与运行期间） | 2007 年 4 月开始运用 |
| 电子标签设置对象 | 货物、拆装货架、货柜底盘 |
| 实施效果 | 提高仓库进出货管理业务效率、提高存货和出货业务效率、通过精确把握货物位置来灵活使用仓库的空位、提高仓库场地利用率 |

图 5.26　日本通运株式会社品川仓库全景

### 5.3.2　实施背景、课题、目的与目标

日通计划将至今为止散乱分布在关东地区的"储藏室服务"点集中到新开设的品川仓库。所谓的"储藏室服务"，就是长期保管赴国外工作的家庭的财产物品的一项业务。运用拆装式货架以集装箱（高：209.5 × 宽：199.5 × 厚：152.5，最大载重 1 000kg，用钢制）为单位进行管理。

迄今为止，日通都是运用数据技术来管理客户物品的存入取出，物品实际的保存地点管理还是依赖于现场的管理员。与此相比，新设立的品川仓库需要处理约 8000 多个拆装式货架装置，因此一个更具机械化、系统化、自动化的操作管理必然取代先前那种指令化操作管理。

另一方面，日通还积极参与电子标签的国际标准化团体 EPCglobal 的活动，显示出其积极投身 RFID 方案应用的积极姿态。

惠普公司的 Noisy 实验室作为 RFID 的实证实验室，迄今为止已有近 30 名相关人员来访。事实上品川仓库系统的责任人也正是因为看到了 RFID 技术运用于系统的可能性，才来到了这里取经。

### 5.3.3　提升实施 RFID 的理念

最初，日通向惠普公司征询将品川仓库的管理系统化方案时，惠普公司提出的建议是，"将拆装式货架作为管理对象进行位置管理，同时把 RFID 技术管理用于客户物品的接收及归还"这样一种方式。

参照惠普公司的出入货流程中的 RFID 运用事例，客户物品的接收和归还的确可以用来进行管理，但是问题出在拆装式货架的方位管理上。

"储藏室服务"的项目团队在理清了概念后就开始付诸行动。概念的实现是这样进行的：将"现有技术中找出的最合适的解决方案"和"渐进模式（理想的系统模式）下的自上而下尽可能接近理想值的解决方案"之间来统筹协调，找出一个折方案。

（1）清理方案技术，方案即讨论 RFID 是否适用。

① 电子标签的选定（主动标签、被动标签）：通过对电子标签读取环境的调查，研究读取标签时阅读器的安装位置，决定使用主动标签还是被动标签；

② 频率的选择：根据不同的频率，研讨其运用特性会发生什么改变；

③ 有哪些支持应用的数据设备：考虑其与网络、服务器等基础设施的整合性；

④ 把适用的参考案例作为讨论的起点：采集实践检验过的可参考数据。

（2）渐进模式，即在研究渐进模式时是按照下列步骤来逐步进行的：

① 设计新仓库的时候，工程承包商与日通仓库的设计者共享仓库建设的条件参数（环境、构成）以及与设备有关的数据；

② 与委托方共同研究探讨将要采用的渐进模式。

通过上面的步骤后，讨论这种方向性与现实情况之间有哪些差距。课题的整理以及实际操作可行性的调查与研究大约花费了半年的时间。

品川仓库的库房以及服务要点整理如下：

① 采用 EPCglobal 标准（超高频 Class1 Gen2）；

② 着眼商用物流的 RFID 技术的实施。

RFID 的运用不仅局限在库房设计和服务中，还可从日通的出入库业务流程得到借鉴，将应用范围扩大到一般物流过程中。

图 5.27 货箱房间地面的标签和货架标签

③ 实施 RFID 技术对仓库内货品位置进行管理；

④ 为提升上述系统的可操作性，在技术层面又做了如下考量：

（a）应对粘贴对象的不同，选定各种电子标签（地面、拆装式货架、顾客物品）

（b）车载 RFID 设备的集成

（c）和 WMS（仓库管理系统）的连接

### 5.3.4 库房以及服务的概要

系统有 3 项基本机能：

（1）客户物品的出入库业务机能；

（2）拆装式货架及其位置管理机能；

（3）和 WMS 系统的数据连接共享机能。

① 出入库业务机能。如图 5.28 所示，接收物品，将拆装式货架中进行物

品位置转移时，由打印机打印粘贴于每个顾客物品上的印有 EPC 编码的标签，个人物品被集装捆包装入拆装式货架后，将标签贴于拆装式货架上对应的方位（见图 5.29）。

叉车通过出入口的前方时，客户 ID 与拆装式货架 ID 自动读取并相关联，通过这一步对这些拆装式货架进行保管。

出库也是如此，在出入口处读取准备出库的拆装式货架 ID 和客户 ID，即可检查该物品是否为应该出库的物品了。

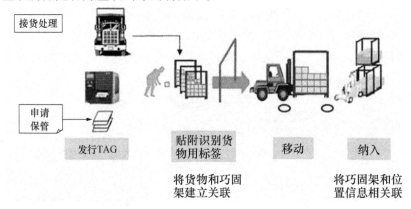

图 5.28    货物库房内物品的搬移处理

② 位置管理，即将粘贴于地面上的地面专用标签与粘贴在拆装式货架上的标签（专用于金属）相关联并进行管理。

叉车上设置有两处天线。一处被设置在叉车的爪前，用来感知拆装式货架标签。另一处设置在叉车的底部，用于感知地面标签。拆装式货架从叉车上卸下之后，叉车前爪就再也读不到标签了，经由无线局域网传输出去的拆装式货架卸下的最终放置地点就成为它在 WMS（仓库管理系统）中登记的位置（见图 5.30）。

图 5.29    货架上物品捆包的状态
（日本通运株式会社    提供）

③ 与 WMS 的数据互换。日通的 WMS 瞄准了今后的商用物流市场，在本系统上增加的标签编码与 EPC 性对应。

叉车传来的位置数据，被逐次传送入 WMS 系统。因为日通的 WMS 做到

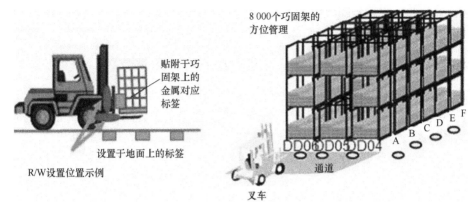

图 5.30　货物位置管理（日本惠普株式会社　提供）

全球联网，今后在亚洲各地区进行相同的出入库管理时，均可以通过 EPC 编码来进行管理，全球范围内使用 RFID 技术进行跟踪成为可能。

### 5.3.5　实施效果

品川库房这个新基地是把过去零散分布在关东周边的各个库房的服务基地汇集于一个场所而建立的大型综合库房。因此该库房共有 4 层，总面积达 12 713.94m²，满负荷时要求能够容纳 8 000 个拆装式货架。

从前这种根据叉车司机的经验、直觉和技巧来判断的工作如今必须实现系统化操作才能更高效地完成货物的接收和出货。此外，还需同时正确掌握货物的位置，才能赢得客户的安心和信赖。

因此就某种意义上来说，这项举措将货物与数据相关联，成为灵活运用 RFID 技术中实时跟踪的一个范例。

现在仓库内拆装式货架的满置率得到提高，场地也得到了充分利用，这可以说是其最直接的效果。

而且，由于 WMS 和 EPC 编码相对应的关系，RFID 技术将来有望在全球化商用物流系统中广泛应用。

# 5.4　配送中心自动分类管理系统的高速化

## （佐川快递株式会社：案例 14）

### 5.4.1　公司概要

佐川快递株式会社（以下简称佐川）成立于 1965 年 11 月，注册资金为

112 亿日元，职员人数约有 32 000 名。2006 年度销售额约为 9 千亿日元，在陆地运输领域中位居业界第三，快递处理件数荣居业界第二位。

## 5.4.2  实施 RFID 的背景、课题、目的与目标

佐川将邮件或包裹暂时汇集在东京都内的 4 个大型配送中心内，在那里进行"都内配送"或"都外配送"的分拣。快递最主要的特性即及时并精确地将货物送达收件人手中。这就对配送中心的到货、包裹分类、出货工作的速度和准确性提出了较高的要求，特别值得一提的是，分拣工作已成为了整个过程中效率难以突破的瓶颈，因此如何在有限的时间内正确高效地完成包裹分拣对于整体效率的提升来说变得尤为关键。佐川应用 RFID 的情况见表 5.4。

表 5.4  佐川株式会社应用 RFID 的情况

| 公司名 | 佐川快递株式会社 |
|---|---|
| 应用 | 物流分工管理 |
| 场所 | 东京都内配送中心 |
| 目的 | 业务分流效率化，促进生产力提高 |
| 项目期间（计划开始与运行期间） | 2003 年 5 月：开始第一次运用<br>2004 年 7 月：开始第二次运用 |
| 电子标签设置对象 | 快递专用分装箱 |
| 实施效果 | 通过 RFID 技术实现自动分流，使得原本是难以突破的瓶颈的分流业务工作速率加快，生产力提升 3 倍 |
| 今后需完善之处 | 期待电子标签性能进一步提升，追求以更快速率准确地读取标签，并期待能够实现与分拣机同时进行 |

RFID 技术实施前的分类工作都是通过雇用打工学生，站在传送带旁依靠人工操作进行分类。

载货卡车抵达后，学生从卡车上接取装有一定数量包裹的箱子，打开箱盖通过目视判断箱中包裹是送往"都外"或"都内"的，随即关闭箱盖将确认完毕的箱子分别放上不同的传送带。

因为是手工操作，很难提高效率，输送带的速度也必须控制在 40m/min 以内，生产率难以提高。

## 5.4.3  项目概要

在以上背景下，经营者对工作现场下达了"进一步提升工作效率，提高

生产率"的指示。为解决这个难题，研究团队决定依靠一套"自动识别程序"来替代迄今为止依赖于人工的分拣工作。

条码的使用也在研讨范围中，但是团队最终还是决定实施 RFID 技术作为该问题的解决方法。说到放弃使用条码的原因，因为考虑到条码必须要贴在扫描仪能够扫描到的地方，为了使扫描仪能够正确并快速地扫描出条码，箱子必须在传送带保持一定位置和角度，这势必影响整体工作效率。

而箱子的摆放面肯定是不确定的，这就要求工人必须手持扫描仪一次次手动调整和读取。如若需要扫描仪自动读取，就必须准备多台扫描仪，并进行复杂的放置安排，这样一来投资成本大大增加。

另一方面，将贴有条码的一面调整到易于扫描的位置也是一项新增的工作，虽然可以让打工学生们根据指示将货箱按照一定的方向摆放上传送带，但这需要耗费一定的人力财力，且整个流程的时间必将遭到拖长。更重要的是，一旦摆放的方向出现错误，读取工作无法顺利进行，整个分类工作无法百分百精确完成，甚至可能造成包裹的派送出现错误。

RFID 因其不受标签的粘贴位置和箱子摆放方向等限制，在这方面要比条码优越许多。因为即便将标签贴在包装箱内部都能够读得到，且无须安装阅读器等设备，投资额也相对节约不少。综合考虑以上各种因素后，公司决定实施 RFID 技术。

但是决定选用电子标签后也产生出新的问题，到底应该选择哪种频率的标签。

由于传送带带宽为 1.2～1.3m。考虑到电子标签的读取距离，因此选择了使用超高频标签的门型阅读器。这是因为超高频标签通常保证在几米的距离内都可以读取。

但是，使用超高频电子标签的话，传送带上几个箱子的标签将被无差别无顺序全数读取，而这距离我们的要求——"逐个识别每个包裹并判别目的地是都内还是都外，并在其后的传送带上对包裹作出明确的分类"显然还有明显的差距，超高频电子标签很难做到这一点。

因此也有人想出了将超高频电子标签的读取范围缩小这样的办法，但工作人员最终改变了想法，决定使用方向性更好的 2.45GHz 的电子标签，与超高频在类似的距离进行对比试验。

最后，工作人员委托标签制造商株式会社日本信息系统生产出一种距离适中，在门型阅读器的读取覆盖范围内，且无论标签朝向何处，都能一个不漏准确读取的标签，并投入使用。

电子标签的设置，并没有将其粘贴在包装箱的外面，而是放在箱内，这样做既便于操作又提高了工作效率。

## 5.4.4 实施效果

过去传送带上繁杂的分拣工作均需要人工来进行，如今实施电子标签后，需要人工操作的只有在货车卸货后，将箱子搬送至传送带上这一个步骤，其余的诸如"都内、都外分拣"等工序均能通过 RFID 技术自动完成（见图 5.31）。

打工学生只需从货车司机那里接过货箱并打开，确认完里面的物品后投入电子标签，再将其搬上传送带便告完成。最大限度地简化工作流程使得传送带传送速度也大幅提高，达到 80m/分。

当操作进一步熟练后，速度最快甚至可以达到 120m/分，这与实施前的 40m/分相比，效率提高了 3 倍。

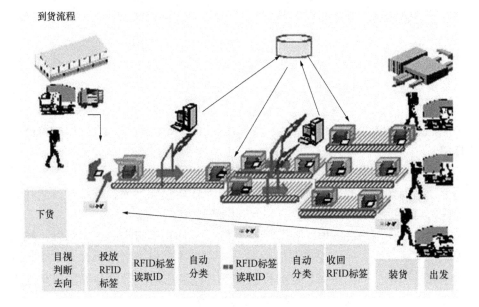

到货流程

下货

| 目视判断去向 | 投放RFID标签 | RFID标签读取ID | 自动分类 | RFID标签读取ID | 自动分类 | 收回RFID标签 | 装货 | 出发 |

图 5.31　基于 RFID 的自动货物分拣
（BFC 咨询株式会社　提供）

此外，电子标签在帮助货品完成分拣，装车运往目的地之前会被回收，然后送回到货场。标签的回收再利用使得运作成本控制在最低程度。生产效率得到大幅提升的同时，包括数万枚电子标签在内的初期投资也得以早日回收。

### 5.4.5　今后的课题与目标

若要进一步提升 RFID 效果，必须提高在传送带高速运行条件下电子标签的准确读取率。

此外，高速读取到电子标签中写入的数据后，如何快速解读并传递到分拣机上，这一网络联动如何得到改善将成为进一步提高生产效率的关键。

# 5.5　混合托箱配送物品

## （生活协同组织联合会消费生活协同事业联合小山物流中心：案例 15）

### 5.5.1　公司概要

生活协同商会（以下简称生协）网络事业部是由东京都加 7 个县的生活协同会员（茨城、栃木、群马、千叶、琦玉和东京）构成的事业部。2006 年度成员总人数为 3 291 011 人，营业额达 4 980 亿日元。生活协同组合商会应用 RFID 的情况见表5.5。

**表5.5　生活协同组合商会应用 RFID 的情况**

| 公司名 | 生活协同组合商会消费合作网络事业部 |
| --- | --- |
| 应用 | 周转箱运输管理 |
| 场所 | 生活协同商会网络事业部小山物流中心和茨城消费者互助会 |
| 目的 | 提高周转箱运输管理效率，出货标签的再利用 |
| 项目期间<br>（计划开始与运行期间） | 2007 年开始运用 |
| 电子标签设置对象 | 周转箱 |
| 实施效果 | 提高商品出货时检验工作效率，有效防止周转箱的遗失。同时避免标签被随意丢弃，环保方面起到减排垃圾的功效 |
| 特征 | 在周转箱上贴上 RFID 可重印标签 |
| 今后需完善之处 | 在各种 RTI 和出货账票关系中活用 RFID 技术，实现即时运输状况的透明化 |

### 5.5.2　混合周转箱的实践验证的背景、课题、目的与目标

生协网络事业小山物流中心，是为生协其他成员在货品采购时提供商品冷冻、冷藏及干货存放服务的物流基地。考虑到环保问题，生协成员至今一直重复使用周转箱进行各成员和物流中心之间的物流运输。为进一步贯彻环

保、降低成本的理念，生协进行讨论后决定试用一种"混合周转箱"（在周转箱上粘贴电子标签并且改写标签）。2007 年这种"混合周转箱"在生协网络小山物流中心和茨城物流中心开始投入试用。物流中心商品被集中放置在周转箱中，其后配送到各生协会员城市支部，之后再从各支所经由配送车转送，最后送到各会员家庭（见图 5.32）。

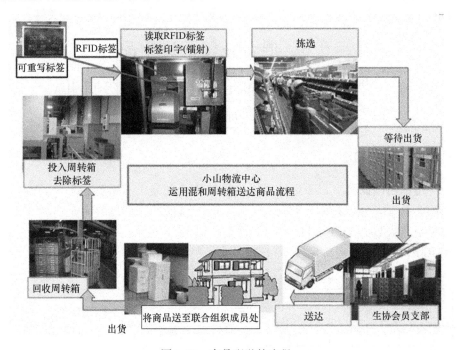

图 5.32　商品配送的流程

在整个流程中，商品集聚、分类、转运、配送的各个步骤中工人所使用的就是被贴在周转箱上的出货标签。

此处，改善的重点对象也是出货标签。出货标签往常都是出货时粘贴于货品上，配送完成后随即被当成垃圾撕毁丢弃，因此我们期待它也能像周转箱那样重复循环利用。

可重印标签有多种类型，这次我们使用的是可重印纸标签，即使在炎炎夏日的太阳直射下也可以耐高温、强光的"半透明乳白色可重印标签"（PR标签，即 Physical Re-writable 物理可重印标签）。但是这种 PR 标签的缺陷是印上条码后，在普通条码阅读器上时常会发生识别不出的情况。

因此，工作人员的目光转移到了本书的主角——电子标签上面。以电子标签作为主角来改善作业流程的今天，通过这样的方式最终确定电子标签的采用可以说很有意义。在可重复使用的周转箱上粘贴可循环利用的标签，可以说确确实实地贯彻了"3R"原则。普通周转箱升级为"混合周转箱"（见图 5.33）。这里，笔者补充一下"3R"的含义，3R 为英文 Reuse、Reduce、Recycle 的首字母，即环保意义上的"再利用、减排、循环"。

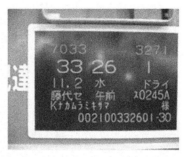

图 5.33　混合周转箱

### 5.5.3　项目概要

从环保方面考虑，可重印型标签（参阅附录 1 中的热敏重印技术 P267）对于标签垃圾的削减，缓减标签纸的废弃污染，其效果很明显。计算表明，250 枚一次性标签的碳排放量是 1 枚可重印标签碳排量的 40 倍，这就是后者使用 250 次的环境减排效果。但是考虑其成本的话，后者的造价比前者高出数百倍。因此决定后者能否推广使用的关键在于如何理解后者的成本。可重印型标签在一般环境下可重复使用 500 次之多，其间无须将标签撕下，这就节省了撕下标签的人工成本。根据其他配送中心的实测数据，将 80 个周转箱上的标签人工撕下需要花费 10 ~ 12 分钟的时间。

同时在提高出货检品工作效率以及预防周转箱遗失等方面，可重印电子标签的实用性和优越性也不可小觑。

但是实际运用又是怎样的呢？这次使用的是干货类产品出货专用的塑料材质周转箱。

将电子标签粘贴于周转箱的中心部和右上角，标签采用芬欧汇川集团出品的 Twister。物流中心采用数码拣选设备分拣货品，工人只需从安装于商品保管货架中的数码显示器上读取显示数值，进行货品分拣，其后将货品放入周转箱。在整套系统的开始区域内设置有可重印标签的数据重写装置和 NEC 制造的 RFID 读写器（见图 5.34），此读写器所安装的天线为"收发信一体型"，天线尺寸小，可紧凑地安置在传送带旁狭小的区域内。

在工作开始区域，第一项工作是消去可重印标签上面上一次写入的内容，然后将本次出货数据、出货预定数据写入标签。其后通过设置在"数据读出区域"的 RFID 读写器读取标签中的 RFID 数据，从而获取"哪个周转箱出货发往何处"等数据。

这里我们使用的电子标签内部写入的数据，均为按照 EPC 全球标准 GRAI（Global Returnable Asset

图 5.34　可重写标签的改写装置

Identifier）编码体系下的标准编码。GRAI 编码是为可回收资产进行逐个管理的编码体系，因此能够管理各个周转箱的使用历史数据（见表 5.6）。

我们可以看一下表的数据，这里不难发现，使用次数多的周转箱多达 20 次，而少的只有 1～2 次，另外编号为 No.1982 的周转箱恐怕从 7 月 23 日出货后就遗失了。

这次实施中，将可重印标签与电子标签分别粘贴于周转箱的这项举动也引起了人们的关注。考虑到成本问题，使用一体化标签似乎更合情合理，那为什么还要特地粘贴两个标签呢？原因就在于二者的寿命不同，可重印标签使用寿命短而电子标签从周转箱买来到废弃的整个过程都可以使用。

另外，从物流中心到配送目的地的生协各支部以及家庭会员，由于标签不必撕掉，"混合周转箱"的实施结果令人满意。

## 5.5.4　实施效果和今后的课题与目标

此次"混合周转箱"的实施，对环保的有利方面自不用说，而它最大的优点即不用摘下标签就可重复投入使用。而且通过电子标签来管理资产使用情况，迄今为止未被搜集和把握到的周转箱实际使用情况等数据将变得透明。

然而，这个还处于起步初期的"混合周转箱"实施项目也存在着诸多问题。PR 标签辨认性的改善工作就是其中一个。关于可重印标签的多个种类前文已有涉及，除去 PR 标签以外还有白纸印黑字的热敏标签，以及拥有同等辨认性的 CR 标签（化学性可重印标签）。这种 CR 标签在盛夏阳光长时间直射条件下耐光性不如 PR 标签，但是它的辨认性（视觉识别性）却比较优越。综合以上各点考虑，可重印媒介的改良工作想必今后还会持续下去。

表 5.6　周转箱使用情况表

| 周转箱 No. | 使用次数 | 使用日期 | | | | | | | | |
|---|---|---|---|---|---|---|---|---|---|---|
| 1978 | 11 | 20070723 | 20070801 | 20070821 | 20070826 | 20070906 | 20070913 | 20071010 | 20071018 | ... |
| 1979 | 13 | 20070715 | 20070717 | 20070729 | 20070801 | 20070827 | 20070907 | 20070913 | 20071003 | ... |
| 1980 | 9 | 20070715 | 20070717 | 20070726 | 20070806 | 20070823 | 20070827 | 20070906 | 20071104 | ... |
| 1981 | 20 | 20070723 | 20070725 | 20070730 | 20070812 | 20070821 | 20070831 | 20070911 | 20070913 | ... |
| 1982 | 1 | 20070723 | | | | | | | | ... |
| 1983 | 19 | 20070723 | 20070725 | 20070806 | 20070820 | 20070829 | 20070903 | 20070912 | 20070921 | ... |
| 1984 | 13 | 20070723 | 20070725 | 20070829 | 20070912 | 20070913 | 20070918 | 20070927 | 20071008 | ... |
| 1985 | 2 | 20071127 | 20071130 | | | | | | | |
| 1986 | 7 | 20072723 | 20070801 | 20070819 | 20070821 | 20070823 | 20070904 | 20071120 | | |
| 1987 | 16 | 20070715 | 20070724 | 20070729 | 20070821 | 20070831 | 20070905 | 20070907 | 20071007 | ... |

除了周转箱，电子标签还可用于台车和中心内部经常使用的"笼车"等RTI（可回收物流容器）当中，这使得RTI容器的循环使用率大幅上升，并起到了预防丢失的作用。此外，中心在发货时，一般会将出货数据记录于出货票上，并粘贴于捆包好的货品上面，而货物运输到生协会员支部时，这些出货票一般会被当做垃圾处理。将出货票数据也写入内置有电子标签的可重印标签上，一方面有益于环保；另一方面也实现了出货时的自动确认。

像这样处理供应链上各种RTI容器与出货票据时，若能够利用电子标签，在进出货入口处设置门型RFID阅读器，便可实时获知进出货情况，从而为经营者的决策提供可靠数据。

# 5.6　服装物流管理系统

## （某大型服装制造商：案例16）

### 5.6.1　实施 RFID 的背景、课题、目的与目标

某大型服装制造商应用RFID的情况见表5.7。

这个成衣制造公司委托海外的服装缝制工厂制造西服等服装，并在当地制作价格标牌，最后多件成品西装悬挂在衣架上放入集装箱运到日本。每批总件数约合5万套。通关手续结束后，悬挂于衣架上的西服在港口仓库中通过条码分拣出种类和去向。分拣结束后，暂时保管于仓库中，最后通过物流分配到各个批发商，分销处或零售店。

**表 5.7　某大型服装制造商应用 RFID 的情况**

| 公司名 | 某大型服装制造商 |
|---|---|
| 应用 | 到货验收业务，退货处理业务 |
| 场所 | 配送中心 |
| 目的 | 进口通关后，提高收货检验工作效率，提高店铺退货业务处理效率 |
| 电子标签设置对象 | 成衣的品牌标签 |
| 实施效果 | 到货商品检验工作的速率和准确率得到提升。从零售业反馈得来的退货数据得到即时准确处理，使得货源能及时发送至折扣店等2级流通网，提升了商品的销出概率。 |
| 特征 | 在中国等国外纺织加工厂，在商品出口前的加工阶段就将电子标签贴附在衣类产品上 |

RFID实施前，牌标上的条码都是通过人工用条码读取装置一件一件扫描

读取。这项操作需要 10 名工人花费一整天的时间，且操作速率难以提高。因此，如何提高工作效率，防止读取遗漏成为了大问题。

再一个问题就是，到货检品提高效率的背后，隐藏着的成衣界全体企业共同面临的重要课题是服装被客户退回后应该如何处理。配送中心将服装发往大、中、小散布在各地的专卖或零售店，就算当时清点准确无误，服装也很难被尽数销完，其中必然有大量服装因为染上污渍或稍有瑕疵等原因被退回来。对于成衣制造商来说，这些衣物的处理成为成衣界胜败的关键。

因为成衣界顺应季节，并且根据当下的流行趋势来进行产品的设计和生产，在有限的时间或季节内，这个产品是否畅销直接关系到能否取得利润。当本季流行风潮过去之后，一些商品马上变成滞销库存品，即使降价促销也难以销出，在仓库积压良久最终只能被当做废弃物处理。

这样一来，商家岂止分文未赚，还必须负担起退货品滞留仓库期间的保管费用以及最后丢弃处理费用，损失不可小觑。因此，如何不失时机地高效促销或将其迅速发往直销店是每一个成衣制造商都必须认真思考、处理的问题。

退货的商品若要将其及时处理以便送往直销店甩卖，商品的一些属性数据必须收集完备。比如此商品于何时在哪个零售店卖出了多少件，颜色是什么，目前为止有多少退货记录等。除去那些只求卖出不论收益好坏的情况外，一般都是想确保合理的收益，货品送进直销店后商家需要确定其售价，如决定是以原价的 50% 还是 70% 左右的价格出售。

因此，必须识别每个退货商品的属性，通过属性数据来迅速判断它的合理售价和销售场所，随后再次投入市场销售。单通过读取条码仅能确定产品种类，退货商品的固有数据无法马上入手，只能通过人工一个个对照查阅总账记录，这样一来，退货处理就非常消耗时间和人力。

## 5.6.2　项目概要

RFID 项目的基本情况见图 5.35 ~ 图 5.37。

由于贴标是在中国缝制工厂进行的，该制造商决定将电子标签贴于商标里侧，随同标价牌一起从中国运到日本。

进口通关结束后，标签在配送中心的入口处设置的门型读写器进行读取。以电子标签的编号（ID）为基准，将标签内写入数据与订购数据相比对，自动进行到货检品。这样一来，以前需要 10 个人工作一整天才能完成的检品工作，现在只需 1/3 的人力和时间即可完成。

而且，从批发商和零售商那里收回退货时，通过读取电子标签，以标签

ID 为基础，何时何处以多少金额成交等商品的属性数据也得以获取。商家可以参考这些数据确定降价方案，然后尽早确定将退货品投入直销店还是其他市场，这样，"最大限度减少滞销库存"这一初衷得以实现。

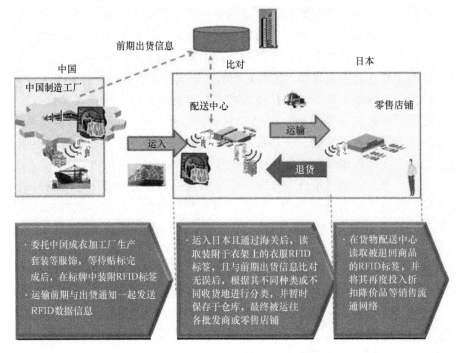

图 5.35　基于 RFID 的托盘运送流程
（BFC 咨询株式会社　提供）

图 5.36　名牌服装标签上贴有电子标签
（日本信息系统株式会社　提供）

图 5.37　使用门型读写器阅读电子标签
（日本信息系统株式会社　提供）

# 5.7　租赁服装服饰的管理系统

## （服装租赁业公司：案例 17）

### 5.7.1　实施 RFID 的背景、课题、目的与目标

同样是成衣产品方面的 RFID 的实施事例（见表 5.8），但这是服装租赁业的案例，情形有很大不同。服装租赁业中较具有代表性的有餐厅或便利店从业员制服、宾馆酒店的袍子或浴衣、医院的白大褂、JR 和航空公司的地勤或空乘人员的制服等。租赁公司顺应客户需求为客户提供服饰制作、租赁和洗涤一条龙服务。这里面一个比较棘手的问题就是出租衣物的日常管理效率难以提高，而这与租赁公司的实际利益有直接关系。

例如，某个顾客想要租 50 人的员工服。假设一人 3 套，租赁公司就需要制作 150 套。但是，交货以后在反复多次的循环租赁过程中，包含租出给其他顾客的这类商品，处理量就变得十分庞大。无法正确追查何时将何物出租，以及出租量多少的问题时有发生。

表 5.8　服装租赁公司应用 RFID 的情况

| 公司名 | 某制服租赁公司 |
| --- | --- |
| 应用 | 制服租赁管理 |
| 目的 | 提高出租的制服等衣类单品逐个管理的精确度 |
| 电子标签设置对象 | 制服、统一服饰等出租用成衣 |
| 实施效果 | 通过对出租品进行逐个管理，获取每个出租品的洗涤次数，使用次数等详细历史数据，提升了管理精度，同时避免了与租客对于衣物说明上的无用交涉，节约了时间，降低了成本 |
| 特征 | 需采用耐水耐高温能够反复使用的洗衣房专用特殊标签 |

在这样的情况下，若某个顾客提出类似于"还差二三件赶紧给补上"的紧急要求，立场上处于弱势的租赁公司往往不得不回应。租赁公司没有办法也没有时间去查明这到底是本公司在出租物回收过程中出现失误，还是顾客的管理失误，只能心不甘情不愿地去补货。

被迫一而再再而三地重复补货，企业在经营效益上受到的压迫可想而知。

### 5.7.2　RFID 的构成及其带来的效果

在此背景下开发出的电子标签是一种洗衣专用标签（见图 5.38 和图 5.39），用来管理反复使用的出租制服以及业务用的衬垫等资产。该标签是

由专业人员研究制成，具有耐水洗、耐烘干、耐熨烫的特点，此外，由于需要缝制在衣物上，标签做得也很小巧。该标签一般采用 2.45GHz 频率。

图 5.38　洗衣用电子标签的应用（上衣）
（日本信息系统株式会社　提供）

图 5.39　洗衣用电子标签的应用（下裤）
（日本信息系统株式会社　提供）

在制服上预先缝上电子标签，作为租赁品出租前，先用阅读器读取每一件衣服上的标签，并在管理服务器上登记读取到的数据。从客户回收衣物时也是同样，在接收时读取标签，这样衣物的编号（ID）、回收时间、地点等数据记录也就保存了下来。这样一来，当客户提出补货要求时，作为出租方就可参照租物品的历史数据。每个物品都有独一无二的已发货证明，就可以避免与客户的不必要交涉。

通过 RFID 系统进行商品管理，不仅节约了时间和金钱，还能够提高收益。此外，对出租品的洗涤次数和使用次数得到正确管理后，这对于强化资产整体管理起到很大作用。

# 5.8　汽车零件运输用托盘管理（MTI：案例 18）

## 5.8.1　项目背景、目的与概况等

日本船邮株式会社的智库——以应用物流、运输技术为核心内容，致力于为客户提供专业货物运输方案的 MTI 株式会社，为日本国内汽车制造商的零件运输专用托盘构建了一个超高频 RFID 管理系统（见表 5.9）。

表 5.9　MTI 株式会社应用 RFID 的情况

| 公司名 | MTI 株式会社 |
| --- | --- |
| 应用 | 汽车零件运输用托盘管理 |
| 场所 | 大井仓库 |
| 目的 | 托盘在国内外所处位置的精确管理 |
| 电子标签设置对象 | 运输用托盘 |
| 实施效果 | 托盘所处方位数据准确度、精准度提高 |

## 5.8.2　项目的构成

在可移动式支架台上分别安装一上一下 2 枚天线（见图5.40），读写器安装在上部（见图5.41），设置 2 个频道发出电波，用以读取叉车上装载的 18 个托盘（见图5.42）。

托盘是塑料质地，所以我们选择将电子标签贴在托盘的里侧而非外侧，这是为了让托盘受到撞击时标签不至于受直接冲击。而且，用水冲洗托盘时位于里侧的标签也不会直接受到冲洗。总数共计 4 万枚托盘均安装了电子标签。

图 5.40　装有两个天线的可移动台架
（日本信息系统株式会社　提供）

图 5.41　台架上安装的读写器
（日本信息系统株式会社　提供）

图 5.42　标签阅读的情景
（日本信息系统株式会社　提供）

叉车装载着托盘在天线前经过，即便标签被粘贴在了里侧，一次读取 18 枚托盘的标签还是相当轻松的。

汽车制造业中，往往需要用托盘装载零件进行保管或运输，通过在托盘上粘贴的电子标签，托盘的所在地点，或是否随货品运输到海外等相关地点的数据都能随时掌握，托盘管理效率着实得到提高。

# 5.9 使用 RFID 后对于新的零售业物流的解决方法

## （日本惠普株式会社：案例 19）

### 5.9.1 实施 RFID 的背景、课题、目的与目标

位于田纳西州孟菲斯的惠普配送中心仓库，为像沃尔玛、百思买、欧迪办公等北美颇具实力的零售业提供定期促销专用的打印机。这些打印机一般都在促销活动中限时特价销售，销售时间往往被限定（例：9 月新生开学）。此外，促销用打印机都配有特殊包装，在平时无法销售，所以必须在期间内全部销完。这类促销活动无论商家大小都统一参与，甚至一家公司一年就要举行十几次，这与北美数百家店铺同时开始同时结束的一般销售方式有差异。

惠普应用 RFID 的情况见表 5.10。

表 5.10　惠普（美国）应用 RFID 的情况

| 公司名 | 惠普（美国） |
| --- | --- |
| 应用 | 销售物流跟踪 |
| 场所 | 美国田纳西州的孟菲斯组装、发货中心 |
| 目的 | 通过促销商品流通的透明化管理增加销售机会并增加销量 |
| 电子标签设置对象 | 商品托盘 |
| 实施效果 | 通过 RFID 与零售业数据共享，掌握托盘何时在何地等准确数据，使得商品能够及时供应店铺，从而提升了销售业绩 |

因此，这一过程对物流能否及时将产品送达有着较高要求，过早或过晚都不行，追求的是适时、适量的货物送达准确的地点。

货品从惠普的孟菲斯配送仓库出货以后，作为惠普供应链责任人，如果对于本公司的产品"通过何种途径流通进入到各个店铺，是否好卖"等情况在第一时间内了解到，产品在何处销售，还有多少件这些情况也都能随时掌握的话，促销工作难度就会大大降低。

### 5.9.2 项目概要

惠普与各零售业商家间展开合作，为装载促销用打印机的托盘或打印机捆包上粘贴一枚电子标签，当打印机从位于孟菲斯的配送中心仓库出货后，在各基地进行读取并采集数据，尝试加大产品流向的透明度。

以零售业商家的订单情况为基准，在位于孟菲斯的某个惠普的组装工厂

将打印机组装完成后，进行促销品的特殊包装，然后贴上电子标签，装载上托盘出货。出货时采集电子标签中写入的数据，在之后的流通过程中通过设置在各基地的阅读器对标签进行读取，最后，在零售店店头也能进行标签的读取（见图5.43）。

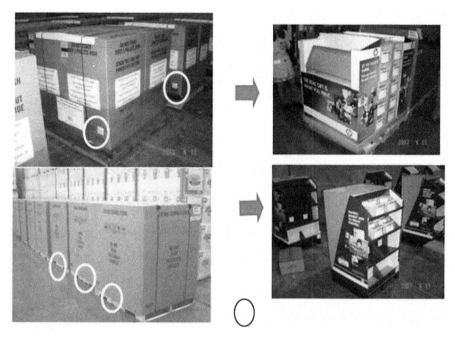

图5.43 以托盘为单位识别物品（BFC 咨询株式会社 提供）
电子标签粘贴位置（左） 贴有标签的包装好的打印机产品（右）

这些在多个地点读取的数据是给每个托盘标示的独一无二的 EPC 编码，由读取地点和时间构成。通过网络传送，各基地将数据实时地发送至零售业商家的数据库中。因此，哪个托盘在何时、何处等数据被采集到数据库中，惠普只需接通零售业商家的数据库即可获知这些动态数据，产品在供应链上的物流状态就成为透明的了（见图5.44）。

如上所述，随着时间的推移，何物经过了何处，或者说滞留在何处这样一些物流的动向变得透明之后，我们就能轻易地掌握商品在供应链上的实时状况和位置。项目负责人也能从中获得必要的数据，以迅速作出正确判断。运营效率当然也能得到提高。

例如，实现物流的透明化管理后，若在某个仓库中通过 RFID 发现未被搬出长时间滞留的托盘，决策者能够迅速作出指示，将托盘送至店头缺货的门店，这首先能避免商品长期滞留在仓库中变得老旧或变质，也避免了因店内

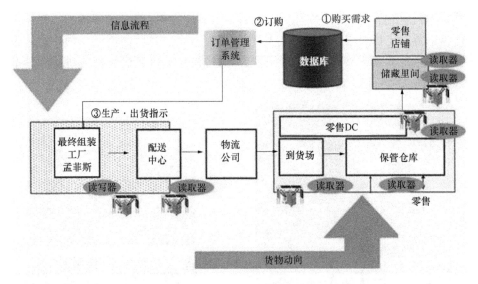

图 5.44　惠普的配送中心与零售店铺间的物流与信息流（日本惠普　提供）

缺货而丧失销售机会的现象发生。同时，读不出相关 RFID 数据时，决策者即可判断该商品可能遭遇偷窃，根据情况及时派遣调查人员进行必要的调查和实行安保措施（见图 5.45）。

随着时间的流逝，哪件物品何时经过何地，或是在何地滞留等信息都将实现感知可视。

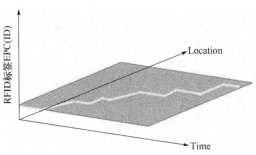

图 5.45　物流路径的透明化管理（日本惠普　提供）

我们可以来看一下，如何运用 RFID 技术及时发现潜在的遭窃风险。

如图 5.46 所示，将作为示例的物流基准动线（动线 1），和显示物流实际动向的物流动线（动线 2）相比对，即可发现其中明显的差异。RFID 会将这一差异以信号报警方式告知相关人员。根据这一报警信号来判断所告知的状况是否正常就是管理者的职责了。若查出确有异常，可及时采取对策。若无异常，照常工作便可。

将物流的实时动向数据(线路2)与指定物流动向数据（线路1）相比较，及
时感知物流线路出现分歧·异常等信息并进行处理

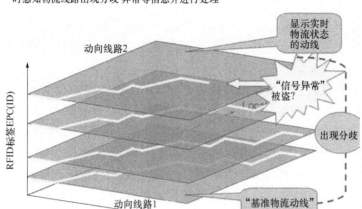

图 5.46　标准物流路径与实际物流路径相比的差距
（日本惠普　提供）

如上所述，RFID 技术的实施使得我们能够清晰地看到和感知商品的流动，可以说是支持人们迅速作出准确判断的一个宝贵工具。举例说明（见图 5.47），飞机上配有气压计、温度计、速度计量仪等各式各样的传感器，通过这些人们能够得知自身无法感知到的外部环境，从而可以坐在驾驶室安全地进行驾驶。RFID 技术同样是立足于以高新技术帮助企业改善经营管理，可以说它是大范围实时监控物品动向的一个宝贵工具。

图 5.47　RFID 像驾驶舱内的仪表使商务环境变得透明
（日本惠普　提供）

### 5.9.3　实施效果

惠普孟菲斯仓库实施 RFID 系统后收获到的一个持久效果是供应链上货物的流通与库存量实现了透明化，积压库存减少，店头缺货情况得到改善，销量增加。

另外，制造商、物流业与经销商通过 RFID 技术得到和共享着透明化数据，高效的销售体制得以构建。惠普与流通以及零售业之间做到数据共享，构筑出一个高效的商品供应系统。以托盘为单位，流通或在库状态实时透明，有助于决策者快速、正确地进行判断和处理各类问题。

还有一些其他效果，如利用 RFID 技术获取透明化数据，采集到正确的交货数据后迅速发布给零售业商家，商家们得到这些数据后能够尽早完成到货检品验收工作，作为公司方也可尽快收回货款。以上便是一种被称为 PoD（Proof of Delivery：交付证明）的机制，它可以有效避免错误的交货数据引起的零售业者对于到货数量的反复清点确认工作，商品的交付状况变得一目了然。这样一来，常常需要由制造商方面负担的无偿追加交货和延期支付这类情形变少，现金流动得以改善。

## 5.10　运输状态记录卡的应用案例

### （大和家庭便利株式会社：案例 20）

### 5.10.1　公司概要

大和家庭便利株式会社主营汽车运送、海上运输等业务，为日本运输业界第二大企业。特别是旗下的"大和黑猫快递"这一块，年均处理 11 亿 7400 万件快递订单，处理量高居日本国内首位。

大和家庭便利株式会社（以下简称 YHC）是大和集团旗下子公司，该公司主营搬家业务，注册资金 4 800 万日元，拥有员工 6 263 名。

### 5.10.2　实施 RFID 的背景、课题、目的与目标

长期以来，搬家一般是租一辆专用卡车来搬运一家的货物。但如果在独居住户行李很少的情况下，一台专用卡车就显得有些浪费，加之运费高昂也不划算。另外，日本的搬家一般集中在每年的 3 月和 4 月，此时搬运卡车运用效率较低的问题也比较显著。此外，近距离搬运的话，各地方性中小企业明显更具优势。作为在全国各地都设有基地的大和集团如何发挥其优势，发

掘市场中的远距离搬运需求就成为新课题。

另一方面，在少量物品运输的情况下，利用一般的快递混合运输方式既快又便宜。因此搬家时若也能采用这种方法进行运输，就避免了浪费，也能以较低的费用向全国各地提供优质的搬家运输服务。

但一个突出问题是，在混载运输的情况下，配送中心间的运输过程必然会使用多台卡车，且不是一家行李一辆车，行李一般会被分装在几辆卡车上。这样的情况就很容易衍生出混合运输特有的问题，如"分装的货物能够同时到达目的地吗？""何时货物才能全数到达开始拆解搬运进屋？"等。大和家庭服务株式会社应用 RFID 的情况见表 5.11。

表 5.11 大和家庭服务株式会社应用 RFID 的情况

| 公司名 | 大和家庭服务株式会社 |
|---|---|
| 应用 | 搬家货物的运输管理 |
| 场所 | 从集中配送中心到各地区配送中心、公司所属物流中心 |
| 目的 | 以低成本提供全国范围内的搬家运输服务 |
| 项目期间<br>（计划开始与运行期间） | 2007 年 4 月开始运用 |
| 电子标签设置对象 | 搬家运输专用箱 |
| 实施效果 | 利用组合式批量运输（混装运输）方法实现分批送送，降低了运输成本，同时提升了"送达时间指定"，"预计到达时刻查询"精准度，客户服务品质得到提高 |
| 特征 | 采用内置电池敏感型电子标签 |
| 今后需完善之处 | 通过在敏感型 RFID 系统中增加温度管理，冲击管理机能，可在生鲜食品新鲜度管理、精密仪器运输管理等领域开展 RFID 应用 |

### 5.10.3 用于运输状态记录卡的主动型电子标签

近年来，生鲜、加工食品，药品，物流、流通各业界对于旨在提升物流效率化和精确度的输送车辆运行管理，品质跟踪管理、温度管理等的需求急速提升，这样的背景下，大日本印刷株式会社开发出了一种内置温度与位置传感器的主动型电子标签的路径跟踪（TrailCatch）系统。

此系统在行李上搭载主动型电子标签后，通过通信网络采集物品的位置和温度数据。

其中，电子标签的位置数据采集和传送主要通过 PHS 网络（相当于中国的小灵通）来实现，获取的数据采用管理服务器 ASP（动态服务器页面）显示。这样一来，用户无须另外投资或付费即可进行物流跟踪系统。

"TrailCatch" 实物 135mm（长）×70mm（宽）×24mm（厚），尺寸还是比较大的。这种大小尺寸的标签装附在笼车或托盘上基本不会与所转载的货物相混淆。电子标签内置两节 5 号（AA）碱性干电池，电池电量低时，LED 灯会亮灯发出警告。此外，剩余电量还能通过管理服务器获知（见图 5.48）。

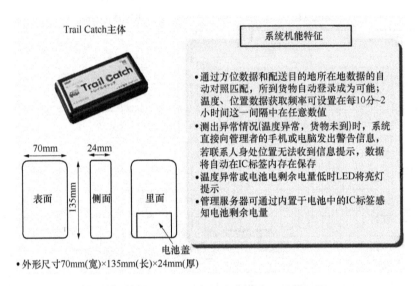

图 5.48　运输状态记录卡（大日本印刷　提供）

## 5.10.4　主动型电子标签使用系统的概要

将客户的搬家行李装入运输专用箱，以箱为单位分别搭载路径跟踪的电子标签。这些路径跟踪电子标签在配送中心已进行过数据登记，并设置好目的地。然后，这些集装箱虽然通过与往常一样的组运方式运输，但各箱子的实时位置、运输线路、货物的交接等配送情况完全可以通过图 5.49 和图 5.50 的画面进行确认，一览无余。经确认所有的集装箱均已送达离目的地最近的 YHC 配送中心后，统一送往最终目的地。卸货，搬送货物进屋等工作便可以有条不紊地展开。

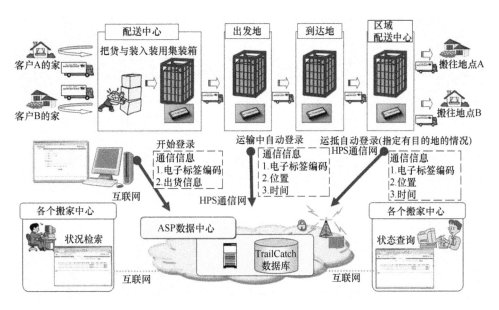

图 5.49　搬家货物管理系统的构成

图 5.50　搬家货物管理画面的实例

## 5.10.5　实施效果

这种路径跟踪系统于 2007 年 4 月起开始运用于面向法人团体的搬家服务

中。通过组运方式运输，价格比包车便宜了近 2 ~ 3 成，而且还可以指定配送时间。

有时无法保证送往同一个目的地的多个行李组合装载在同一部车上。这种情况下，一般是送往该地点的最后一件行李送达之后，工作人员再开始进行所有行李的确认。此外该系统因为使用 ASP 服务形态，签约法人团体或终端客户只需上网输入传票号码就能查看该件行李的当时所在位置和预定到达的时间。这无疑大大增加了客户的安心感，客户满意度大幅提升。

此外，系统能够把握与运输卡车相关的一些误配数据（如是否错误装载，中间基地有无滞留），因此就算事前发现一些意外情况，相关工作人员也能及时采取应对措施，按时送达。

### 5.10.6　今后的课题与目标

作为提供此系统的大日本印刷株式会社，在行李的位置管理基础之上，追加温度管理和冲击管理机能的主动型 RFID 电子标签的系统也在开发中。生鲜食品的鲜度管理、精密仪器的输送管理等，其应用范围甚至可以涵盖各种各样的输送状态管理。

# 5.11　磁性媒体管理系统

## （加拿大宏利人寿保险：案例 21）

### 5.11.1　公司概要

日本宏利人寿保险公司总部位于加拿大，是隶属于宏利金融集团旗下的世界级人寿保险公司。公司致力于为客户提供最新最全的经济保障、资产运用等服务。为顺应客户不断变动的需求，其对自身进行不断完善。在此基础上，加上公司的即时应对服务，日本宏利人寿立志成为"全日本最专业的人寿保险公司"。在此目标的指引下，公司不断推出新产品和新服务，并积极开拓其高度专业化生产通道。特别是近来以世界标准型人寿保险和变额个人养老金保险为中心，致力于开发与销售引领保险业市场革新的新型产品。这一举动深获客户的好评和广泛支持。

### 5.11.2　实施 RFID 的背景、课题、目的与目标

关于数据接收与发送业务，宏利人寿使用的是 CMT、LTO 等磁性媒体。磁性媒体中含有客户的个人数据，因此在遵守个人数据保护法的基础之上进

行安全且正确的保管管理十分必要。以往的个人数据进出"保管库"时，只是在总账上进行记录，清算盘点时也只凭操作者目视判断，操作员的工作量、负担和责任都十分沉重。因此宏利人寿围绕将磁性媒体系统化管理这一课题展开探讨，为提高磁性媒体管理业务的精度及效率，其决定实施电子标签的磁性媒体管理系统（见表 5.12）。

**表 5.12  宏利人寿应用 RFID 的情况**

| 实施公司名 | 日本宏利人寿 |
|---|---|
| 系统提供公司名 | 凸版资讯（系统搭建）<br>菱洋 Intelligence（粘贴电子标签，数据转移） |
| 应用 | 磁性媒体管理系统 |
| 场所 | 磁性媒体保管库库内 |
| 宗旨、目的 | 提升磁性媒体管理业务的精度及效率 |
| 电子标签装附对象 | 磁性媒体（CMT、LTO） |
| 实施效果 | 大大减轻了盘点、出入库工作的负担 |

## 5.11.3  磁性媒介管理系统概要

系统的搭建以日本凸版资讯株式会社（以下简称凸版资讯）的资产管理系统包"EasyCheckout"为基础，进行构筑搭建。

系统构成：系统由进行资产登记、管理的管理人员专用电脑；发出资产检索、盘点工作中的"开始""结束"等指令的操作人员专用电脑，以及进行出入库盘点工作的手持终端三者构成。将电子标签粘贴在需要进行管理的磁性媒体上，货架上也贴上盘点时识别货架用的条码标签。服务器上，管理"资产数据"与"历史数据"等数据的数据库不停更新运作；而管理人员专用电脑上登记并管理业务的专用资产管理应用程序也在持续运作之中。此外，手持终端不断记录出入库、盘货数据，进行各类手续登记工作，并通过无线局域网接入点更新数据库，或与数据库数据进行校核等处理。

应用情况：关于系统详细运作流程在此不一一叙述。下面简单介绍此系统中将 RFID 特性灵活使用时的三个具体机能。

（1）出入库。在手持终端上选择出库或入库的手续，选择完毕后，统一读取粘贴于出库（入库）对象——磁性媒体上的电子标签。其后确认这些已被读取的磁性媒体的数据，确认完毕即手续完成了。剩下的就是通过无线局域网进行磁性媒体数据等的实时更新工作。

（2）盘点。本系统通过手持终端连续读取货架中所保管资产的电子标签，轻松实现物品盘点。盘点时，首先在手持终端上指定盘点的对象，即保管场所；然后将已指定保管场所的资产数据下载至手持终端内。其后，通过手持终端读取货架上的电子标签，手持终端上将会显示该货架中所保管资产的理论库存值。操作员按上述操作步骤持续读取保管资产的电子标签，与读取的资产数据相一致的即贴上核对完毕准确无误的标签，这样一边确认情况一边进行盘点工作。此外，读取过程中，读到与保管场所不匹配的资产或已过保管期限的资产时，提示声音将发生变化，操作员在现场很容易进行确认。最后，将手持终端上读取的资产数据传送到管理者用电脑，并在电脑上显示结果。盘点结果以每个货架为单位显示，若资产出现保管场所错误、保管期限过期、出入库手续遗漏等情况，将自动输出单据，操作员可直接根据单据去现场确认实物。

（3）搜索。无法确定资产被保管在何处时，运用手持终端读取资产上粘贴的电子标签便可轻松发现目标资产所处方位。将搜索目标资产的相关数据下载至手持终端中，通过手持终端读取货架中所保管资产的电子标签。此时，读取的标签编码（ID）将与搜索目标的资产数据相比对，电子标签的 ID 和资产一致的情况下提示音会发生变化，操作员凭此找出目标资产。

### 5.11.4 实施效果

（1）减轻盘货工作负担。盘货通过使用电子标签，业务效率得到极大提高。通过运用手持终端，陆续读取粘贴于资产上的电子标签即可确认库存，操作员的工作负担得到大幅减轻。

（2）多个资产统一出、入库，业务效率提高。通过运用手持终端统一读取粘贴于资产上的电子标签，资产出入库手续完毕。这与以往的账簿记账式管理相比，业务效率亦得到显著提升。

### 5.11.5 今后的课题与目标

此次介绍的磁性媒体管理系统虽已增加不少便利，但仍无法做到针对恶意将磁性媒体带出等行为进行的防范管理。对于磁性媒体管理方面来说，以防范这类恶性行为为前提的系统需求也着实不少，构筑此次系统的凸版资讯，目前正致力于开发一套将磁性媒体管理系统与 RFID 安全门（用于防治非正当带出磁性媒体行为）以及监控录像等硬件设施进行简单组合配置，以增强安全性的新型系统构造。

# 第6章

## 公共服务业的应用案例

### 6.1　火灾报警器管理中 RFID 应用

### （财团法人 Better Living：案例 22）

#### 6.1.1　公司概要

财团法人 Better Living 于 1973 年经日本建设大臣的许可后成立，主要从事优良住宅配套设施的开发和普及工作，以"提高居民生活水准"为目标，开展各种活动。公司在开展"优良住宅配套设施认定工作"的同时，还着手调研、技术开发及研发成果的普及推广，日本的筑波建筑试验中心对住宅和住宅部件相关的所有的基准的适合性进行评价、认证等，广泛地开展与住宅相关的事业。进行住宅部件的开发以及优良住宅部件的认定和普及的同时，还进行了优化住宅部件和提高住宅部件质量的业务。财团法人 Better Living 应用 RFID 实施情况见表 6.1。

表 6.1　购团法人 Better Living 应用 RFID 实施情况

| 公司名 | 财团法人 Better Living |
| --- | --- |
| 应用 | 家居用品的跟踪管理 |
| 目的 | 为确保业主住得安全、安心，构筑一个家居用品生产商和住房管理者的共通管理平台——家居用品跟踪管理系统 |
| 项目期间（计划开始与运行期间） | 2007 年 2 月开始应用 |
| 电子标签设置对象 | 住宅火灾警报装置 |
| 实施效果 | 召回货误送发生时的应对更为及时，在定期维修计划的发布以及计划进展状态的分析方面均有改进 |

公司致力于保护购房者的利益，促进住宅生产合理化，以期进一步提升国民的居住生活水准。

## 6.1.2　项目的背景、课题、目的与目标

居住环境的安心与安全得到保证之后，构成住宅的配套设施的跟踪管理也愈发受到业主的重视。它包括住宅配套设施制造商对产品的长期保养、点检服务、召回对策，及住宅物业方面对产品的维修管理、修缮计划制订等。但是由于制造商与物业都是各行其是，相互之间上没有任何交流，系统也无任何共通性可言。作为业主来说，时常会遇到发生问题得不到及时解决的情况。

为解决以上难题，财团 Better Living 站在具有公共性质的第三者立场，构建了一个住宅配套设施生产商和物业能够共同利用的共通平台——给消费者、业主带来安心的住宅配套设施跟踪管理系统。

## 6.1.3　项目概要

2004 年，日本修改了消防法条款，所有住宅中设置火灾警报器成为必须履行的义务。与此同时，财团 Better Living 发现，家庭火灾中死者约有半数是65 岁以上的高龄人员。考虑到这一年龄层人群特点，相关人员认为，不仅警报音必须够响易听清，警报信号灯等辅助警报装置也必不可少。基于以上认识，财团 Better Living 制定了家用火灾警报器"BL-bs 部件"的认定基准。

取得"BL-bs 部件"认定的一些家用火灾警报器制造商、物业、家用火灾警报器安装业者，东京大学生产技术研究所、泛在 ID 中心等相关人员聚集一堂，花费了约一年时间开展各种学习研讨，跟踪管理系统整体框架得以构筑成形。

跟踪管理系统采用泛在 ID 中心构筑的 ID 体系，考虑到消费者、业主的隐私问题，该体系使用的是 UID 识别码（UID）。

在 UID 认定标签上，仅仅写入了识别物品 ID 编码，在容量允许范围内存放了附加的属性信息，UID 标签上无法存放的信息一般被存入网络数据库中。所以即使读取了 UID 认定标签中的 ID 编码，就其本身而言是没有任何意义的。

整个系统的 UID 认定标签中实际应用案例很多，家用火灾警报器等比较小的机器上贴着的 2.45GHz 频段 ROM 型电子标签采用日立生产的 μ 芯片，该标签贴有 BL 认证标签纸（通过 BL-bs 部件认定的标志）。

系统概况（见图 6.1）：各个制造商在每个产品上粘贴 BL 认证标签纸（该标签纸附有 UID 认定的电子标签），与 UID 认定相关联的电子标签序列号绑定后，产品的生产年月日、生产批次等每一项生产数据就被上传到跟踪管

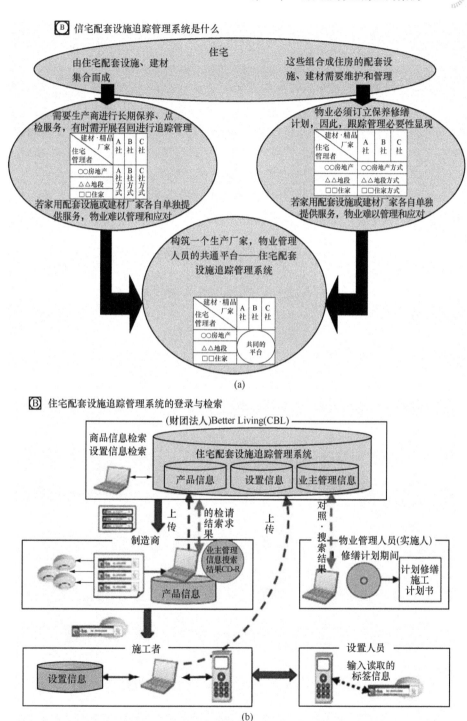

图 6.1　系统概况（财团法人 Better Living　提供）

理系统上。物业在安装"贴附 BL 认证标签（认证标签上附电子标签）的家
用火灾警报器"时，读取器读取 UID 认定电子标签上的序列号，将安装时间、
安装地点等每个安装相关数据，都上传到跟踪管理系统上。

由此，UID 认定电子标签序列号作为关键联系纽带，每个部件的生产数
据和设置数据都能够一一对应。这样一来，作为生产方能够实现发现问题及
时召回，制订定期维修计划等目标，跟踪管理系统基本的数据库得以构筑。
此系统对制造商、物业、施工者、房屋开发商与消费者来说有着各种各样的
好处。房屋配套设施跟踪管理系统于 2007 年 2 月开始正式投入运用。

从实际开始运行还不到一年，该系统在对错误发送商品的即时跟踪、"计
划进度"完成情况的定量分析等方面均大显身手。

# 6.2　"μ"芯片在门票管理中的实施

## （东京车展株式会社：案例 23）

第 40 届东京车展的入场管理系统中首次实施了 μ 芯片，对整个车展运营
的效率化起到了极大贡献（见表 6.2 和图 6.2）。

**表 6.2　东京车展 RFID 实施数据**

| 公司名 | 社团法人日本汽车工业会 |
| --- | --- |
| 应用 | 新闻中心入场管理 |
| 场所 | 东京车展（千叶县幕张国际会展中心） |
| 目的 | 新闻中心的进场管理、布置管理、出入人员寄存物品的返还管理。宅配配送管理 |
| 项目期间<br>（计划开始与运行期间） | 2007 年 10 月—11 月 |
| 电子标签设置对象 | 媒体人员进场卡 |
| 实施效果 | 实现流畅的整套进场管理，重复布置减少；寄存物品返还和宅配窗口的配送管理业务效率提升 |

车展中，μ 芯片管理系统分别运用在"展馆的入场管理"，"展览参考材
料的分发管理"，"午餐的分配管理"，"寄存处的行李寄存和返还管理"，"宅
配窗口的配送管理"5 方面管理上。

第一项是展馆中心的入场管理，参展或观展人员仅需将附有 μ 芯片的卡
片在设置于入场口的阅读器上扫描一下，能否入场的数据即刻显示。安防人
员即可通过画面来判断该人员是否可以入场，来客入场管理就变得井然有序

图 6.2　面向记者的入场管理系统概要

且快速。上一届车展由于使用的是 QR 卡进行入场管理，接待处的工作人员需要依次读取每个客人的卡片数据，入口处排起了长长的队列，客人在入口等待时难免烦躁不安。这些情况在本次车展中均有所缓解。

第二项是活动参考资料的分发管理，它能防止场馆里预先备好的活动参考资料的重复发放。

第三项是场馆中午餐的分发管理，防止了场馆中事先准备好的午餐（有 4 种选择）错误重复发放（1 次/日，会议召开期间 2 次/日）。通过管理，午餐可以尽可能地发放给更多记者。上一届是通过在卡片上打洞的方式进行午餐发放管理，既费时，又产生了很多垃圾。而此届省去了打洞一举，当然也不会产生垃圾。

第四项是寄存处的行李寄存和返还管理，寄存行李时 μ 芯片作为寄存证的代替，客人就没必要带着纸和塑制卡等以往那种比较麻烦的寄存收据，也减低了遗失的风险，μ 芯片代替一般寄存收据的同时还意味着不会产生多余的纸张，也能减少垃圾的产生。以前车展中，存放物品一般使用储藏柜。因其大小有限，时常发生难以放入拍摄器材等情况，客人遗失钥匙等现象也时有发生。此届通过使用 μ 芯片，以上问题均得到很好解决。

第五项是快递窗口的配送管理。对于首次登录的收货人数据，根据事先登录的信息通过打印收货人姓名等，这些信息的手工书写时间就节省下来。

因为已预先录入了相关报道人员的姓名和公司名称等个人数据，收货处的地址等数据的书写或输入工作也省去了。快递发件货单上直接印有姓名，委托的行李当日就能够发送。

采用该系统的决定性因素是，性价比瓶颈的突破以及提供划时代的服务。作为主办方的日本汽车工业协会来说，他们的主要着眼点是针对展馆开展服务，提升服务质量。例如，上届展会的入场工作，数名工作人员对众多客人进行一一核对后方能入馆，因等待时间较长引起混乱的同时可说还给客人带来精神上的压力。而此届车展由于采用了 μ 芯片的管理系统，一切入场检验都进展顺利。寄存处储藏柜管理使用 μ 芯片取代了以前惯用的钥匙，寄存货物容量也变得无限制。此外，从前发生过的对当日入场登记者的一部分服务无法圆满进行的问题也得以解决，所有服务均通过 μ 芯片管理系统得以实现。

会展期间某家海外展会的主办方也对这个 μ 芯片表示出极大的兴趣，也想通过 RFID 技术提供高质量的服务。

# 6.3　亚洲机场行李托运的首次应用

## （香港国际机场：案例 24）

### 6.3.1　机场概要

香港国际机场（Hong Kong International Airport，以下简称 HKIA），作为香港以及珠江三角洲（Pearl River Delta，以下简称 PRD）地区经济发展的重要引擎，已变成了控制货物、乘客、资本和数据等流向的重要基地。为维持香港在亚洲的航空主导以及物流中心的地位，香港国际机场作出了重要贡献。香港国际机场实施 RFID 技术的情况见表 6.3。

**表 6.3　香港国际机场（HKIA）RFID 实施数据**

| 公司名 | 香港国际机场 |
|---|---|
| 应用 | 机场行李分配管理 |
| 场所 | 香港国际机场 |
| 目的 | 高效实行日益增加的客户行李的分流配送，从而提高机场承载能力及客户满意程度 |
| 电子标签设置对象 | 机场旅客行李 |
| 项目期间<br>（计划开始与运行期间） | 2004 年 5 月项目开始 |

续表

| 公司名 | 香港国际机场 |
|---|---|
| 实施效果 | 行李分流处理能力提升；贴附电子标签的行李实现了透明化管理，机场安全性等级得到提升；同时降低了由于行李丢失引起的经济损失 |
| 实施难点 | 在铁制行李传送带纵横遍布的现场环境里，需设置约 600 个感应装置。被贴附在行李不同方位的标签高速移动，需一个个被正确读取，因此现场的读写器方向位置的设置及调整需实地考察后进行判断 |

过去数年间，HKIA 的旅客输送量显著增加，2007 年的客运量及机场货运处理量分别达到了 4 780 万吨（与前年度相比增加了 7.5%）以及 374 万吨（与前年度相比增长了 4.5%）。飞机来往航次也达到了一年间 294 580 个班次（与 2006 年相比增加了 5.4%）。换算成一日计算即每日约有 800 架客机往返，在世界上也是位居前五位的客、货运的大规模综合国际机场。在 HKIA，有 85 家的航空公司运航，包括以香港为中心的中国国内 40 个城市在内的世界 150 个地域间结成航空网络，路线丰富。

HKIA 拥有机场航站楼 1（T1）和航站楼 2（T2）的两个旅客航站楼。航站楼配备有大型购物、餐饮、娱乐、通信设施等，为到访机场的每一位旅客和游人提供一个舒适且有特色的环境。

为应对机场使用需求爆炸式增长这一难题，机场准备了约 45 亿美元（约合 4 500 亿日元），在 T1 的中央大厅的扩张工程和乘客吞吐能力强化项目以及滑行跑道的回收工程等方面进行积极地投资。所有机场性能提高的相关项目都于 2010 年完工，同时机场方面还积极进行空客 380 等世界最大规模的民用客机的接收安排。

作为 HKIA 来说，为保持来自海外及中国本土持续增加的客流量，就必须在效率、安防、安全等方面继续维持世界顶尖水平。尤其是必须提升机场乘客的吞吐量，而这项指标的提高就与高效的经营息息相关。

## 6.3.2　行李系统上存在的问题

所谓的行李处理，是指在安检处接收乘客的行李后，通过机场内的传送带等根据目的地分别进行分类整理，送到指定飞机上的搬送系统。

作为提升业务的效率性和顾客满意度的一个举措，2004 年 5 月，HKIA 决定在所有接客柜台发行 EPC 标准的超高频电子标签，作为行李标签贴附于行李上（见图 6.3）。这种电子标签是印有条码的兼用型电子标签，过去所使用的条码标签全部被替换成这种电子标签。

图 6.3    机场内登机托运行李时粘贴电子标签的
作业（香港机场 提供）

电子标签表现得很出色。过去，为了全方位读取行李传送带上粘贴在行李表面朝向各不相同的条码标签，需要在传送带周围各个角度设置多个扫描头。而且为了提高读取的精确度，扫描器必须近距离设置，否则信号不佳也会加大读取障碍。受各种条件限制，传送带的传送速度和扫描器的读取能力都无法取得突破。

电子标签不管标签朝向、读取距离远近，在高速移动状态下仍能被准确读取。此外标签存储的数据量也相对较大，可信赖程度也更高。相对于条码正确读取率 80% 的情况，电子标签的读取率高达 97%。

不仅仅是 HKIA 内一号航站楼和二号航站楼中的接客柜台，机场外九龙站处两个入站登记台，香港站的机场快线，甚至珠江三角洲等地的接客柜台都实行了在行李上贴附电子标签的体制。

出国行李中 90% 的行李（约 4 万个）每天通过 50 家航空公司被送出。这些行李也都被粘贴了电子标签运往机场。

国泰航空是最早决定采用这个新型电子标签的航空公司之一。国泰希望通过使用 RFID 技术，为航空公司和旅客双方都带来便利。

HKIA 国泰航空公司的总经理维克多·何先生这样说道：

"在 HKIA 运营的多家航空公司中，国泰航空比起其他公司需要运输更多的行李，运送更多乘客。因此，对国泰来说，提高业务水平和服务标准可谓是重中之重、当务之急，国泰致力于在力所能及范围内实施一套最有效的行李处理系统。"

除了国泰航空之外，港龙航空、中华航空、泰国航空、西北航空和美国航空等也实行了这项举措。

HKIA 在"行李分配管理系统"基础设施建设上，初期投资就达到 5 千万港币（约 6.5 亿日元）。在 HKIA，不分白昼平均每天需处理出发、到达、过境乘客所持行李达 110 000 件之多。为了应对这个惊人的数字，必须保证行李处理系统在高强度的工作负荷下仍能保持精确运转。

由于各家航空公司必须对旅客的随身行李负责，作为机场公团，有义务为航空公司提供一个行李处理方面先进高效且信赖度高的平台。

国际航空运输协会（IATA：The International Air Transport Association）将把使用 RFID 进行行李处理作为机场业务简化和高效化的有力手段。在 IATA 的测算报告中指出，若在全世界范围内实施 RFID 系统的话，产业总体每年将可节约 7.6 亿美元（约 760 亿日元）的费用。目前除了 HKIA 之外，也有其他机场着手实施 RFID 行李处理系统项目，来积极提高运营效率。

## 6.3.3　实施后的行李处理系统

HKIA 作为亚洲顶级机场，为了在残酷的竞争中击败来自周边其他机场的竞争对手，这就要求它在狭小的机场空间获得客户更高的满意度（CS：Customer Satisfaction）。这样可以争取到更多的旅客。在这种背景下，有必要实施效率和信赖度更高的行李处理系统。

以往 HKIA 的行李处理系统主要通过条码的读取来进行。但是条码扫描器对条码的读取率的平均值仅在 80% 左右。一旦扫描器读取失败，行李就要被移送到人工读取区（MCD：Manual Coding Station）再次进行读取。

这一过程存在着诸多问题。首先，条码在行李输送的过程中可能会发生污染、破损等情况。其次，一些行李位置若未摆放端正，扫描器发出的激光束就无法读取被行李挡住的条码。但是，确定采用电子标签后也不是万事大吉。我们往常使用的 13.56MHz 频段电子标签时常会发生远距离读取不良或无法读取的情况。综合考虑后，决定采用超高频的电子标签。

早在 2004 年 5 月开始，以丸红株式会社、MightyCard 公司、摩托罗拉国际融资集团为中心，就正式开始了实施 RFID 项目的实验。

粘贴电子标签的作业场所共有两个。一个是从国外到国外，行程途径香港的过境乘客行李的标签粘贴处；另一个则是香港始发旅客行李的标签粘贴处。

将 EPC 编码和 IATA 管理识别号码写入超高频电子标签，标签从各个接客柜台输出后通过人工作业粘贴到行李上。其后经由机场内行李处理系统中的"首次分类处理线"与"二次分类处理线"出入口上设置的读取器对电子标签的固有识别号进行读取，读取后将自动判定行李的目的地（见

图 6.4）。

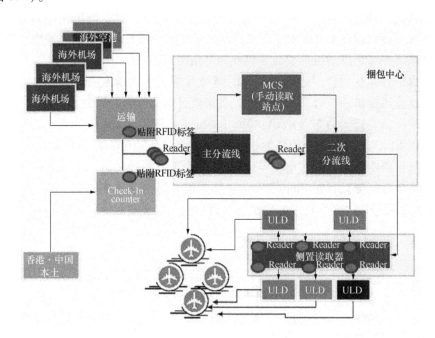

图 6.4　托运行李在机场内的基于 RFID 的流程（BFC 顾问 提供）

运载前，对分配给各个航空公司专用的装载着旅客行李的通用机载集装箱（ULD：Universal Loading Device）进行数据读取，这样可以确保行李确实被运载到正确的飞机上。就能一旦查出弄错的行李马上与工作人员取得联系。

综上所述，粘贴上电子标签的行李从办理登机手续的接客柜台一直到装机前为止的机场内部的所有时间内，其动向都可以得到跟踪监控。

为使得整个流程都实现自动化，机场内设置了约 200 台固定型读取器，同时装备约 200 台的手持型读取器。用来连接这些读取器的天线的数量达到了约 600 台。而且，电子标签的年均消费量也约在 2 000 万枚以上（见图 6.5 和图 6.6）。

顺带谈及的是频率，香港机场使用的超高频频率是 920～925MHz 和 866～868MHz，双频并用。

### 6.3.4　行李处理系统的实施效果

RFID 实施行李处理系统后收到了下面这些效果：

（1）标签读取率提升，行李处理效率也得到提升；

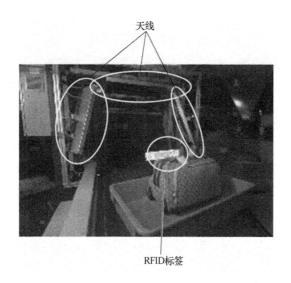

图 6.5　行李分拣线上的阅读器（香港机场 提供）

图 6.6　传送带侧面设置的阅读器（香港机场 提供）

（2）行李的接收处理能力大幅度提升；

（3）行李的正确跟踪定位成为可能，行李动向透明化使得安防水平得以提升；

（4）行李丢失情况减少，相关各种经济纠纷费用得以节约。

## 6.3.5　实现真正的空手旅行

日本国土交通省的认定法人——近未来机场系统技术研究组（ASTREC）在新一代机场系统研发中加强了 RFID 的应用。目前正着手进行名为"空手旅行"的 RFID 机场行李处理高度集成应用项目的实证检验。

这项实验可以通过此系统，让那些通过成田国际机场的旅客去海外旅行只需预先联系好上门取行李的快递公司，将行李贴上电子标签，通过快递公司运送到成田国际机场。然后，行李从机场通过安检直抵旅行目的地。从开始直至通过旋转货台交付旅客为止，中间全程通过行李管理 RFID 系统进行一元化自动管理。这项服务使得旅途无须携带行李，变得更为轻松便利，游客的空手旅行真正得以实现。

若这项日本首创的"空手旅行项目"和 HKIA 中实行的 RFID 高度行李处理系统能够完美对接，远距离旅行中旅客全程都无须为行李操任何心。既不用担心遗失，也不用考虑沉重的行李影响游玩兴致，可以享受一次真正没有心理压力的旅行。想必，实现这样的空中旅行已经为期不远了。

# 6.4 在入出库车辆的调度和停车位置上

# RFID 的应用（香港国际机场：案例 25）

## 6.4.1 概要

亚洲空运中心（AAT 公司）是位于香港新国际机场附近，香港第二大的航空货物航站楼的运营商。为了更好地应对逐年增长的货物处理量，AAT 公司决定采用 RFID 技术来强化货车行进位置的管理。包括出入境货物上的添加文件的管理、海关审查作业以及安防管理。2007 年年度中国香港数据交流技术领域（ICT）颁奖典礼上，该公司获得了最佳泛在网网络应用铜奖和最佳商业应用成果奖的双项奖励，其 RFID 的实施效果吸引了国内外业界的关注（见表 6.4）。

表 6.4 香港国际机场航站楼 RFID 的实施数据

| 公司名 | AAT 公司（亚洲空运中心） |
|---|---|
| 应用 | 航空货运枢纽内的车辆管理 |
| 场所 | 香港新国际机场 |
| 目的 | 应对货物吞吐量不断增加，车辆调配的高效管理 |
| 项目开始运行期间 | 2007 年 |
| 电子标签设置对象 | 货运车等车辆 |
| 实施效果 | 货运车辆实现高效调配管理，停车位得以有效规划利用，车辆实现最合适调配，安防系统得到强化，服务品质提升 |
| 实施难点 | 为应对各种不同长度车辆的数据读取，电子标签的安装位置需进行调整；确立车辆移动中的实时检测方法 |

### 6.4.2  设立之后最大限度地使用信息技术

AAT 公司自 1998 年成立以来，为了提升从货物运输到海关审查文件制作的一系列手续的效率和准确性，每年都会更新和采用最新的信息技术方案。尤其值得一提的是，其中基于 WEB 的货物管理系统（CMS：Cargo Management System），其操作简便实用，在政府、航空公司、空运货物处理等相关使用人员之间口碑甚好。除操作方面的简便和高效性以外，跨国货物运输还需要必备万全的安防系统，AAT 公司在这方面也取得了 ISO9001：2000 等众多认证，成果显著。

### 6.4.3  应对持续增大的处理量和机场航站楼的扩建

为了应对不断增大的货物处理量，AAT 在原有航站楼的基础上，扩建了一座 4 层楼的仓库。扩建后面积达 13 万平方米，预计年均处理货物 1 500 万吨以上，承担香港新国际机场 30% 的货物处理量。扩建后的新航站楼无疑对车辆调度管理、停车场地有效使用、车辆优化配备、顾客服务品质提升等方面提出更高要求。为推进航站楼运营的自动化，灵活应对多变的状况，AAT 公司选择实施 RFID 系统。

寄希望通过 RFID 解决如下问题：

（1）缩短车辆在航站楼大楼出入车库的时间；

（2）指引各种车辆停车，使车库利用率达到最大值；

（3）通过总部管理室对车辆的位置和作业进程状况进行即时管理，合理配置各种车辆；

图 6.7  香港机场

（4）随时能够向委托方汇报即时操作进程状况；

（5）强化安防，削减人员投入。

### 6.4.4  车辆调度管理和停车位置管理上实施 RFID 的效果

在车辆移动方向上实施 RFID 后取得下述效果：

预先将能够出入航站楼大楼的车辆数据登录进系统，并逐一粘贴车辆准入识别标签。在装载货物时，识别并匹配车辆编号（ID）与货物编号，并自动通知总部。车辆驶入航站楼入口时，系统自动识别和管理，在强化安防的同时缩短了进出场的时间。此外，货车出入时系统还能自动检索到最方便卸货的停车位置，并被自动引导进入该停车位。若未停在指定地点时，系统还将发出警报并重新为车辆选择合适车位。

如上所述，AAT 公司实施 RFID 系统后，强化了安防，缩短了管理时间，削减了人员，做到了实时管理，优化了系统，真正满足了在灵活应对等方面的一系列需求。

### 6.4.5　为了满足顾客更高需求 NEC 的现场工程技术诀窍

准入车辆型号多样、大小不一。从普通乘用车到车长超过 10m 的大卡车一应俱全、车种丰富。因此车载标签读取位置选择是个难题。另外大车遮挡小车也对识别增加了难度。如何减少无法识读的死角成为亟须解决的问题。另外可以设想的是，即使为车辆指定了停车位置，车辆也未必遵守，车辆很可能停到相邻空位制造出不必要的车位混乱。因此，必须构筑一个系统来实时监视复杂的车辆移动状况。该系统需要根据安装地点选定适用的天线，通过基准测试找出其最佳安装位置。还需开发在程序中增加模糊感知功能的软件，其要求甚为严格。参与工程技术的 NEC 公司通过现场工程技术知识来应对这些情况，用数码标牌、环形传感器等与该公司的其他信息技术相结合，成功地制定了一套完善的解决方案（见图 6.8）。

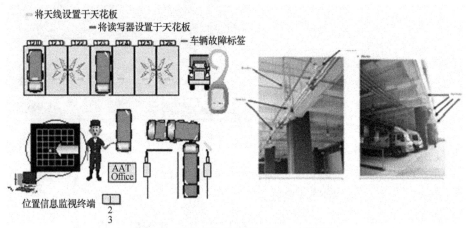

图 6.8　运货卡车的管理（NEC　提供）

### 6.4.6　2007 年度香港信息通信技术大奖中的辉煌成绩

于 1998 年设立的信息技术优秀奖在 2006 年更名为香港信息通信技术

（ICT）奖。该奖项通过 7 名权威人士投票选举，选出在信息通信技术应用领域取得了显著成果的香港企业和组织并授予其大奖。

2007 年度，NEC 公司的 RFID 应用方案荣获"最佳泛在网网络应用铜奖"和"最佳商业应用成果奖"两项大奖。对于 NEC 来说实，首次使用超高频实施 RFID 项目就即获得了如此评价，就连香港地方企业也大受鼓舞，AAT 公司和 NEC 的这项共同开发项目也备受瞩目。

另外，AAT 公司和 NEC 合作的"人脸识别系统（NeoFace）"方案项目还荣获"最佳商业银奖"，这样算来，AAT 公司和 NEC 同时得到了 3 个奖项。

# 6.5　在大学医院的医疗现场的 RFID 项目

## （某大学附属医院：案例 26）

### 6.5.1　项目的背景、目的与构成

某大学附属医院实施 RFID 技术主要是两个方面：一个是出入病房管理；另一个是取药管理。

RFID 技术的第一个运用是 X 光室出入室管理。医生能够自由出入 X 光室，而患者只有接受检查时才允许进入。院方为强化管理，尝试实施了 RFID 技术（见表 6.5）。

表 6.5　某大学附属医院 RFID 实施信息

| 公司名 | 某大学附属医院 |
|---|---|
| 应用 | 出入院管理、药品的配发管理 |
| 场所 | 大学附属医院内 |
| 目的 | 通过对医生、患者个人进行认证识别，强化医院内特殊病房入住退房的管理工作；对于医生 X 射线照射历史的把握；进行药物配发历史的跟踪管理 |
| 电子标签设置对象 | 医院相关医务人员和患者、需进行强化管理的药品 |
| 实施效果 | 通过使用电子标签，准确方便地获取所有医生的 X 射线照射详细数据；药品的配发管理等历史信息；实现了医疗现场状况的透明化操作及管控 |

X 光室的出入口处设置有两枚天线（见图 6.9），专门读取贴有 2.45GHz 频段电子标签（见图 6.10）的个人认证出入室标签。上面的天线是男士专用，下面则是女士专用，2 枚天线分开设置。如此设置的理由是，男性一般选

择将出入室标签贴在胸前周围，而女性偏向于贴在裙子等腰部以下的位置。根据男女习惯的不同，这样将天线错开设置的决定可以不给医生和患者增加多余的读取负担。

图 6.9　X 光透视室门旁边设置的两个天线（株式会社日本信息系统　提供）

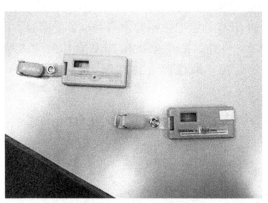

图 6.10　个人进出房间的认证用 RFID 电子标签（株式会社日本信息系统　提供）

值得一提的是，这种标签还具备测量担当医师在拍摄 X 光片时所暴露的 X 射线量的记录功能并能够储存到标签中。X 光室的担当医师有义务向医院申报一定期限内被照射的 X 射线量。此标签通过自动的储存数据，每次谁被照射了多少射线都记录入标签，无须手动输入。到一定时间，X 光室医生只需读取标签，哪位患者在哪个时间照射多少 X 光线等数据更容易获取而且更为准确。

第二个的使用领域是普通医院内的危险药物管理领域。此项管理实施以前，危险药物一直处在拿取和返还自由的状态。当然，危险药品一般被统一放在一个专门的房间里进行管理。取药和归还时，谁在何时拿取或归还了哪种危险药品等信息都必须记录在笔记上。但是，不明理由，没有留下任何记录的取药事例屡见不鲜，其运用无法得到真正的严格管理。

因此，我们同样在每种危险药品包装袋上粘贴 2.45GHz 电子标签，取药或归还时，只需将药放上台面，电子标签的 ID 就可以被读取，将该信息与取药、还药人的出入室卡 ID 信息相结合，就能够轻松且准确地收集到"何人在几时几分取出或归还何种药品"这样类似的数据（见图 6.11 和图 6.12）。

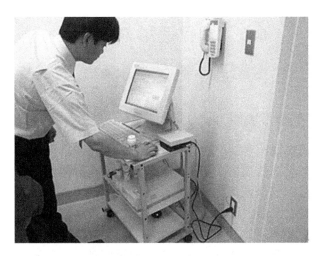

图 6.11 危险药品的阅读装置（株式会社日本信息系统 提供）

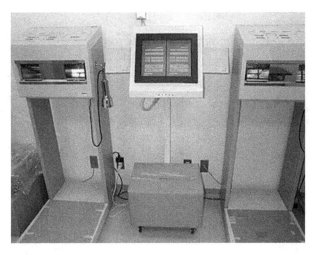

图 6.12 危险药品的借出和归还管理系统（株式会社日本信息系统 提供）

## 6.5.2 对医疗领域的贡献

如今的医疗现场，时刻都面临着弄错患者或新生婴儿而造成的错误手术或错误投药等医疗事故，这些人为失误容易造成各种严重后果。

如果患者靠近诊室、手术室或 X 光室时，RFID 自动将患者的 ID 信息和医院数据库中的登录属性信息相对照。一旦发现错误，自控门自动上锁，病患将无法进入。这样，误诊等情况也不会发生。目前整套管理系统已经实现。

# 6.6　医疗造影剂的管理

## （医药品制造公司：案例 27）

### 6.6.1　造影剂项目概要

　　日本国内有名的医药品制造公司 A 公司的主营产品是非离子性 X 射线造影剂。X 射线造影剂的规格一般分为玻璃瓶装、注射器装、塑料瓶装三种制剂。其中只有注射器制剂因为容量、浓度的不同还可细分为多个种类。A 公司生产的 9 种注射器装造影剂，主要根据外观设计（容器颜色差异等）来识别。注射剂产品一般通过相关医疗机构中的自动注入装置来使用。X 射线造影剂专用自动注入器，用于注入注射剂，通过驱动发动装置，能够控制注入的速度（见图 6.13）。

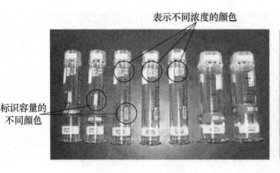

表示不同浓度的颜色

标识容量的
不同颜色

图 6.13　造影剂和注射器

（左：造影剂；右：自动注入装置）

### 6.6.2　实施背景

　　近年，随着电脑断层摄影装置（CT 装置）的进步，市场上对于医药生产商生产的各浓度、容量的造影剂需求很大。因为日本政府对于医疗费控制政策的实施，医疗现场常常因为强调个人效率而产生人手不足的问题。由于管理不到位造成的药剂错误领取或重复使用未经消毒的注射器的问题时有发生。

　　造影检查信息的正确管理也是一个重点。由于自动注入装置的注入程序在 CT 摄影室进行，而控制台装置要由控制室来操作（见图 6.14）。这种情况下，容易发生因注入量和注入速度设定不准确造成的难以取得正确的造影信息，或是读取造影时的注入信息和造影影像不匹配的情况。

　　因此，制药公司为防止医疗失误的发生，围绕实施电子标签开展了研究

（见表 6.6）。

图 6.14　CT 摄影有关设备

（左：CT 装置；中：自动注入装置注入端；右：自动注入装置控制台）

表 6.6　医药产品生产商 A 公司 RFID 实施信息

| 公司名称 | 医药产品生产商　A 公司 |
|---|---|
| 提供系统的公司名称 | 自动注入装置生产商　N 公司（系统开发）<br>凸版资讯株式会社（电子标签开发） |
| 应用 | X 射线造影剂管理系统 |
| 场所 | 日本国内的医疗机构（医院等） |
| 目标、目的 | 防止医药过量使用，误用 |
| 电子标签附着对象 | X 射线造影剂（注射器制剂） |
| 实施效果 | 防止医疗事故发生<br>• 严防已用试剂被再次使用<br>• 严防过期产品的使用<br>• 能够设定合适的耐压保证值等 |

## 6.6.3　实施前的讨论

关于电子标签应用于注射器制剂管理的研讨始于 2004 年。应用要求电子标签具备以下几个条件：水分不影响其通信功能；标签容量足够大；可以改写；能够长期使用且通用性强。考虑到以上各种要求，相关人员最后选定 13.56 MHz 的高频电子标签。

## 6.6.4　系统概要

医药品生产厂家 A 公司将凸版资讯公司开发的电子标签发行管理系统引进生产线，在注射剂生产阶段就粘贴上写有产品生产信息的电子标签（见表 6.7）。

表 6.7 电子标签的信息输入例

| 品　　名 | 医药品生产商的商标名 |
|---|---|
| 容　　量 | 100 mL |
| 每毫升碘含量 | 300 mgI/mL |
| 每一瓶碘含量 | 30g |
| 生产编号 | ABCDE01 |
| 使用期限 | 2012/01/01 |
| 耐压性 | $20kg/cm^2$ |

在医疗现场，注射剂与自动注入装置生产商 N 公司开发的自动注入装置配套使用，装置读取产品信息后，参照患者体重等信息自动测算出合适的速度进行试剂注射。

整个系统概要见图 6.15。

此外，自动注入装置配套的电子标签读取器以及专用天线也由凸版资讯公司来提供。

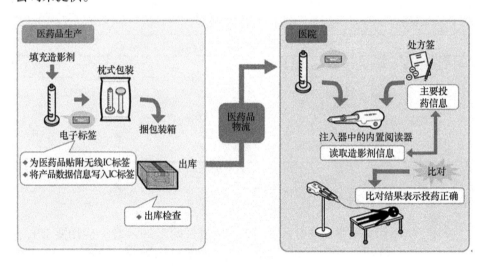

图 6.15　系统概要

## 6.6.5　使用状况和问题

（1）使用状况。

从前在医疗现场只能通过注射剂本身来确认的信息，现在在控制室内通过自动注入装置的操作画面即可完成确认，识别性能得到提高（见图 6.16），也能够防止药剂的拿取错误。

在药剂上贴有含药品信息的电子标签

自动注射器内藏阅读器

在自动注射装置上有阅读器读取药剂标签信息

图 6.16　标签与阅读器以及标签的信息

（2）使用上的问题。贴有电子标签的注射器制剂（见图 6.17 和图 6.18）一般通过真空包装进行运输，在真空包装内和活塞接触后，常会发生标签破损的问题。为此，必须控制包装时注射器在袋中的位置，尽量避免活塞接触到电子芯片导致的破损事故。贴有电子标签的注射器具有的其他附加功能，见表 6.8。

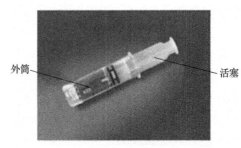

图 6.17　贴有标签的注射器

从前

贴标签后

图 6.18　贴标签前后的注射器

表 **6.8**    其他的附加功能

| 功　　能 | 概　　　述 |
|---|---|
| 防止再次使用 | 使用过一次后的注射器制剂不可以再次使用 |
| 吸引量的限制 | 若吸引注射剂超过 20mL，则不可注入 |
| 使用期限 | 超过使用期限的产品将无法使用 |
| 自动设置 | 运动活塞自动注入 70mL、80mL、110mL、125mL、150mL 等 |
| 注射历史信息管理 | 注射器制剂注射结果会被记录下来 |
| 耐压值 | 能够自动变更耐压值 |

### 6.6.7    实施效果

（1）通过自动注射器控制画面能够确认产品信息，提升识别性能；

（2）用过一次的注射器制剂将不会被再次使用，防止了医疗事故；

（3）防止已过期注射器制剂被使用；

（4）注射历史信息管理；

（5）通过设定耐压保证值，防止自动注入装置破损等事故发生；

（6）减轻医疗现场的作业负担。

### 6.6.8    今后的课题与目标

粘贴电子标签进行注射器造影剂管理过程中，还存在着"削减标签成本"，"信息安全保障"等众多课题，今后相关研发人员将着眼"进一步确保安全性"，"提升现场医务人员的操作便利性"这两方面，努力推动下一阶段的业务自动化进程。

（1）减少造影信息的录入步骤。

（2）参照过去的造影信息。

（3）造影剂副作用管理和批量编号管理。

# 6.7    医疗用纱布管理（日本信息系统

# 株式会社：案例 28）

### 6.7.1    系统实施目的

因为必须确保手术后纱布不能残留在患者体内，所以医用纱布管理可以说是手术中最重要且必须准确无误的操作之一。院方也是用尽各种方法和仪器防止其残留。术前术中往往需要相关人员对未用或已用纱布的数量进行多次确认，若术后合计纱布数量出现和术前数量不一致的情况，则认定为纱布遗留患者体内可能性巨大，一般通过 X 射线来确认是否遗留。

迄今为止，"纱布是否遗留"这种确认工作一般通过手术室内的医生和护士来进行。然而，在程序繁复、情况复杂、时间较长、精神高度集中的手术中，医生和护士都非常疲惫，致使上述错误的发生难以避免。这种事情虽小，但是导致重大医疗事故的情况已是屡见不鲜。因这种错误引发的医疗纠纷案件也时有发生，最终成为医生急需解决的重大问题之一。

本案例是为了解决这个问题而特别开发的 RFID 项目，其目的就是为了能够准确且快速管理术前术后的医疗物品，尤其是医用纱布。这将大幅度减轻医生和护士的负担，也可预防医疗事故的发生，给患者带来安心和安全。甚至说可以解决一部分与医疗相关的社会问题。

## 6.7.2　系统的功能和性能

（1）免除了人工清点纱布数目的操作；
（2）能够正确点清纱布数目；
（3）能够即时测定正确的出血量；
（4）能够同时清点多枚纱布（最多达 50 枚）；
（5）能够防止血液飞溅；
（6）能够在患者体外通过手持式天线感知体内是否残留纱布。

## 6.7.3　系统的构成

（1）贴有 RFID 的医用纱布；
（2）医用纱布读取装置主机（见图 6.19～图 6.21）；
（3）读取体内残留医用纱布的手持天线（见图 6.22～图 6.23）。
医疗用纱布管理系统的使用过程画面见图 6.24。

图 6.19　纱布标签读取装置

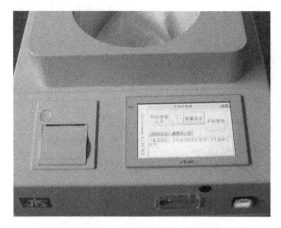

图 6.20 正面部分的操作画面

图 6.21 纱布数量与出血量测定

图 6.22 检测残留纱布用的手持式天线

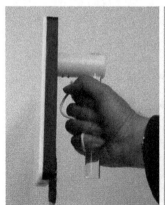

图 6.23 手持式天线

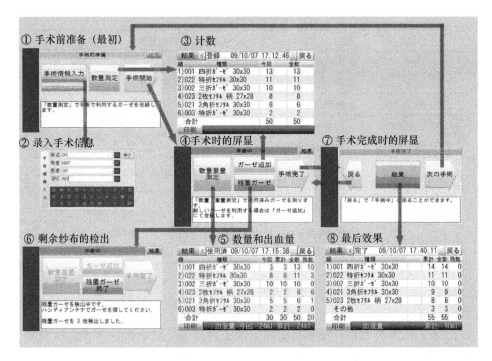

图6.24 医疗用纱布管理系统的使用过程画面

# 6.8 医疗垃圾跟踪系统（东京都环境整顿公社：案例29）

## 6.8.1 项目背景

如今，传染性医疗废弃物的非法丢弃已经成为社会问题。社会各界在防止其随意丢弃问题上大伤脑筋。用过的注射针筒等传染性医疗垃圾即使丢弃的数量很少，但其危险度也相当高。

为解决这一问题，相关部门提出"医院运出的医疗废弃物必须在焚烧炉中燃毁以后再弃置处理"的口号。东京都医疗废弃物相关处理负责人考虑到RFID技术或许可以强化这方面管理，于是决定与日本信息系统株式会社（以下简称JIS）合作，着手共同开发基于RFID技术的医疗废弃物跟踪系统（见表6.9）。

表 6.9　东京都环境整顿公社 RFID 实施信息

| 公司名 | 东京都环境整顿公社 |
| --- | --- |
| 应用 | 医疗废弃物跟踪 |
| 场所 | 从医院运出开始到焚化炉焚烧为止流通全过程 |
| 目的 | 减少医疗废弃物的非法丢弃 |
| 开始与运行时间 | 2005 年 10 月 |
| 电子标签设置对象 | 医疗垃圾专用密封容器 |
| 实施效果 | 从医院到焚化炉的一整条流程都实现透明化管理，运输过程中可监控院方是否非法丢弃。同时，还可准确获知医疗垃圾出于何时何地，焚化于何时何地等一系列信息 |
| 今后需完善之处 | 容器中的医疗垃圾如放置血液袋、注射针头（金属制品）等材质容易影响标签读取精度，为确保准确读取，在这一方面需考虑对策 |

## 6.8.2　系统概要

2005 年 10 月，医疗废弃物跟踪系统正式启动。它由市售手持型读取器，JIS 开发的 2.45GHz 的电子标签、电子秤，管理从接收、燃烧到燃尽信息的通信系统组成。

装载医疗废弃物的密封容器有纸板制的和塑料制的两种材质，这些容器底部都贴有 2.45GHz 的电子标签。在医院将医疗废弃物装入容器运出之时，将容器放置在院内电子秤上进行称量。都内的大医院均设有电子秤（见图 6.25），中小医院如果不具备，也可指定运送者将它们装上卡车时使用电子秤称量。

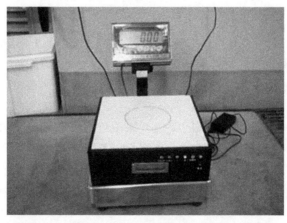

图 6.25　电子秤（日本信息系统株式会社　提供）

图 6.26  手持阅读器（日本信息系统株式会社  提供）

将医疗废弃物置于电子秤上称重，收集何时从哪家医院运出了多少重量的医疗废弃物等全部信息。这个信息与电子标签（见图 6.27）上写入的用以识别不同医院的识别编码一起，经由手持读取器（见图 6.26）读取后通过无线局域网上传信息。其后医疗垃圾将被运输到焚烧炉。这时，运输业者将得到手持型读取器打印出的一张写有"多少千克废弃物"的领取证明并交与院方。

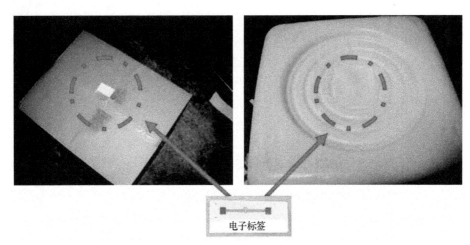

电子标签

图 6.27  微波 2.45GHz 电子标签（株式会社日本信息系统  提供）
（左：包装纸箱段用；右：塑料容器用）

焚烧炉从医院方面获取信息后，在实际医疗废弃物到达的同时读取其电子标签，通过比对实际读取信息与先前院方提供的信息，就能够判断运输途中是否有非法丢弃。

最后一步是将医疗垃圾通过传送带运送到焚烧炉在投入燃烧之前，再次通过传送带下方设置的读取器读取电子标签，最后一次确认焚烧的是何时从哪家医院送出的哪种医疗废弃物（见图 6.29）。

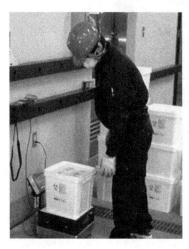 

图 6.28　管理运输业者秤重用的电子秤
（株式会社日本信息系统　提供）

图 6.29　在焚烧炉前卸货时读取标签
（株式会社日本信息系统　提供）

如上信息都被送到东京环境整顿公社的服务器上进行管理，从而实现了实时把握搬运、处理情况。

谈到有些技术细节，因为容器内混杂有注射针筒的零件，或是沾血的袋子等，会影响 RFID 的读取，今后为了顺利读取必须进一步努力进行改进。

东京都称这个系统为"东京方式"，此方式对其他 47 个道府县的说明会在紧锣密鼓地进行中。为了减轻新实施这项制度医院的负担，2008 年度政府在财政预算上还给予 1 亿日元的补助，积极进行普及推广活动。

# 6.9　建筑资材管理系统

## （协和株式会社：案例 30）

### 6.9.1　公司概要

协和株式会社总部位于日本大阪市，主营建筑工地临时安全防护资材设备的制造、销售及租赁业务。特别值得一提的是，其工地安全防护资材租赁事业占据日本国内 60% 左右的市场份额。在国内拥有 13 个事务所和 15 个制造工厂。

　　公司成立初期，本着"尊重和守护建设施工现场每一位工人的宝贵生命"的理念，真诚听取建筑现场施工人员的心声，致力于制造出更安全、高效的建筑施工辅助产品。以其纤维网格板产品为例，在确保安全性的同时还兼顾环境保护，成为独立自主开发的业界领军产品。

　　此外，为了满足不同客户的需求，在其能力范围内对建筑施工安全进行保障，协和株式会社在提高客户便利性的同时还构建了能够大大节约客户费用的安防资材租赁系统，在日本市场同样得到了广泛的支持。

## 6.9.2　实施的背景、课题、目的与目标

　　网格板和防护网等租赁资材在建设现场安防方面被广泛使用，每一个都颇具分量，一般以批量搭载在金属托箱上的形式出租、归还。因为商品型号、数量等信息的清点确认工作均是通过作业员目测统计，这就使得在出货、返还确认中需要花费大量时间。且长时间操作，作业员体力负担也十分巨大。实施 RFID 对临时资材商品管理的课题及实施情况见表 6.10 和图 6.30。

表 6.10　协和株式会社 RFID 实施信息

| 实施公司名称 | 协和株式会社 |
|---|---|
| 提供系统的公司名称 | 夏普系统项目株式会社（系统开发）<br>夏普生产系统株式会社（系统整体构建）<br>凸版印刷株式会社（电子标签开发） |
| 应用 | 建设临时资材管理系统 |
| 场所 | 销售基地以及生产基地内 |
| 目的 | 建设临时资材的出入货操作的效率化以及提升信息的精确度 |
| 电子标签附着对象 | 网格板、防护网、网柱 |
| 实施效果 | 防止了出货误差，掌握了托箱的数目，大幅度减轻了出入货操作的作业量 |

　　RFID 实施前的出货业务中，由于出货发票上的型号、件数都要通过人工来确认，每 100 个网格板需要 30 min 才能验完。而且因为人工确认，交货错误的情况也时有发生。一旦出现交货错误，往往需要租下紧急送货车（带红色警铃）处理出现错误的商品，从而产生不必要的额外花费。

　　归还品（见图 6.31）的检收业务和出货业务一样，都是人工通过目测来

确认件数，所以误差也经常发生。甚至最后全部货物返厂进行清洁修补时，数量确认操作过程中也会产生误差。

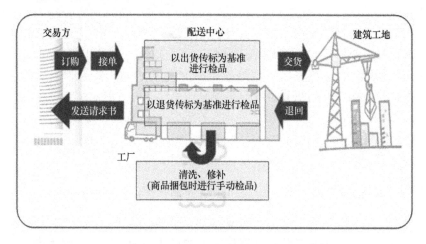

图 6.30　关于临时资材的商品管理课题（协和株式会社　提供）

图 6.31　从建筑现场返还的商品（协和株式会社　提供）
（左：网格板；右：网罩）

### 6.9.3　项目概要

在这种背景下，若要提高效益、削减成本，就必须实施精确且高效率的优良系统。协和公司以统一读取商品，提高业务效率为目标，活用超高频电子标签，开展实施临时资材商品管理系统的相关研讨。

系统构建必须克服的一大难题，即主力商品网格板和防护网一般在建设工地等户外环境下使用，这就要求电子标签必须具备优良的环境适应性，耐高温直射、低温严寒，抗紫外线，经受风吹雨淋，能够应付高压冲洗等各种苛刻的使用环境。而且因为标签是粘贴在商品上使用的，还需具备容易粘贴和柔软抗弯折等特点。

在系统研发初始阶段，相关人员先采集日本市场上销售的电子标签样品。对比研究各种标签后发现，满足使用条件的是其中一种树脂加工品，但其又大又厚，难以粘贴在商品上。为此，研究人员与负责业务系统的夏普生产系统株式会社进行接洽，双方决定向日本国内唯一一家拥有从标签天线的设计到量产、销售的完整产业链的凸版资讯寻求合作与帮助，重新进行电子标签的开发。

标签读取方式为通过超高频感应门统一读取，这就要求标签必须适应长距离读取这一条件，最终凸版资讯决定采用超高频电子标签（见图 6.32），它具有以下特征：

（1）潮湿环境下也能正常通信。由于建筑工地中的安防资材在雨雪环境下也是照常使用的，所以时常会出现资材还是湿漉漉的状态就被归还的情况。凸版资讯通过自主技术使得标签在水湿情况下的通信距离也不受影响，仍然能够实现远距离通信读取。

（2）富有柔软性，易于装附到网格板或防护网上，资材回收等严苛的环境下标签性能也不受影响。

（3）抗紫外线照射。长时间室外使用，强烈紫外线照射的情况下也不损伤柔软性，能够确保远距离通信顺畅。

（4）该电子芯片满足 ISO/IEC18000 - 6C 标准。

图 6.32 商品上的电子标签（协和株式会社 提供）
（左：网格板；右：防护网）

为了能够统一读取粘贴电子标签的网格板和防护网，凸版资讯还开发了配套的专用超高频感应门。无论标签是否附着污渍水迹，托箱是否是金属质地，感应门都能够结合叉车动向瞬时统一读出 100 枚标签。配送中心作业效率得到质的飞跃。

往常使用金属制托箱搬运网格板和防护网存在着读取通信电波易受干扰

的问题。为此，凸版资讯活用电波特性，重新开发了能够一次性统一读取一批标签的专用金属制托箱（见图 6.33）。过去经常出现读取遗漏问题的底盘附近位置也得以实现正常读取。安装 RFID 系统后出货时的场景见图 6.34。

图 6.33　安装 RFID 系统后的阅读器和金属托箱（协和株式会社　提供）　　　图 6.34　安装 RFID 系统后出货时的场景（协和株式会社　提供）

### 6.9.4　系统概要

本次系统构筑中，夏普生产系统株式会社负责全局协调指挥，系统开发工作则由夏普系统开发株式会社担当。通过专门渠道将各销售点和工厂串联衔接，经由总公司系统服务器实现统一管理。这样一来，作业员能够准确把握检品信息和库存数量，顺利地进行未归还出租品的追讨处理，出借和回收操作实现货品标签统一读取（一次性读取 100 枚以上资材），操作效率也大幅提升（见图 6.35）。

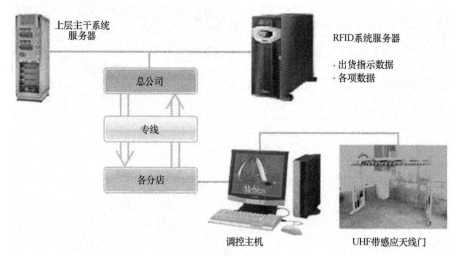

图 6.35　建筑材料 RFID 管理系统（协和株式会社　提供）

验收精确度提升伴随而至的是追讨内容可靠度的提高，这就减少了因追讨出租品内容不明确造成的纠纷，最终提升了客户的信赖度。

本次构建的"建筑资材管理系统"在日本国内也取得了"特批商业模范"的殊荣，依托这一系统，协和株式会社成功拉开了与其他竞争对手之间的距离。

## 6.9.5 系统运作

在此，我们来简单介绍一下活用 RFID 帮助实现业务效率大幅度提升的各项主要机能。

（1）借出处理（防止错误的出货）。通过对照出货票据上的信息和超高频电子标签的统一读取结果，准确且迅速地确认出借商品及借出数量。100 枚网格板借出检品操作所需时间 3 ~ 5 s。

（2）返还处理（快速确认数量）。在作业员目测确认返还商品破损状况的基础上，借助超高频电子标签帮助提升数量方面清点的精确度，读取结果自动传送上级系统，省去人工输入操作。

（3）包装、商品检验（防止错误出货）。在商品包装阶段对商品的内容和数量进行确认，防止错误出货。减少了货物再次发送造成的不必要费用（见图 6.36）。

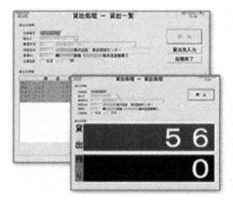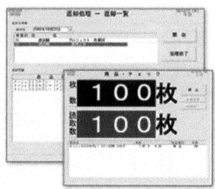

图 6.36　商品检查时的显示画面

## 6.9.6 实施效果

（1）防止了人工操作中的出货错误，能够把握租赁的数目。

（2）现场产品检验的作业效率大幅提升。

（3）快速且精确地统计归还商品数量，实现未归还货品即时追讨。

（4）减轻了现场作业员的作业量。

### 6.9.7 今后的课题与目标

本次开发的超高频电子标签能够应用于网格板和防护网管理，但却无法在安全建材和钢缆等金属类产品中使用。因此适应小型化、长距离读取用的金属对应标签的开发将是今后的重点课题。

# 6.10 听课者管理系统（安田女子大学：案例 31）

### 6.10.1 项目的背景、目的与构成

长期以来，大学对学生分数考核基准中的一项是考查该学生上课出勤率是否达标。

上课考勤通常是在授课结束时教授点名进行确认，或是回收听课票。将结果上报教务科，由教务科逐个录入每位学生的考勤信息，并分类管理。

位于广岛市的安田女子大学省去了上述烦琐的人工操作。该校实施了一套新模式（实施信息见表 6.11），学生出席信息得以直接上传教务科，业务效率得到提升。

**表 6.11 安田女子大学 RFID 实施信息**

| 公司名 | 安田女子大学 |
|---|---|
| 应用 | 学生出勤/缺勤管理 |
| 场所 | 大学内 |
| 目的 | 简化上课点名步骤 |
| 电子标签设置对象 | 学生的教科书或学生证 |
| 实施效果 | 通过 RFID 技术自动管理学生出缺勤，减轻了任课老师的负担 |
| 今后需完善之处 | 将校内无线局域网和 RFID 技术结合，在自助餐厅或图书馆借还书方面考虑到其方便性和高效性也可开展应用 |

首先，在学生证和教科书等学生随身携带物品上粘贴录入学生 ID 的认证个人身份的电子标签。教室内设置天线，授课结束学生退场时，通过读取电子标签，即可进行听课出席人员管理。学生只需将教科书或学生证放至天线处，电子标签信息即可被读取，同时哪位学生出席了哪位教授的哪门课等信息通过大学校内局域网自动发送到教务科和主讲老师的电脑上。利用 RFID 技术管理学生出勤的具体操作见图 6.37 ~ 图 6.41。

图 6.37　教室的全景（株式会社日本信息系统　提供）

图 6.38　教室内设置的阅读器（株式会社日本信息系统　提供）

图 6.39　在教科书上粘贴电子标签（株式会社日本信息系统　提供）

图6.40　读取教科书上的电子标签（株式会社日本信息系统　提供）

图6.41　读取试验的情景（株式会社日本信息系统　提供）

## 6.10.2　项目效果

以往教务科需要从教授那里领取学生的听课票和出席者名单，分类理清后还需手动将信息输入电脑。RFID 的实施使得这些步骤全部省略，业务更具效率的同时，使得出缺勤管理准确度也得以提升。今后校方还打算将RFID 与校内无线局域网相结合，将 RFID 系统运用到自助餐厅结算以及图书馆的书籍借阅等场合，进一步提高业务效率，为学生和教职员工带来实实在在的便利。

# 第 7 章

---

# 2.45GHz 主动式 RFID 与

# 物流电子封锁应用

## 7.1 问题的由来

2.45GHz Active RFID 是一个通用技术和产品的平台，这个平台很好地满足了电子封锁类产品的应用需求。如果这个技术平台能够尽快标准化，预期其应用规模将快速扩大，从而促使成本下降，进一步提升其应用价值，同时可促进商业模式合理化、多样化，高效整合各类资源，以此形成正向激励，不断拓宽平台应用。目前 2.45GHz Active RFID 和电子封锁都处于快速上升的跨域式发展阶段，更需要内部和外部的推动力。上海秀派电子科技有限公司在此领域从事研究和开发工作达 5 年之久，在方方面面取得了许多进展和成功，也积累了不少经验教训。秀派撰写本章正是希望以此引发社会各界对 2.45GHz Active RFID 及电子封锁的关注和支持，并与业界进行信息的交流共享。

有关电子封锁，可谓仁者见仁、智者见智，可以参考的文献资料很少。本章的讨论旨在抛砖引玉，尽量展示它的内涵、特点、沿革等方方面面的东西，供读者参考。本章列举的两个应用案例已具有一定的规模，因为某些商业条款的限制，隐去了一些细节，但并不妨碍分析和研究，希望读者能够理解。

## 7.2 RFID 从被动走向主动

RFID 技术有 Passive 与 Active 之分，中文称为无源、有源或被动式、主动式，目前似乎并没有权威性或遍布认同的定义，为了把 RFID 技术划分的更细致一些，帮助读者理清概念，制作了表 7.1。

表 7.1    RFID 的分类

| 项目 \ 类别 | Passive RFID | SemiPassive RFID * | SemiActive RFID * | Active RFID |
|---|---|---|---|---|
| 标签供电及能量使用 | 标签完全从读写器获取能量 | 标签从读写器获取能量 + 电池辅助供电 | 标签从读写器获取能量 + 电池辅助供电 电池能量受控，并用于控制器、传感器和执行器 | 标签完全使用电池能量 |
| 射频物理机制 | 电感耦合、背向散射 | 电感耦合、背向散射 | 电感耦合、背向散射 | 主动调制并发射 |
| 协议的主从性 | 主从应答方式 | 主从应答方式 | 主从应答方式 | 对等，标签可主动通信，可实现标签对标签和 Ad-hoc 网络 |
| 拓扑结构 | 星形 | 星形 | 星形 | 可构建各种拓扑结构 |
| 备注 | TaaI, Tag as a ID | TaaI, Tag as a ID | TaaS, Tag as a Sensor | TaaN, Tag as a Node |

＊有关 Semi-Passive 和 Semi-Active RFID 的不在本章的讨论范围，产品的实例可参考"电池辅助供电标签"和"温度传感标签"或 ISO/IEC/IEEE FCD 21451 – 7 有关文件。

从上表可以看到，Active RFID 标签自备能量，物理层摒弃了电感耦合或背向散射机制，可实现对等、对称的通信协议，可构建各种网络拓扑结构。Active RFID 标签摆脱了对读写器的依赖，标签可以独立工作，对时间、空间和其他传感物理量进行管理——可以说，Active 电子标签是"自在""自我"的个体。反过来说，如果把一个无线通信终端做成了 Tag，它也可归为 Active 的范畴。

被称作"Tag as a Node"的有源电子标签与其他无线通信终端的区别在哪里呢？这个问题有点像"iPhone 与其他手机有什么区别？"这需要从应用要求和产品特点的角度去考量。有源电子标签应用的基本要求是：免长期维护工作，这就要求其产品自备能量、低功耗、高可靠、少维护。事实上，应用中还要解决更多共性和个性的问题，如数据安全、防冲撞、标签定位、成本控制、应用价值的确定、业务模式的改变等，同时这些问题又相互关联，面向这些问题的创新突破或妥协平衡形成了 Active RFID 独特的产品和应用。

# 7.3    众望所归的 2.45GHz Active RFID

从短程无线通信范畴来看，Active RFID 技术和应用明显滞后于短程无线通信技术，其原因来自技术、标准、产品和应用诸多方面。近几年来形成了一些产品和应用，采用的频率主要有 433 MHz、868 MHz、915 MHz 和 2.45 GHz 几类。短程无线正向高频、扩频、宽带的方向发展，Active RFID 技术也不例外，2.45 GHz 的 Active 技术和产品脱颖而出，显示出明显的优势和生命力，主要表现在以下方面：

（1）采用扩频技术，可用频率范围达 83 MHz；

（2）全球公认的免注册频段；

（3）技术资源和成果丰富、集中；

（4）天线尺寸小且效率高。

在标准方面，中国正在加紧制定 2.45 GHz Active RFID 的空中接口国家标准，ISO/IEC 以及 IEEE 也有相关的提议在进行中。

## 7.4　全球物流面临的挑战——追踪溯源和货物保全

应用是 RFID 发展的核心问题，本章将对 2.45 GHz Active RFID 在供应链安全中的应用展开讨论。

物流欺诈偷盗和货物转移的犯罪活动几乎天天都有发生，据美国联邦调查局最新统计，过去几年美国物流因偷盗、欺诈和转移蒙受的经济损失年均超过 140 亿美元，欧盟和其他地区的情况也同样严重。

在国内，仅中石化成品油运输，从油库到加油站的点到点过程，据不完全统计，年损失 5 亿人民币；某 500 强知名日化企业，每年因为物流过程中发生的偷盗和替换带来的损失超过 1 亿美元，在中心城市的大型卖场，可能有 4% 的该企业产品为假冒，原因是产品在运输途中被替换。

在跨国物流环节中还面临走私、偷渡、违禁品、危险品、反腐败、反恐怖袭击等更严峻的问题。

这些问题的发生都源于对物流运输监管手段的缺失。最突出的问题有两个方面：一是货物真实性和完整性识别；二是跨越多环节的串通舞弊和犯罪。

处理以上问题的方案是多方面和综合性的，本章从利用现代信息和通信技术的视角出发，讨论采用 2.45 G Active RFID 电子封条，利用传感器实现对货物的保全、监控的应用方法；同时利用标签的电子识别，提升供应链的透明度。

## 7.5　想象中的传统封条与现代电子封条

在中国古代，"镖局"是专业的货物押运机构，为货主或收货人承担货物运输和保全职能。图 7.1 中左一为中国古代的镖局车辆和装备。但是,对货主和"镖局"来说,单有押运还不够——不单要防"强盗",还要防"内贼",同时解决货物"完整性"和"身份来源"的确认问题,以便货物交接和鉴别。解决这个问题的方法是"封条",图 7.1 中右侧两张图片为古代钱币的封条和封印照片。

图 7.1　中国古代镖局和传统封条

当货主将货物交付给镖局,按例行手续完成法律层面的责任转移后,这时,还需要做一件重要的事情:给货物贴上封条。从启运、转运直到交货,封条被用于确认货物的真伪和完整,这就是封条的意义所在。

货物的多样性和复杂性决定了镖局不可能直接鉴定和鉴别货物的真实性和完整性,例如,黄金白银有成色问题、家书和情报抵万金不容篡改泄露、药材出了问题人命关天。而封条的发明解决了这个问题。

# 7.6　给电子封条一个定义

## 7.6.1　什么是封条

封条是与物品绑定的、与物品的真实性和完整性直接关联的识别和鉴别装置。

(1)所谓绑定,是指封条与物品形成唯一的、不能否认的、不能篡改的对应关系;

(2)所谓真实性,对封条而言是指封条不能被复制替换;对物品而言是指物品与封条的对应关系是真实的;

（3）所谓完整性，对封条而言是指可鉴别的任何方式对封条的施封、解封或拆装行为，对物品而言是指物品可鉴别的任何方式的侵入，从而鉴别由于侵入而可能引发的物品部分或全部替换、转移等变化。

通过封条与物品的绑定，用封条的真实性和完整性指示物品是否被"侵入"，从而用封条的防伪性和完整性代表物品的真伪和完整，解决了物品真实性和完整性鉴别的问题。

简而言之，封条为物品设置了一条"警戒线"，任何侵入警戒线的行为都可在封条上反映出来，并可识别。

自古以来，人们发明了各类封条，应用范围也越来越广。人类社会进入信息时代以后，全球化进程加速，供应链成为地球村的血脉，物流业迅速膨胀，电子封条应运而生。

## 7.6.2　电子封条与传统机械封条的不同

电子封条并无官方或标准的定义，但从电子封条相对于传统机械封条四个方面的重要改变来引入其概念：

（1）以机电传感装置替代纯机械装置，封条状态可以数据方式存储和获取；

（2）增加了通信接口，使外界能够与电子封条交换数据。接口可以是无线的接口，也可以是有线连接的接口；

（3）应用现代数据安全加密技术保证数据安全，用于身份鉴别、电子签名、数据完整性管理；

（4）鉴别者与封条的关系从 M2M（Man to Material）转变为 M2M（Machine to Machine），也可以说从人的单向感官和判断转变为后台信息系统与电子封条交互鉴别和数据交换；

（5）从以上电子封条的特点来看，Active RFID 技术适合于电子封条要求，它需要实时监控封条状态、通信、数据加解密运算等功能，这些是 Passive RFID 无法完成的。

## 7.6.3　传统的机械封条与锁的概念

在物品保全方面，锁也有很多的应用，区分封条与锁的异同能够帮助我们更深入透彻地分析问题：

（1）它们都是一道"封锁线"，锁直接防范暴力侵入，而封条主要用于指示暴力侵入的结果。所以对于暴力侵入，一般而言，锁的强度要高，而封条"解封"本身就是对封条的破损，抗暴强度低一些；

（2）封条和锁都有防伪造的功能，锁和钥匙的真伪和唯一性通过用钥匙"开锁"来检验，而封条一般通过标记的核对；

（3）封条的操作是"施封"和"解封"，要用到工具，工具与封条一般没有对应关系，锁的操作是"上锁"和"开锁"，要用钥匙，钥匙与锁存在确定或唯一的对应关系；

（4）封条一般是一次性使用，锁为重复使用；

（5）锁的钥匙存在明显的安全漏洞，钥匙被复制，多钥匙的分发、管理和授权问题无法很好地解决。

这里有一个有趣的例子能够很好地说明封条与锁的上述问题，图 7.2 是机械封条和锁的结合体，锁和封的功能互相补充，"锁"增加了抗暴强度、可重复使用，但是"锁"不能鉴别指示任何"上锁"或"开锁"的状态，这个功能由封住锁孔的封条完成。

图 7.2　机械锁和钥匙

## 7.6.4　电子封条、电子锁与电子封锁

电子封条、电子锁与电子封锁，三者都是机电一体化的架构，封和锁的功能或者说概念互相交叉借用，变得模糊，钥匙虚拟化，成为加密数据，"施封"和"解封"、"上锁"和"开锁"首先是一个数据记录和交互的过程。

在这里，"锁"的概念从完整的"功能实体"转化为"机电限位功能或机电限位器"，也就是说所谓"电子锁"是包含"机电限位器"的电子封条或者更多功能的机电设备，所谓"电子封锁"是电子封条与电子锁的结合体。图 7.3 是秀派公司研制生产的两种电子封锁。

图 7.3　电子封锁

## 7.6.5　"锁"的概念的转变具有重要意义

（1）"锁"的抗暴性能总是有限的，正所谓"防君子不防强盗"；

（2）电子封锁层面的"锁"是保证除了暴力以外，"施封"和"解封"、"上锁"和"开锁"必须通过数据记录和交互的过程，保证留下电子签名，无法抵赖；

（3）锁可以是多钥匙的，可以循环使用，电子封锁内的"锁"，继承了这一特点，并可进行虚拟多钥匙的更复杂更安全的管理，记录详细的操作数据。

# 7.7　多层次的需求、技术、产品、服务

电子封条技术备受关注，特别是 Active RFID 技术的进步，为电子封条提供了适用的技术和产品平台，在国际上已有一些应用试点，也出现了一些产品和相关标准，如 ISO/IEC18000 - 7、ISO/IEC18185、DIS ISO 17363：Second Edition 等标准直接或间接地规范 Active RFID 和集装箱封条应用。我国也已建立了相关国家标准 GB/T—23678，主持了国际标准 FDS ISO—18186 的制定，在一些领域开展了示范应用。上海秀派电子科技有限公司也积极参与其中，实施了中国上海港—美国 Savanna 港等跨国电子封条应用项目，同时完成多项企业级的电子封锁重大应用项目。2.45GHz Active RFID 空中接口国家标准的立项，将为电子封条提供最关键和基本的技术标准，推动电子封条技术的规模应用。

图 7.4 是 DIS ISO 17363：Second Edition 标准中的一幅插图，展现了从货物到货柜层面应用 RFID 技术所采用的标准的示意图：

图 7.4 描绘了从货物标签、托盘标签、车辆底盘标签、集装箱标签、司机标签、防侵入传感、车载设备单元一直到蜂窝无线网络、卫星定位与通信的系统架构，这些技术手段的采用将增强供应链的透明度和安全性。

## 7.7.1　物流运输的安全监控

物流运输的安全监控的目的是使货物的完整性在物流过程中得到有效的监控和管理，完整性是指货物"没有多、没有少、没有被替换"。货物"多"了，面临着夹带、走私、偷渡等风险；货物"少"了，一般指偷盗；货物"替换"了，是指为了转移、掩盖、拖延其行为被发现，意味着更隐蔽的行为，其风险也是多层次、多方面的。

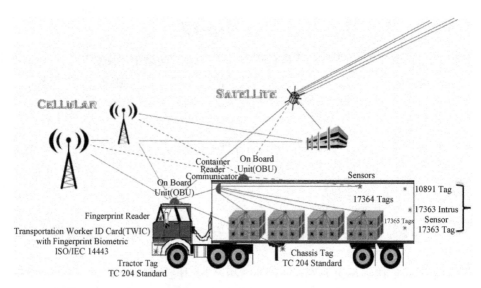

图 7.4　货车和货物上的标签

## 7.7.2　物流完整性

物流完整性问题使物流备受相关各方关注，包括：

（1）政府监管方，如海关、检疫；

（2）货主，包括从企业到个人的大量使用物流服务的角色；

（3）物流企业，物流服务的提供者也同样需要提高物流安全监控管理水平，为客户提供更好的服务；

（4）电子商务时代已经到来，从规模第三方物流到网上购物，物流信息系统都要求货物保全管控纳入进来，以减少物损、加强管理、提升服务。

## 7.7.3　实施的物品对象

除了货柜和集装箱层面，电子封条技术将延伸到托盘、产成品包装和单品一级。

## 7.7.4　成本与使用

一次、多次循环使用；成本从 1～100 美元，加装 GPS、GPRS、卫星通信设备会更高。

## 7.7.5　行业跨度

行业跨度大，可广泛应用于海关、海空港、采矿、采油、炼油、快运、速递、网购、押运等。

应用中还存在更多更复杂的需求和亟待解决的问题，需要通过产品创新、应用创新和模式创新来解决应用的需求和问题。

下文将通过秀派公司实施的两个案例具体分析电子封锁的应用。

# 7.8　货主模式：P&G（China）应用案例

## （知名日用化妆品企业：案例 33）

### 7.8.1　项目背景

某五百强日化企业（中国）是中国最大的日用消费品公司，大中华区年销售额超过 20 亿美元，是该企业全球业务增长速度最快的区域市场之一。目前，在中国的销售量已位居该企业全球区域市场中的第二位，销售额也已位居第四位。据统计，该企业 2008 年全球销售额为 817 亿美元，而全球物流中造成的损失达到 1 亿美元，而这其中的头号问题是假货问题带来的损失。该企业大中华区总部位于广州，目前在广州、北京、上海、成都、天津、东莞及南平等地设有多家分公司及工厂，产品每天源源不断地从工厂运往全国各省市的仓库或卖场。运输方式主要以公路汽车运输为主，国内前八大第三方物流供应商均向其提供仓库和物流运输服务。目前，国内为该企业服务的车辆有 4 000 多辆，这些车辆频繁往返于该企业全国各个仓库和卖场之间，假货问题不断，极大影响了该企业的声誉。通常这些车辆都是厢式货车，有三个门（后门一个，侧门两个），以前主要使用机械锁或机械铅封对车门进行施封。

传统的机械锁和机械铅封有几方面的缺陷：不具有唯一性，容易复制，机械锁容易打开；机械铅封一次性使用，累积成本高，不能记载电子信息，不能记录开关记录，不能记录操作者。因此，机械锁和机械铅封形同虚设，运输途中利用假货调换真货，谋取利益成为很多人赚钱的办法，除了产品本身的损失外，企业的声誉也受到了很大的影响。

受中美集装箱电子标签航线的启发，该企业由负责物流的全球副总裁牵头，由中国区物流供应链部门具体考察、验证、实施。由于基于有源 2.45GHz 的电子封条产品，具有传输通信安全、传输距离远、抗金属表面使用、全球 ID 号码唯一不能仿制、能够存储电子数据和开关时间记录、长期免维护重复使用、自动化、智能化等无法比拟的优势，完全克服了传统机械锁和机械铅封的一次性、易复制的缺陷，保证了物流运输过程的完整性，并为该企业物流运输信息化、智能化、自动化的建设提供了可能。

2009 年年底，该企业的相关专家到秀派和上海港实地考察、观摩，确立了业务模式及使用流程，2010 年年底完成 10 000 把电子锁的交货和 15 个仓库固定式读写器的安装，300 个接收点手持式读写器的使用。该项目于 2010 年年底顺利实施完成，用户反映达到预期。

MCS 后台系统通过捆绑 RFID 电子锁系统与车载 GPS 系统，实现车辆开关时间和地点的监控，实现物流监管的智能化。

## 7.8.2 MCS 系统介绍及 RFID 使用流程

MCS（Monitoring Center System），监控中心系统，RFID 设备是其中的核心组成部分。MCS 系统利用 RFID 设备收集上来的数据，比如电子锁 ID 号及该锁的开关锁时间，与 KPI（Key Performance Indicators，关键行为指标）相关数据，如车辆到达及离开 DC（District Center，该企业地区中心仓库）时间、到达及离开装卸码头时间，进行对比，从而判断车辆的安全状态。电子锁与车辆及厢门的绑定是通过 System 系统客户端进行绑定。如图 7.5 所示。

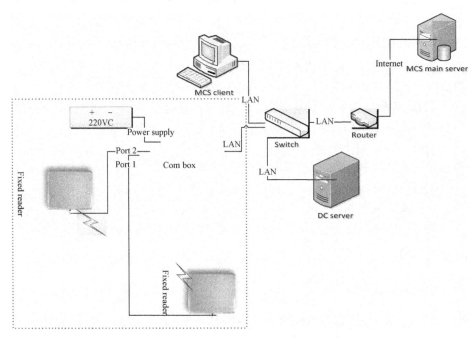

图 7.5　MCS-RFID 系统

（1）RFID 系统配置。

固定式读写器安装在工厂/DC 的进出口，进出口在一起；

MCS RFID 终端安装在工厂/DC 的进出口处；

大门及每个码头均配有手持机。

（2）流程。

第一步：到 DC 上货。

空车上货：DC 工作人员利用 MCS 终端绑定车辆厢门和电子锁（及钥匙），启动对该电子锁的监控，记录车辆实际到达时间；DC 工作人员取出电子锁，挂到相应的车厢门上，利用配对钥匙上锁，钥匙发给驾驶员，并启动对这些电子锁进行监控。固定式读写器扫描读取电子锁 ID 号和开关记录、电子锁状态，并将数据上传到 MCS。如图 7.6 所示。

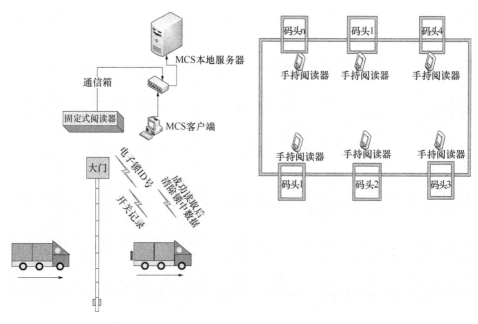

图 7.6   MCS-RFID 系统验证流程 1

非第一次上货：固定式读写器自动扫描和读取车上各个电子锁 ID 号、开关锁记录、码头操作数据（如果有），并上传至 MCS。MCS 判断电子锁开关是否正常，MCS 如果判断不正常则发警告给 MCS 终端，并记录车辆到达时间。如图 7.7 所示。

在 DC 上完货离开：固定式读写器自动扫描、读取车辆上安装的各个电子锁 ID 号、码头操作数据和开关时间记录，并上传至 MCS。数据上传成功后，固定式读写器自动将电子锁中的数据清除。MCS 判断开锁是否正常，不正常则发警告到 MCS 终端，并记录车辆离开时间。如图 7.8 所示。

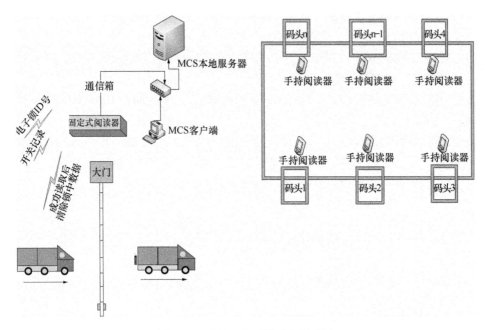

图 7. 7    MCS-RFID 系统验证流程 2

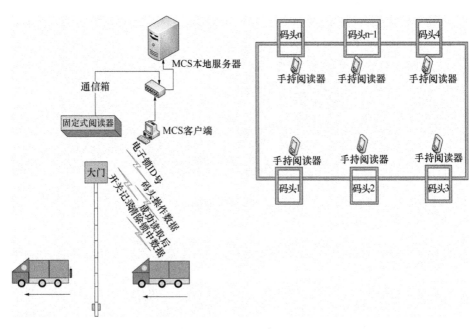

图 7. 8    MCS-RFID 系统验证流程 3

第二步：抵达 DC 下货。

抵达 DC 下货过程：固定式读写器自动扫描读取车辆上安装的各个电子锁 ID 号、电子锁开关时间记录、码头操作数据（如果有），并将数据上传至 MCS。MCS 判断开锁是否正常，不正常则发警告到 MCS 终端，并记录车辆离开时间。如图 7.9 所示。

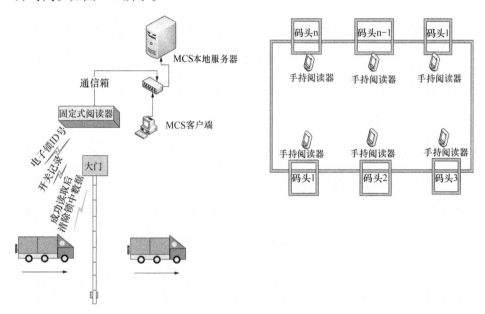

图 7.9　MCS-RFID 系统验证流程 4

下完货离开 DC：固定式读写器自动扫描读取车辆上安装的各个电子锁的 ID 号、码头操作数据、电子锁中的开关时间记录，并将数据上传至 MCS。MCS 判断开锁是否正常，不正常则发警告到 MCS 终端，并记录车辆离开时间。DC 工作人员拆下电子锁，连同钥匙进行回收，在 MCS 终端上解除车辆和电子锁的绑定，解除对这些电子锁的监控。如图 7.10 所示。

中转点运输。

中转点运输：以货物从广州 DC 送货到无锡客户为例，货物须先运到上海的承运商仓库，然后再将部分货物安排另一辆车运到无锡客户手中。从广州过来的车辆，到上海下货。手持机扫描读取各个电子锁 ID 号、开关时间记录、码头操作数据（如果有），确定有无非正常打开，并向 MCS 上传数据。利用 MCS 终端将新车车厢和电子锁绑定，挂锁，发钥匙，启动监控。如图 7.11 所示。

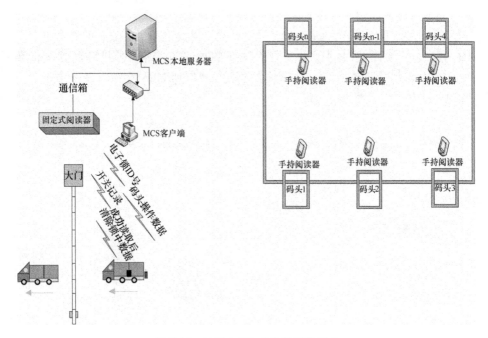

图 7.10  MCS-RFID 系统验证流程 5

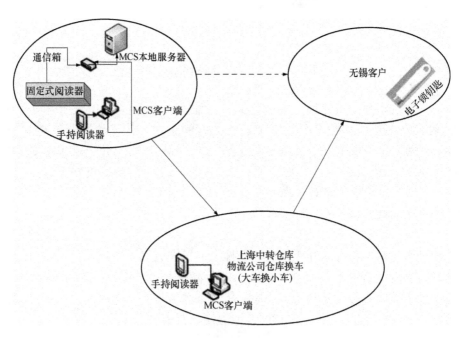

图 7.11  MCS-RFID 系统验证流程 6

电子锁的回收。

回收机制：承运商负责将回收的电子锁寄回上锁的工厂/DC。寄送时间不能超过客户发货收据收回的时间。

工作人员收到返回的电子锁后，利用手持机扫描、读取各个电子锁的ID 号、开关时间记录、码头操作数据（如果有），读取成功后清除其中数据，并上传至 MCS。手持机不能修改记录，也不可删除部分记录，但可以一次性清除全部记录。MCS 判断是否有不正常的开锁，如不正常则向相关人员发出警告。如果正常，则解除电子锁和车辆的绑定，监控结束。如图 7.12所示。

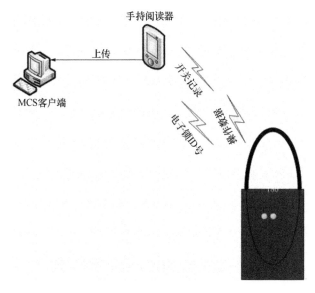

图 7.12　MCS-RFID 系统验证流程 7

码头上货和下货：车辆到达码头，码头工作人员利用手持机扫描并读取各个电子锁的 ID 号、开关时间记录。手持机判断是否有非正常的打开，如有，则向该工作人员发出警告。验证后，工作人员利用手持机向电子锁中写入码头号、手持机 ID 号、时间。电子锁开关须使用钥匙。如图 7.13所示。

电子锁资产盘点：电子锁会根据货物运输量的情况按比例分配到各工厂/DC。资产管理人员利用手持机进行电子锁库存盘点，检查电池电量，并将结果上传 MCS，MCS 由此生成报表，包括在用的和在库的电子锁。

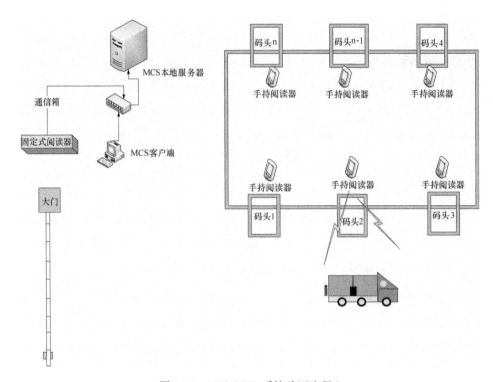

图 7.13　MCS-RFID 系统验证流程 8

# 7.9　监 管 模 式

## （马来西亚海关：案例 33）

　　该项目是上海秀派公司承接的马来西亚海关对于长途运输车辆在各个查验点进行物流信息完整性监察的应用。该项目旨在加强海关对免税物资车辆、过境车辆和保税物品车辆在长途运输中物流完整性的监控力度，同时通过电子化的作业方式有效避免系统内人员与货运司机的舞弊行为发生，使任何操作都有据可查。项目分为 3 个阶段。

　　三个月内对境内试点海关查验点安装 35 台固定式读卡器，并对 100 辆长途货运车辆装载电子锁，进行试运行。

　　2011 年年底至 2012 年年初，对马来西亚境内各个出口加工区的海关查验点实施全面安装，包括 200 个查验点，并对 2 000 辆物流车辆进行物流运输信息完整性监控，由秀派为其开发满足项目需求的所有 RFID 产品，包含光纤电子封锁、固定式阅读器、手持式阅读器、桌面式阅读器、密钥管理系统等。

秀派定制开发的 RFID 系列产品构成了整个物流运输监控系统的信息采集终端。光纤电子封锁解决了过往产品及同类产品很难解决的"剪断记录/报警"功能，真正使货箱在运输途中的透明性和完整性得到有效记录和体现。通过各个查验点的固定式阅读器获取电子封锁信息记录，可以迅速锁定"问题箱"，并对相关车辆和人员立即盘查处理，在系统中对问题司机和车辆进行备案，对后续业务起到一定的预警作用。

2012—2013 年，对东南亚国家（新加坡、马来西亚、泰国等）的海关查验点实施安装，实现对跨国长途运输车辆的物流完整性信息的全程监管。

（1）业务流程。目前整个项目处于第二个阶段的实施过程中，主要是对出入马来西亚境内出口加工区或保税区的厢式货车或者集装箱车辆进行物流信息的完整性监控。见图 7.14 和图 7.15。

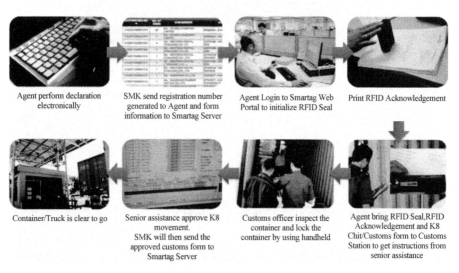

图 7.14　马来西亚海关对电子封锁的验证

（2）市场意义。

① 本项目通过结合客户需求，对电子封锁系统的软件及硬件进行新一轮的升级，对电子封锁产品来说是一次重要的进化。

② 本项目中的密钥管理系统是一套基于用户自主进行硬件加密的系统，可以从真正意义上解决客户对于产品安全性的忧虑，也使我们的产品真正意义上成为安全的通信设备。

③ 密钥管理系统不仅可以用于电子封锁，而且可以用在其他公司现有设备上，使通信设备安全可靠。

# Inbound Process

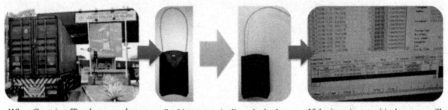

When Container/Truck approaches customs check point,RFID system will read the RFID Seal

Seal is automatically unlocked or Customs Officer will use Handheld to unlock the seal

If the item is not critical,system will auto create,generate and complete

Smartag will collect the RFID Seal

If critical,Agents need to submit K8 Chit/Customs form to the customs officer and customs officer need to generate and complete manually

图 7.15　马来西亚海关对电子封锁的验证流程

## 7.10　挑战更大规模与更深入的应用

　　以上介绍的仅是电子封锁在货柜车和集装箱层面的应用，事实上目前封条和封锁的应用要广泛得多，其中很大一部分可以也有必要转向电子封条或封锁。因为电子封锁明显带来了更高的透明度和安全性，提升了信息化管理的水平，然而，电子封条、封锁的推广应用也面临着挑战，体现为以下两方面：

　　（1）电子封条、封锁的单体成本明显高于传统机械封或锁，系统建设还需要配备读写设备、投资信息系统，管理的改变也会带来一些费用。但是，问题的根本在于投资收益，对于商业企业来说，收益可能来自于直接损失的减少、效率的提高以及服务的提升带来的经济效益；对于政府部门来说，可能来自于获取更多的数据、反走私、反恐、反腐败等社会效益，这些需要在应用过程中不断地量化和验证，同时电子封条、封锁的研制者也需要不断地降低成本。无论如何，电子封锁的规模化应用需要改变的勇气和创新的思维，也需要时间的考验。

（2）电子封条是 RFID、封条、封锁的综合体，规模应用和深入应用需要标准的支持。目前，标准的支持还不够，这给应用和产业化造成不确定性的困扰，有关这方面的评论和展望可查阅 ISO/IEC、IEEE 组织的有关文件。从某种意义上讲，应用的推广与标准的形成是一个先有鸡还是先有蛋的问题，需要同时推进，互相促进。

# 第 8 章

# RFID 可行性经营理念

## 8.1　RFID 与企业战略

　　"RFID 能够刷新企业的经营吗?""RFID 能够变革企业的经营战略吗?"或是说"只要运用 RFID 就能直接为企业带来莫大的效益吗?"以上这些问题的答案无疑都是否定的。但是,"如果把 RFID 运用于所有商品、包装、托盘等物流容器上,它将具有提升企业利益的战略地位吗?"这个问题的答案无疑是肯定的。

　　本书的前几章中介绍了众多企业引进 RFID 技术之后实现了营业额和生产效率双重提升的案例。这些企业之所以能够收效显著,靠的不仅仅是引进 RFID 技术,成功的取得还与企业家们"如何活用 RFID 实现企业价值提升等一系列明确的战略思考"密切相关。那么,如何应用 RFID 技术来协助企业的业务活动呢? 具体内容根据企业各自的具体情况会略有出入,但是至少可以肯定的一点是,RFID 绝不仅仅是通过代替条码来提高效率的一件工具。

　　随着报纸、杂志和网络上对 RFID 的相关报道日渐增多,运用 RFID 技术能够提升工作效率的事例也逐渐为人熟知。我们称之为一次效果 (见图 8.1)。但这些只是表现为 RFID 所带来的直观效果。随着 RFID 实施层次的加深,我们获取的信息将发生质的转变 (二次效果),而这种质变可直接贯穿于从现场操作到供应链的各个环节。随之而来的是企业各项活动的透明度、可控度的提升 (三次效果)。企业活动的各个环节明确透明,使得各负责人能够及时考虑并决策下一阶段需采取哪种行动。若用 PDCA 循环来打比喻的话,RFID 技术的运用使得循环链中的 A (Action 行动) 环节更加趋于科学和有效。

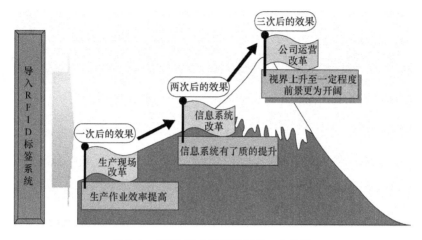

图 8.1　RFID 带来经营效果的三个阶段

# 8.2　RFID 实施的一次效果

RFID 实施的一次效果是数据采集效率的提高。RFID 标签的读取与以往的条码读取相比变得更加简便。统计数据显示 RFID 手持型阅读器的读取速度达到条码的 3 ~ 6 倍，隧道型阅读器的批量读取，使其速度更具有数量级的飞跃。这是由 RFID 使用的电波具有一定程度的远距离与不受一般障碍物阻隔的优点决定的。

我们对参与实践检验的那些有过亲身体验的人群做了事后有何感想的问卷调查。我们发现，他们的感想是读条码时是让扫描枪"强制性地被迫去读"，而用 RFID 读写器去读则有"主动性地自主去读"的感觉，二者大不相同。还有人形容 RFID 有点像雷达或声呐那样去感知。正所谓不体验不知道，一体验就一目了然。比起条码，使用读写器一点没有压抑的感觉。以往读取商品条码首先需要找出条码印刷面，之后必须将读取器挨近瞄准才能准确读取。这种读取方式的不便性在扫描成衣、靴鞋类产品的情况下尤为明显。为了完成读取工作，店员必须逐一将藏于衣服的内侧或口袋中的标签小心翼翼地拿出来扫描，以免碰坏了商品。另外把鞋和钱包事前先从包装箱中拿出来，将其标签有规律地摆放整齐，这是很多商店为了盘货必须做的准备工作。而实施 RFID 技术后就完全不是这样的光景了，即使标签贴附在成衣内侧或衣袋中，只要在周边设置读取器即可完成全数读取。整个过程无须将商品从箱中或袋中取出，这就避免了对商品的损伤。店员和相关工作人员切身感受到信息技术的进步给自身工作带来的便利。使用隧道型读写器时，其速度之快与效率之高则更不用赘言。

把条码系统改成 RFID 系统之后，例如，以前需要做一天的盘点现在只要做一小时就完成了。不仅减轻了店员的工作负担，而且大大体现出投资回报率高的特点。让我们来简单举例说明由于 RFID 的工作效率的提升作用引起的经费效应吧。假设一年有三次盘货作业（需要 5 个店员每人工作 8 小时），作业效率提高带来的费用效果最多不会超过 100 万日元。考虑到 RFID 实施起来需要庞大的费用，效率提升着实无法成为实施 RFID 系统的必然理由。我们再来看盘点方面的效益，即因为 RFID 的实施，商家不必停业进行盘点而带来好处。例如，一年三次盘点，采用了 RFID 而不休业使营业额所减少的损失也无法补偿 RFID 设备的投资。

但是现如今放眼市场，希望或正在通过 RFID 技术提升作业效率的公司也不在少数。其中一个主要原因就是其显著的效果。日本国内大部分企业都在公司中实行"QC 运动"或"小集团活动"等方案，在没有运用 RFID 技术的情况下其作业效率也着实取得了改善。但是实施 RFID 技术后，其适用性与针对性更强、更明确，使用效果改善更加明显。例如，本书第 6 章所讲到的某大型成衣生产商事例，通过活用 RFID 技术，实施后分批处理退货商品的速率比原来快了近 3 倍，大幅度提升了生产效率。此外 5.4 节所提到的佐川快递便将 RFID 实施到该公司亟须提高速率与正确性的出货作业之中，将工作效率提升了 3 倍左右。纵观所有事例，我们可以看出，实施 RFID 能够实现的不只是单纯作业时间的缩短，而是在自动化水平与作业正确性得到提高的同时，作业效率达到一个质的飞跃。

## 8.3 RFID 实施的二次效果

RFID 实施的二次效果是信息发生质的飞跃。正如上节所述，RFID 技术能够帮助提高采集信息的效率。实现标签自动读取对工人几乎没有增加任何作业负担，有些情况甚至能够达到无人化操作的水平。换一个角度来看，在作业现场同等作业量的情况下，能够获取比以前更多的信息。站在零售业角度来看，以前的盘货工作因耗时过长，还需要临时歇业。每年的盘货次数都控制在三次左右。如今实施 RFID 技术后，盘货时间缩短到一个小时，盘货作业每周都可以顺利进行。甚至理想化的"每日盘货"都有可能实现。此外，以往确认收货都是通过传票来进行。RFID 技术实施后，货物通过入口，隧道型读取器不假人手自动识别并确认货物应该由哪辆运货车送往哪个方位，实现了实时收集到所需信息的效果。

以前，往往由于费时而且效率低下而放弃采集信息。一些情况下仅依靠预测或推测得出的信息来发布作业指令，例如，"这里应该有这几件库存"，"产品在生产线上按顺序生产出来，101 号产品的旁边肯定是 102 号产品"，"这件产品三分钟之后应该移动到下一个生产流程"，"根据传票所写，某件商品应该被运送到某个店铺"等，类似于此类基于预测来决定下一步行动的情况很普遍。

运用 RFID 技术可以将上面的预测和推测变为实实在在的确切真实的信息，于是信息就发生了质的转变。为了便于大家理解，我们把它分成以下三个项目进行说明：

（1）信息的精确度（从数量管理到单品管理，见图 8.2）。首先就"店铺内的商品标签从条码换成了电子标签后，信息系统处理的数据会发生怎样的变化"这一问题来做一下说明。目前条码显示的信息不外乎是该商品的生产厂家与产品编码。同一件商品使用同样的条码。因此，柜台上若读取两件 A 商品，信息系统上显示出的读取结果与一件 A 商品读取两次是相同的，无法将它们区分开来。

而在使用 RFID 标签的情况下，不仅是生产厂家信息与商品标号，就连序列号都将以 ID 编号的形式写入标签之中。即使是同样一种 A 商品，也可分辨出编号为 123 的 A 商品，以及编号为 124 的 A 商品。因为即使是相同的商品也都拥有不同的 ID。若同件商品被读了两次，相同的 ID 信息就被告诉系统，相关人员就可以知道此件商品被读了两次。

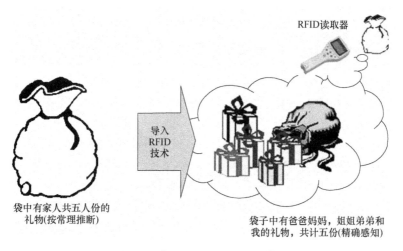

RFID读取器

导入
RFID
技术

袋中有家人共五人份的
礼物(按常理推断)

袋子中有爸爸妈妈，姐姐弟弟和
我的礼物，共计五份(精确感知)

图 8.2　信息发生质变之一：精度

目前 POS 系统开发的主要目的是为了进行数量管理，运用条码就能完全满足这一需求。但若涉及食品保质期管理以及召回时的批量确认等，要求进行针对个别商品的管理，那么每件单品上就必须粘贴不同的标签。不使用RFID，而是用两维条码通过不同 ID 的标签粘贴在商品上，也有人在进行这样的推广活动。

　　盘货也是同样道理。若盘货时同样一件商品不小心被读取了两次，且在无人知情的情况下经过了几个月，其结果就是销售时可能突发缺货状况。实施 RFID 技术后，库存信息的精准度增加了，这就降低了缺货风险，库存量得以维持在一个合理的数值。此外，读取过程中即使不小心重复读取 ID 信息也只会单次录入。盘货甚至在营业过程中就可以进行。如果客户从货架拿出商品 A#124 又返还回货架，只需用 RFID 读取器读取一下即可获得 A#124 商品的确还在店内的信息。库存能够得到实时的准确更新。

　　我们再来设想一下仓库内的到货状况。进货时，商品清单与捆包好的商品被一同送到。其后开包将其中的商品与表单相对照。这一过程中进货方一般认为商品和清单一致。但是也可能怀疑或多或少。如果此时确认工作进行得不及时，可能会做出"东西可能到货了吧"的预测而加以计算。但是，这就会造成库存的不准确的统计。此外，与商品结算一样，货物与清单核对时亦可能发生同一件商品重复读两次的错误。如果能够粘贴 RFID 标签，"误读"和"大概"的发生概率就会变得几乎为零。

　　如上所述，正确实施 RFID 可以提高信息的精度。这就能够根据正确的信息进行恰如其分的管理。

　　（2）信息的实时性（随时更新信息，见图 8.3）。我们回顾一下上文提及的盘货情况。假设盘点是在 3 个月前进行的，那么当前的库存信息就是在 3 个月前的数据的基础上，进货时做加法，出货时做减法来算出的。而实际上

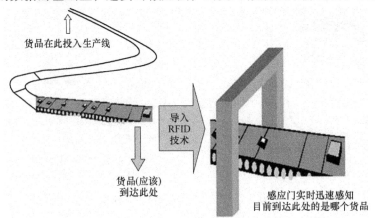

货品在此投入生产线

导入RFID技术

货品（应该）到达此处

感应门实时迅速感知目前到达此处的是哪个货品

图 8.3　信息发生质变之二：快速

有可能会在一个月之前有一批货被临时调到其他某个店铺。当事人认为这批货仅是临时性调离，而且别人也都知道此事。这就有可能疏忽了，没有登记到信息系统当中。殊不知某一天发生缺货的祸根就源于此。

实施 RFID 技术后，只要在营业中进行简单的盘货或每日盘货，库存信息就能够时刻保持最新。即使发生过非常规处理，也无须将临时处置的信息一一录入系统。只要按常规经常进行盘货，就能够保持库存信息的正确性。

目前有一种智能货架。货架上安装着 RFID 阅读器，用于读取架中商品表面贴附的 RFID 标签。使用这种智能货架可随时感知架上的库存。也就是说，智能货架使库存信息变得实时了。"商品 A 刚刚明明还在货架上"这种情况的发生得以完全消除。

即使生产线上的信息，也无法保证都是最新的。产品一开始投入生产线，数小时后到达线上某个位置，系统可能依据投放顺序来判断当前到达该位置的是哪件产品。虽说其中由于意外出现顺序错误的情况极少，但错误未被察觉，作业仍持续下去的话，生产线极有可能停顿，目标产量能否确保就成了未知数。

实施 RFID 技术后，工人无须像对待条码一般一一读取，到达眼前的产品就被自动识别出来，同时系统能够对工人发出应该做什么的指令。

对于信息实时性的要求应该到达什么程度因所应用的业务不同而不同。如果它很重要的话，实施 RFID 以保持信息的随时更新就是一种行之有效的方法。

（3）信息的精细度（通过空间和时间将信息更加细分，见图 8.4）。让我们再次回到生产线的例子上。一般生线上只对产品在"上线"和"下线"的两头进行管理。在现场，生产线途中依靠经验丰富的工人进行高效率的操作。作业的顺序是从以往的经验中总结出来的能够发挥出最佳性能而且很致密地组合起来的。但是，果真做到那么"致密"吗？

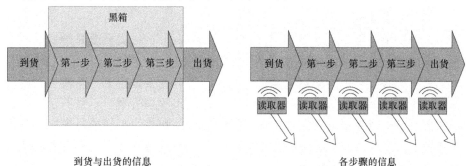

图 8.4　信息发生质变 其三：精准

在前文提到的日立制作所案例中，在工序的每一阶段都由 RFID 阅读器来管理进度。其结果，过去不曾把握的作业的单位所需时间知道得很清楚。而且新的改良点不断被发现，最终实现了缩短交货周期的目标。

正如上文中反复重申的，通过 RFID 实施就能够在不增加工人负担的情况下，得到以往难以得到的信息。而且可以得到更详细的信息。信息的精准度得以提升并不是仅仅表现为信息量的增多，而且信息的利用方法发生了变化，所以讲信息发生了质的变化一点也不过分。

我们叙述了 RFID 实施使得信息的精确度、实时性、精细度都得到提高。此外，还有一个不得不提的发生质变的地方，那就是信息的可信度。

若通过工人手动收集信息，错误的发生就难以避免，因为虽与本人意愿无关，仅仅由于疏忽将错误信息输入系统的情况也无法避免。通过实施RFID，系统信息输入自动完成。哪台读取器在几点几分读取的信息甚至不能有错误出现的余地。信息的可信度比起人工作业上升了一个档次。

RFID 标签不仅可以粘贴在物品上，甚至可以在工人的 ID 卡上植入本人信息的 RFID 标签。当系统认定了公认的权限之后才被允许操作。这样就可以保证信息的确是其本人所采集的。当然，除去 RFID 认证身份之外，IC 卡或生物识别技术也可运用。但是既然现场已经设置了 RFID 读取器，那么个人身份认证采用 RFID 就是顺理成章的了。

## 8.4　RFID 使工作变得更加透明

### （电子制造业 M 社：案例 34）

信息的品质，"精度"、"实时性"、"细致度"外加"可信度"都得到改善的结果，会对企业经营产生什么影响呢？下面将以制造业为例，来看一下具体的实施效果。

**M 公司的事例**

某中坚电子器械制造商 M 公司统括管理部的 Y 君从早晨开始就心事重重。这段时间由于 M 公司新产品在客户间广受好评，预估订货量节节攀升。社长一直担心公司目前的物流能否撑得住，生产能否跟得上。昨夜上司还发来了电子邮件督促他赶紧调查现状，必要时提出解决方案。Y 君不禁回想起三年前自己也曾接到过类似的指示，当时的自己和其他工作成员多次奔走于繁忙的生产现场，信息着实难以获取。有些好不容易收集到的信息还不是正确信息……整个调查过程花费了巨大的精力和时间，常常加班至深夜的情景仍然记忆犹新。

　　回到公司后，Y 君赶紧向物流管理课的 S 氏咨询了情况。回答正如他所担心的，成品库存在 3 个月前就一直在安全库存警戒线上徘徊。尽管说是新产品，也没听说要改变目前为止所施行的安全库存量的基准。之后向购入部门询问的结果，该产品的零部件的库存量却仅仅为应该有的一半。这无疑将无法应付应急订单。销售部门在接到客户催促如期交货的电话时得不到满足肯定会非常恼火。

　　心情烦恼的 Y 君正要到休息室喝杯咖啡缓解一下心情的时候，偶然遇到与自己同期的营业部的 O 君。Y 君打招呼地问道："最近新产品销售情况怎样？"O 君的回答却让他感到有些意外。

　　"啊，那个产品确实很厉害。跟客户说明以后，对方很快就明白了。托福，我的销售额一下子就完成了。加上最近的按时交货率又在提高，甚至前些时候恶语伤人的客户竟然说'最近 M 公司怎么变了，到底发生了什么呀？以前我说了不中听的话，真有点失礼了。'他当场追加了订购量也算作是对他曾没有口德的一种谢罪吧。话说回来，对这次的新产品还真是满意，交货及时，满足了交纳期的需求。"

　　Y 君一下子蒙了，陷入了思考。草草地向 O 君道了别，顺路就到人事部去一探究竟。Y 君心想，生产部门的人一定被加班压得喘不过气了，人事部对加班情况必有了解。结果是大大出人意料。无法解开自己的疑团，于是 Y 君决定询问生产部门的 U 氏。先是打电话过去，但由于 U 氏正在接听电话。按公司的制度，在未经允许的情况下他不能向部内的下属询问。无奈的 Y 君还是亲自来到生产管理部。座位上的 U 氏抬起头："啊，Y 君，好久不见啊！"心情很好似的向他打了招呼。放下心的 Y 君径直说出了自己的疑惑。

　　"这回多亏了当时你推动的 RFIT 啊。"

　　这家伙是不是把 RFID 错记成 RFIT 了，Y 君这样想着。果然越是业务老手越对这些新词儿记不住啊。没错，一年前苦劝 U 氏实施 RFID 系统的不是别人正是 Y 君本人。但由于途中他调离了，后来的情况无从知晓。这到底与自己当时做的此事有何关联呢？

　　"RFIT 的运用使得整个生产流程真正变得透明了哦。"U 氏说道。据他所述，生产现场实施 RFID 技术后，现场工人能够更精确地把握自身作业进度，本来徒有形式的 QC（品质管理）活动也重新焕发出了生机。一些无效、无用，或根本难以实现的业务被彻底去除掉。为确保万无一失而设置的检查工序得到精简，因而缩短了生产周期。作业品质得到提升的同时，产品质量也保持在前所未有的高水平上。

　　"现场的提案由于都是基于 RFIT 带来的业绩数据，很具有说服力。而且因为每道工序都被细分开来，直到作业的每个细枝末节的参差不齐都作出精确的分析。马上就得到认可。还不止这些……"U 氏话匣子一打开就关不上了。

RFID 的应用扩大后，不仅是新产品，其他产品的制造以及不同产品之间的生产计划调整都来得都比较简单，作业的同质化得到推进。虽说新产品销量大增导致生产计划频繁变动，但工人不用再为此加班加点，生产资料也都能及时地切换到新产品的生产中。在零部件调配这一环节上，应用效果也得到体现。每月收集的月度统计数据可以实时掌握逐个零件，这使得零部件库存量减少了近一半。

"正因为如此，O 君的老客户那边突然有了新的订单吧？"听说单品管理带来的成效之后 Y 君很是吃惊。

"啊，这个我们部门就帮不上什么大忙了，你的话题变得太快了吧。我倒要建议你去物流部门了解一下。接下来的事，我就不太清楚了。听说搞得也不错。物流部门最近也好像效仿我们实施了 RFIT 技术，我想应该也有效果了吧。"

Y 君道谢后正准备离开，但总想纠正 U 氏的那个误称。

"那个，刚才你一直说的 RFIT……"

"哈哈，那是我擅自将 RFID 与 IT 结合起来造了个新词。因为说穿了 RFID 只是个工具。只有与系统相结合，它才能真正发挥作用。这个词造得不错吧？我打算在下月的 RFID 实施成果发布会上公布这个新名字，你也会出席吧？"

听完这番解释，Y 君暗自庆幸还好没有直接问"是否把 RFID 的说法搞错了"这样的蠢问题。一回到座位，Y 君立刻给物流部的 S 氏打了电话。从 S 氏那里得到的结果正如 U 氏所预料的那样，为了应对 O 君的突如其来的订单，物流部门的确助了一臂之力。ERP 的实施使得人们对全国大大小小的仓库的商品种类及数量了如指掌。而实施 RFID 一后，不仅是数量，哪件商品目前身在何处都能细致地管理起来。另外，可以把每件商品与每个订单都联系起来。所以，O 君那里来了新订单，系统就自动从全国各地搜罗出那些尚未被订货或者还有充分交货时间的商品来应对他的紧急订单。

S 氏补充道，之所以能够这样，是因为系统中所有的库存信息都准确可靠。以往经常会出现实际库存与理想库存不相符合的情况。物流现场也经常会发生一些不测情况。本应该入库的商品却因种种原因找不到了的事情在 RFID 实施后完全得到了避免。

Y 君早上那种郁闷的心情好像一扫而空，变得十分轻松。原来自己公司实施 RFID 后开始发生大变革了。作为本公司负责实施 RFID 的开创者的他，Y 君心中不禁有些高兴。心想着这次的成果发表会一定要参加，他安然进入了梦乡。

## 8.5　RFID 改善业务流程和效果

上节中叙述了 RFID 在制造业的应用案例。实际上，流通、物流以及其他领域中，通过利用 RFID 技术，其帮助企业走向经营的大变革。

RFID 具有通过电波实现稍远距离读取的特性。我们只需用阅读器扫描商品，或使其通过读取隧道，就能采集"什么"、"何时"、"何地"的准确信息。而且在采集这些数据当中并不产生新的作业负担。若使用条码获取商品信息，读取数据的工作就无法避免，工人必须把扫描枪握在手中，朝向商品上的条码一一进行读取。RFID 的运用完全可以避免这些手工操作。它意味着，只要能够设置阅读器，商品在任何地点的信息都能够捕捉到。换言之，RFID 是一种能够帮助我们捕捉信息的不曾有过的崭新手段。

以前因为费时、费钱、没有方法等原因放弃了数据的获取，而 RFID 的实施却使之变为可能。正是 RFID 在信息系统中所积攒起来的业务信息大大提高了"精确度"、"实时性"、"精细度"进而提高了企业的"信赖性"。只要对这些信息加以检索，我们就能获知实际现场的即时情况。信息系统实时地反映出物体的动向、状态或者将作业的进行状态的业务信息变成报告书，给管理者提供下一步行动的判断依据。也就是说，RFID 使得物品和业务的进行状态变得透明，企业只需借助于此便可及时、有效地决策下一步应该采取的行动。

正如前面章节介绍的零售业以及制造业的先进企业的案例，RFID 能够简便且准确地向信息系统传递商品和零部件的所在位置和状态。它们将这些信息战略性地运用，都为自己的经营作出了贡献。

## 8.6　更加扩展的业务合理化

突然之间就想要在全公司上下开展 RFID 无疑是缺乏谋略的。这是因为 RFID 无非只是企业在推动改革中可以选用的信息采集工具。所以，在开展 RFID 之前必须先进行试点再循序渐进地推广。这样在逐步实施的过程中就能逐渐积累技巧与经验。一边学习企业中已有的使用方法，一边向其他部门乃至整个公司推广，方能在较短时间里得出较好的效果。

　　RFID 的实施不应局限于一家企业，还可以向供应商与客户传达"精确度"、"实时性"、"精细度"与"信赖度"。这也需要逐渐积累，把得到的 RFID 的经验和信息与他们共享，使整个供应链都进行同样的改革。目前，RFID 在家电和出版等行业中的应用讨论都在热烈地进行着。不仅限于一家企业以及共同的价值链上的各家企业，而且要在各行各业中顺利而且快速地推广和普及开来以加强社会全体的活力与国际竞争能力。

　　从产品生产出厂到物流，零售，甚至维修、垃圾处理等各行各业，若在社会的各个环节 RFID 都能推广开来，受益者绝不仅仅限于参加推动的企业本身。供应链实现高度集成，顾客有了心仪商品只要去商店就必能买到；物品在最合适的时候获得最合适的维修保养；损坏放弃后按照恰当步骤得到处置……为了共同创建一个安心、安全、舒适的社会环境，目前 RFID 的应用研究已经在产官学中有序地展开。

　　几年之后也许有很多企业都在使用 RFID。而且再过几年，伴随应用范围的逐渐扩大，它会渗透到我们日常生活中的方方面面。十年后的 RFID 就成为"家常便饭"，不会再有人像我们这样推崇并宣传这项技术了吧。当初条码和互联网刚刚出现时也曾轰动一时，引发过种种议论。但是事到如今没有人再议论，各行各业使用条码已经成为理所当然的事情。人们相信 RFID 也将成为一种铭刻在历史丰碑上的一项技术。

# 第 9 章

## 实施 RFID 的准备工作

本章将介绍开始着手 RFID 时的着眼点，实施各阶段时要做哪些事情，有哪些是必须注意的。为了有效地实施 RFID，那些技术要领是必须提前掌握的。

## 9.1 实施 RFID 系统的流程

实施 RFID 的流程概况如图 9.1 所示，其中各个阶段的概要如下所述。

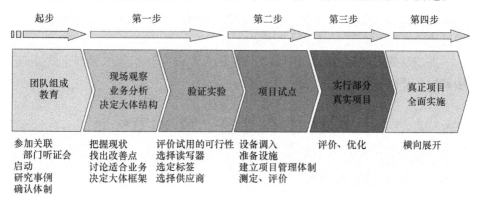

图 9.1　实施 RFID 的流程

**阶段 0（起步）**

项目小组的结成、教育：对于 RFID 的实施，因为和管理现场的运营、设备、商业流程和 IT 等各种各样的部门相关联，所以各个部门的核心人物有必要参加该项目。这些参加人员，在组成项目小组时，普遍对 RFID 的了解不太详细，组成小组后首先要进行的是与 RFID 技术相关的教育。下述 9.2 将对技术进行比较详细的描述。

**阶段 1**

现场观察：为了研究 RFID 的适用性，要对收集的信息在现场进行观察。

在此，为了从具体的 RFID 的适用形态中获取必要的知识，我们去了解一下实际现场的运营和流程。

业务分析、RFID 的适用情景策划：所谓业务分析就是通过上述观察和了解来分析取得的现场运营情况，找出能够改善的地方。所以，根据研究决定进行哪些改进，来策划 RFID 适用情景。关于现场观察和业务分析，我们将在9.3 中结合现场进行详细的描述。

实践检验：为了检验 RFID 适用情景的实际可能性，假定适用业务运营后准备试验环境，通过使用实际的电子标签和读写器读取来进行试验。关于实践检验的内容和试验设备的准备，在后述9.4（进行实施的试验）和9.5（试验场所的作用和能力）中将进行详细的说明。

**阶段 2**

试验项目：通过实践检验反映能够得到的结果，开发了试验项目系统后，进行实际业务的一部分。在此研究系统的动作和运营等。

**阶段 3**

正式项目：从试验项目反映能够得到的结果的优化，在实际的业务中适用 RFID 系统。通常从一开始就全面实施的事情很少，进行一部分的实施，通过和高级系统的调整等再进行全面实施。

关于从阶段 2 到阶段 3 的活动，在下述9.10（从试验项目到正式实施）中将进行详细的描述。

# 9.2　首先需要了解 RFID

## 9.2.1　必须训练的项目

RFID 是一种划时代的技术，但是并非在任何地方都能得到有效的使用。理解了 RFID 的特性后，有必要认真考虑哪些地方适用、能够取得什么样的效果，考虑成熟后再试行。为此，实施 RFID 的项目组成员必须了解 RFID 的特性，并对那些需使用的硬件、软件有一个基本的了解。另外。即便团队成员愿意相互配合共同努力，最好还是要求每个成员都掌握一定的基础知识。为此，大家有必要接受一定的基本技术训练。

通过训练至少应该掌握下述项目：

（1）电子标签的种类（主动、被动、半主动）；

（2）RFID 所使用的频率及其特征；

（3）电子标签的封装形式、大小和特点；

（4）粘贴对象物的材质（水、金属等）与由此带来的影响；

（5）RFID 系统的基本构成；

（6）相关标准与专利技术；

（7）成功案例。

并不要求全部成员都是 RFID 的专家，但是需要了解 RFID 适合做什么与不适合做什么。即便是在适用的情况下，还应该明白在什么情况下简单易行，在什么情况下复杂而难以施行。

为了有效和快速掌握 RFID 的相关技术，参加其他企业举办的 RFID 培训课程是最理想的。但是不要受举办企业的误导，不见得他们所推荐的电子标签和读写器一定是最实用的。而是要保持中立立场，在听取他们的建议的同时认真了解哪种读写器和标签是否真正好用。而且，并不是仅仅坐着听课，更重要的是能够体验实际的读取能力和标签的特性，具有这些内容的培训课程才是最有益的。所谓百闻不如一见，不但参加听课，还要亲身实践和检验，两者结合才能够真正使学到的知识派上用场。

如果读者通过学习能够了解 RFID 的特性、技能则是最好不过的。由此能够理解在实际业务中实践 RFID 时必须注意些什么了。有了这种理解在才会有所收获。

## 9.2.2　必须掌握的知识

（1）电子标签的特性。在第 1 章我们曾经说明了电子标签的种类，在此以超高频的被动标签为对象进行说明。

在什么时候不能够读取？

被动型标签本身不带电池，接收读写器发出的电波，将其通过整流和滤波得到直流电并使芯片工作。因此，读写器接受到的电力不足以让芯片工作的情况下，标签就无法答复读写器了。

（2）距离长短不同的情况。距离很远的时候应该比较容易理解。要是距离远的话，对于标签来说就等于电波变得很弱。芯片不能运转，就不能答复阅读器。

（3）电波方向不同的情况。标签的天线具有方向性特征。所谓方向性，就是根据电波的方向，设备能够高效率地接收甚至难以接收的电波特性。例如，图 9.2 所示天线的横向较长而纵向较短的情况下，与长边垂直而来的电波具有良好的反应，能够高效率接收电波。但是，与长边平行方向而来的电波几乎不能被接收。这就能够解释，为何当不改变读写器和标签之间的距离，仅仅改变标签的方向例如旋转 90 度就从能够读取变为不能读取的原因了。

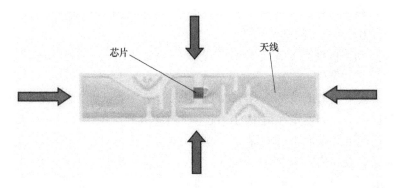

图 9.2    天线的方向性

(4) 粘贴标签的物体表面材质不同的情况。首先从反射的情况进行说明。例如，金属反射电波。省去反射机理上的技术性说明，仅仅说结果的话，金属的表面电波几乎都被反射了。而且来自读写器的电波，其振动方向也被反射到相反的方向了（这也叫相位的反相）。其结果，好像电波在金属表面被抵消了一样。因此，在金属表面贴着的标签就吸收不到来自读写器所发出的电力，也就不能进行读取。电波被抵消的现象不仅发生在金属表面。在反射波存在的情况下，来自读写器的电波和反射波进行相互干涉，产生了电波相互加强或相互抵消的情况。相互加强的话没有关系，但是相互抵消的时候标签就读不到了。像这样因为电波相互抵消而变得不能读取的点叫做"零点"。电波不仅仅是在金属表面，墙壁、地板、纸板箱的表面等都有不同程度的反射。因此，零点存在于各种各样的场合下。

(5) 电波被水吸收的情况。这在近水的地方表现得尤为显著。为什么水具有这样的性质不再详述，一句话，水分子具有得到电波的能量后自己振动的性质，就是说水分夺走了电波。顺带谈及的是，微波炉之所以能够加热含有水分的食物就是利用了水的这种性质。食物遇上电波后，通过使食物中所含有水分子的振动使食物得到加热。

总之，在含有很多水分的物体上贴上标签，水分子吸收了电波的能量作为使自己振动的能量，因此标签就不能从电波那里吸收足够的能量了。最终，在水分多的物体的表面上粘贴的标签就难以读取。但是，标签的表面弄湿了或是房间的湿度太大的时候，这种程度的读取是没有太大障碍的。若要使标签对于电力的吸收产生干扰，标签周围需要有充分的水分。大体上讲，数百克的肉块或是装有数百毫升水的容器，在其表面粘贴的标签就非常难以被读取。

# 9.3　需要进入实施现场

要想通过 RFID 来改善业务流程并运营它的话，首先必须考察现场。现场考察的主要目的在于了解想要改善的业务，找出 RFID 胜任这项业务的可能性。除此之外，对于被实施的物体的物理结构有必要留心观察。在现场使用 RFID 设备的情况下从哪里能够获取电源、能否接入网络、读写器的设置场所的情况怎样等，这些都是需要观察和注意的事项。尤其有存在着由于电磁的干扰而妨碍 RFID 读取的情况更要注意，如工作着的电动机和电焊机，以及凡是有高频电路能够产生电磁干扰的机器。类似的，在附近若是使用着其他无线电设备，RFID 的读写器发出的电波会和它们相互干扰而妨碍通信的情况也会发生。所以同样有必要确认有无这些无线设备。

为了核对调查的记录，最好根据调查的结果，画出周边设备的分布图。一边在现场考察一边在图上进行记录。

接下来要进行业务分析，因为 RFID 与条码不同，没有必要非得从外表看见标签，因此可以用不同的方式来进行读取作业。也就是说，在实施新技术的时候相关操作随之而改变，所以业务的流程能够得到很大的改善。

在讨论 RFID 实用性的时候，接下来最好把下述项目放在心上进行分析：

（1）人工操作能够变成自动的吗？

（2）自动的批量读取能够提高速度吗？

（3）能够减少记录的遗漏和错误吗？

（4）能够实时地采集信息吗？

（5）能够通过比过去更少的手续进行单品识别吗？

（6）能够在比过去更多的场所进行读取吗？

在业务分析中，不仅仅是现场的高效化，还要考虑通过此项升级了的技术的应用能够实现什么过去不可能实现的操作也是非常重要的。例如，在数目众多的点能够实时地把握物品的流程和生产过程中的半成品的数目以及工序的进展。要是在过去只有等到成品从生产线上下来以后才能确定工期，而实施此项技术后，或许只需通过进度显示器就能大致得到此批产品所需的全部工期了。在配货中心也能够对库存的情况进行即时把握，通过掌握某种产品库存的减少状况和预测，应用软件就能够自动地向厂家发送新的订单了。

现场考察的另一个重要原因在于，考察本身是一次与现场人员进行沟通并了解以往工艺流程的机会。在 RFID 的实施过程中，会发生业务流程的变更和在现场设置读写器等很多事情。现场的人首先考虑的是，维持现行的流程、维持品质和操作方法。但是 RFID 的实施恰恰与他们的要求不尽相同，往往会给他们带来一时的不便。为此，应在尽可能早的时间内建立和现场核心人物的沟通与交往关系。必须把开始实施造成的现场混乱控制在最小限度内。为了使 RFID 成功实施，与现场人员的合作是不可或缺的。必须让他们明白，他们对新技术的成功实施具有举足轻重的作用。

# 9.4 进行实施前的试验

## 9.4.1 试验环境的彻底分析

通过业务分析，使我们形成 RFID 是否适用以及实施后效果的大体概念。接下来就是通过实践来检验实施的可能性。因为 RFID 通过电波来读取标签，这是我们通过肉眼不能看到的世界。但是，正因为存在着眼睛看不见的读取的实际情况，所以要通过实际使用读写器来试读和调整，争取做到以 100% 的读取率为目标来构筑 RFID 系统。

考虑到标签影响读取率的主要原因，总结出下述因素：

（1）标签天线的形状；

（2）读写器天线的种类，如基于圆偏振或直线偏振等原理；

（3）标签的封装状态，如卡片状态还是深层嵌入状态的差别；

（4）粘贴对象的材质；

（5）粘贴的位置；

（6）读取标签的总数；

（7）读取对象的配置，如有无重叠和遮蔽物；

（8）读写器天线的配置和标签的距离、方向；

（9）周围的柱子和机械等反射物的影响；

（10）地板、天花板和墙壁的材质；

（11）周围的电波干扰源（电动机、电源装置、高频率电路等）。

上述所有因素都与 RFID 的特性有关系，也是实践检验的重要内容。在此，只针对特定的业务来介绍实践检验的要点。

## 9.4.2 试验计划的重要性

关于项目的操作大体如上文所述，但是实践检验之前制订一个计划很重要。在制订计划的时候要将下述事项考虑进去：

（1）试验示例。

- 在试验台上检验要具有类似于现场那样的运行环境；
- 根据参数变更预想结果后，考虑试验模型达到发现最合适的构架的目的；
- 通过一个试验模型提前决定一个变更参数（例：天线配置相同的情况下仅仅逐渐改变标签粘贴的位置；天线配置、标签粘贴位置相同的情况下仅仅改变通过速度）。

（2）试验环境的准备。

- 所预定的应用中需要使用的读写器和电子标签；
- 所预定要粘贴标签的对象物品；
- 出入口、立柱、集装箱、托盘等实际业务中使用的资材；
- 必要的小工具（胶带、尺子、照相机等）。

（3）试验结果的测定、记录方法。

研究讨论如何准确无误地记录试验情况及其结果的关系的方法。

- 仅仅记录是否能够读取就可以了吗？有定量表示读取灵敏度的方法吗？
- 仅仅能把读取准确记录下来也许就够了。但是，是否有定量地表述读取的灵敏度的方法？

试验计划不仅为实施人进行试验所需要，对于向上级领导做交流时的准备也很重要。试验计划和试验结果能够成为你是否充分估计到你的团队遭遇到新环境的情况，是否合理而且妥当地实施了你的试验计划的证据。这也是你的上级领导是否认同你进入下个阶段的判断依据。

### 9.4.3　怎样进行试验

接下来，来看看在实际的试验中将做些什么。具体的试验内容根据具体业务有所不同。在此，假定在供应链管理上应用的情况。在多个行李上贴上标签，来说明假定它们在通过出入口时标签被批量读取的案例。

试验依照下面的顺序来进行：

（1）选择电子标签；

（2）决定对象物的标签粘贴位置的试验；

（3）对所有承载货品的标签进行批量读取的试验。

### 9.4.4　选择电子标签

首先选定在试验中使用的标签。在选择环节上有两个操作：一个是选择在业务中使用预定的标签种类；另一个就是从被选定的标签中选择在实践检验中使用的标签。关于标签种类的选定，在后述 9.6（选定电子标签）中将进行详细的说明。在上述第二个操作中，因为标签的性能有些参差不齐，所以要经过挑选，把灵敏度较为一致的标签挑选出来用于试验较好。

在此处因为没有特别的工具，所以谈到试验用的标签的选择方法，我们用最原始的选择方法为例加以说明。

读取是通过使用图 9.3 所示的装置来进行的。在台车上准备好空箱子，在箱子上粘贴标签后，用读写器一边进行读取一边让台车远离天线。记录下远到不能再读取的位置。灵敏度好的标签在稍微远的距离应该也能够读取。这就是为什么通过读取距离来测定标签的灵敏度的好坏。用数十枚或者一百枚、两百枚相同种类的标签来做试验的话，大部分能够在大体相同的距离来读取。但是其中比平均要近的，或是相反比平均要远的距离能够读取的标签也包含在内。这些有异于平均值的标签必须从标签中剔除开来，不能参与试验。

这种试验的另一个效果是可以了解到参与试验的标签的性能有多大的差别。

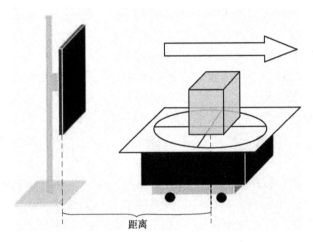

距离

图 9.3　读取灵敏度的原始测试方法

### 9.4.5　决定对象物的标签粘贴位置的试验

在前述 9.2（首先要了解 RFID）中，作为给标签的读取带来影响的要因，我们谈了由于粘贴对象的材质的不同而将产生电波的反射和吸收上的不同。在产品的包装箱上面粘贴电子标签的情况，根据其中构成产品的材质和箱子表面以及产品的距离的不同，贴在箱子不同位置的标签一定会出现读取灵敏度的不同。

选定标签的粘贴位置时，当然不能在某一面上从端到端地按顺序一处不漏地贴上标签。因此，调查产品的材质和形状，在箱子上什么位置粘贴标签要预先通过试验来决定。在靠近下面这些物品的地方粘贴标签时需要注意：

（1）存在着较大的空间的箱壁与产品之间：例如，用聚苯乙烯泡沫塑料或海绵等填埋作为缓冲材料，这对于电波不发生影响。

（2）箱内零件密度低的地方：例如，有些零件是交错摆放的，在靠近它们的间隙附近的物品表面，这种位置较理想。

（3）在有金属和水的情况：要尽可能远离它们。

（4）具有导电性质的物品：务必与之保持一定距离。

防止静电的袋子、电脑键盘内铺设的导电橡胶板等对与电波来说具有与金属十分相似的性质。即便说它们不是金属，但是也要切记不能掉以轻心。

预想的操作中并非总是粘贴标签的面朝向着读写器的天线方向。从正面以外的方向投射电波时必须调查灵敏度的大小。

如果在电波投射角度改变的情况灵敏度的差异很小，而且全体的灵敏度都很好，这种情况就很理想。在试验中，一边改变标签的种类和标签的方向以及粘贴标签的位置一边测定灵敏度，寻找能够均衡地读取的最佳位置。

角度改变时的灵敏度测定也运用刚才的方法。如图 9.3 所示，在箱子的下面铺着一张纸，上面画着十字中心线的圆，这是为了测量角度所做的标志。在实际中每隔 10°或每隔 45°通过圆心的放射线，顺着这些线的角度，调整箱子的位置。可以调查粘贴标签的面相对于读写器天线倾斜的角度与灵敏度的关系。

像这样多次反复，并改变标签的种类进行测量，从中找出最实用的标签种类和标签粘贴的最佳位置。

## 9.4.6　对所有承载货品的标签进行批量读取的试验

在此，将产品装入箱子并放置在托盘上，假设通过出入口时能够全部被读取。图 9.4 所示的就是进行这种测定试验的实际情景。

在这个试验中作为可变动的参数，可以从下述几个方面来考虑：

（1）读写器的位置：考虑标签的粘贴位置和粘贴方向，在出入口选定天线的安装位置。

（2）读写器天线的角度：集体放置多个包装物的时候，每个包装上的标签不能保障都具有不同的角度。在天线上通过设置角度来调整电波的照射方向，探索能够全部读取的方向。因为不要读取周围不需要的标签（通过旁边的其他出入口的标签），有时需要认真调整读写器天线的角度。

图9.4 使用各种试验设备进行读取的场景

（3）天线的数目：在使用多个天线的情况下，不仅仅要考虑配置，读取对象的动向和天线启动的顺序也要考虑。

（4）物品的方向、装载方法：考虑了标签的方向、物品之间的空间之后还要研究货物装载与堆放的方法和方向等因素。

（5）移动速度：尝试改变物品的行进速度以适应读写器的读取速度。停在出入口下面的标签却出乎意料不能读取。因为位于零点的标签读不出来，有时行进中通过电波投射区域反而能够读取。

（6）通过方法（停止、旋转、前后往复）：仅仅是单纯地无法读取时，可以在出入口停下来或者降低速度。在出入口下面旋转，发生读取错误时再回头通过一下试试看。

### 9.4.7 试验中的注意事项

在这样的试验中需要注意的是为了弄清哪个参数的变化对读取有怎样的影响，一次不能同时变更几个参数，只能依次单独改变其中一个。为此，需要提前考虑如何选择参数并对实验状态和结果进行记录。

伴随动向读取试验的情况，为了缩短读取时间和提高读取率，对于记录什么样的动向为好的这个问题，用摄像机进行拍摄是有效的。看哪种场景进行了哪种试验，做过的试验一目了然，试过之后将对分析结果有很大帮助。例如，在白板或纸上写上"试验1：天线2枚，正对角度30°，标签60枚"等试验条件，用以记录试验情况。

### 9.4.8　读取试验的比较完善的方法

先前介绍的读取灵敏度的测定方法虽然简便易行，但是包含着各种各样的问题。读写器的电波因为在地板和墙壁上反射了，在空间里就存在电波重叠变强的情况以及电波抵消后变弱的情况。在上述过程中，当台车移动中通过电场发生强弱变化时，对标签的读取灵敏度会产生影响。最终，读取不出来的点到底表明了对标签的读取灵敏度到了极限呢，还是表明在那个试验场地的环境下表现出的是电波太弱的位置呢，这很难判断。

作为解决上述问题的方法是在距离保持一定改变读写器的电波强弱，记录最强度的最低限度，其步骤如下：

（1）将测定台放置在与读写器的天线保持一定距离的位置上，在上面放上粘贴着标签的测定物。

（2）以最大功率进行多次读取（次数提前决定），记录读取成功率。

（3）减小提供给读写器的天线的电力，像（2）那样进行读取，记录成功率。

（4）反复进行（3）的操作直到读取不了为止。

自动实行上述一连串的步骤，记录结果的测定软件也被开发出来了。ODIN科技公司的 EasyTag™ 就是这种软件。EasyTag™ 通过网络摄像头拍摄的试验的录像能够自动记录敏感度测定的结果，提高了试验结果的透明度。在图9.5 中介绍了 EasyTag™ 的测定结果所显示的画面的一部分。

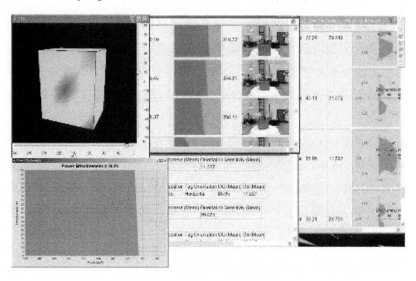

图 9.5　使用软件 ODIN Technology EasyTag™ 的一个结果画面

## 9.5  试验场所的作用和能力

实践检验最好在设定的实际业务的条件下进行，因此根据业务的不同，或许要使用传送带、大型的出入口和叉车等。作为像这样的设备都齐备的场所，最初当然会考虑到实际操作现场。但是在进行日常业务的现场进行试验通常比较困难。其理由如下所示：

（1）现场工人很忙而有时穷于应付；

（2）试验相匹配的构成难以准备：实际运行的设备往往不能被轻易改造；

（3）没有自由时间：或许只能在工作的闲散时间进行试验，在繁忙期进行试验的话或许会给日常业务带来阻碍；

（4）在没能得到完好数据的情况下容易产生不良影响：给现场工人造成不安情绪，也给公司内的反对势力提供了终止项目实施的理由。

况且实践检验要在一定的条件下，必须将读取条件逐个改变，进行多次反复的试验。

在现场以外的场所模仿与现场相近的环境来反复试验的最好的方法是特意准备试验设施。然而，为数众多的企业对于准备这样的设施都很困难。在这种情况下，借用外部的 RFID 实践检验设施是比较理想的。通过利用这些设施，你自己就用不着为了试验准备多个读写器以及准备各种各样的标签了，同样能够进行试验。而且，拥有试验设施的企业了解各种各样的标签特性，还拥有很多读写器的性能等信息。因此，借用外部的 RFID 实践检验设施能够缩短试验时间，并得到改善读取率等方面的建议等，有这些好处何乐而不为呢？

有些公司建立了这种实践检验 RFID 的设施。图 9.6 是日本惠普株式会社、东洋火热 solution 株式会社、世界物流株式会社三家公司联合运营的日本惠普 RFID Noisy 实验室。如图所示，实验室内装备着大型的高速传送带和分类传送带，大型出入口、叉车、托盘等，提高了能够再现供应链现场的环境。

图 9.6　日本惠普的 RFID 噪声测试试验室

## 9.6　选定电子标签

作为标签选定时的主要着眼点，举出下面 4 个例子：

（1）标签的类型；

（2）天线的形状、大小；

（3）标签的加工；

（4）海外对策。

下面对于这些着眼点进行说明，除（1）以外都是以超高频频段的电子标签为前提来做说明。

### 9.6.1　标签的类型

在本书中专门以超高频频段的 RFID 为中心进行介绍，但是根据用途不同也备有适用于 13.56MHz 和 2.45GHz 等的设备。同时，如果有必要，还准备了主动标签和被动标签。RFID 的种类和频率的特性都在第 1 章里做了归纳，请参照。

## 9.6.2　标签的形状和尺寸

标签的天线形状大致分为偶极天线和正方形天线（见图 9.7）。

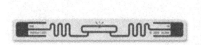 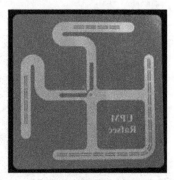

偶极型　　　　　　　　　　　　　　　　正方形

图 9.7　超高频电子标签天线的形状

在读取标签时，它们具有不同的灵敏度。偶极天线，如前述 9.2（首先要了解 RFID）中说明的那样，从天线的轴方向射过来的电波几乎不能回应。另一方面，正方形天线不论在 360°哪个方向上都具有良好的敏感度。选择标签时，粘贴对象物若是对于读写器的天线没有一定朝向的话，选择正方形的标签是比较好的。

关于天线的大小，因标签比较小的时候不受粘贴范围大小的影响而比较方便。但是它与使用电波的波长有关，为了提高灵敏度，天线还是选择大些的为好。在 RFID 中使用的超高频的波长约为 30 cm，因为天线能够最有效率地接收时的长度约为波长的一半最利于保证其灵敏度。也就是说，理论上超高频的天线长为 15 cm 的时候其敏感度最好。但是，由于 15 cm 显得太长了，所以需要把超高频标签的天线做得紧凑点、形状复杂点。所以超高频标签的天线一般做成 7~8 cm。一般这就是最小尺寸了，再做小点只有牺牲识别距离了。

从标签粘贴的面积与灵敏度来看，标签与方向无关，灵敏度都很好，但是正方形标签的尺寸有点大，这是它的缺点。

选择标签时，有时候粘贴位置面积的大小与所需读取距离的长短相互矛盾，这就必须认真选择标签天线的尺寸了。

## 9.6.3　关于标签的加工

标签很少做成镶嵌片的形式，而且根据使用目的被封装成各种各样的形式。在 RFID 打印机上希望将镶嵌片封装在纸质标签中。根据使用环境，有的需要防水加工。为了做到耐冲击，有的需要用上下各一块弹性片保护起来。为了提高耐冲击性而需要特殊的弹性加工。此时有必要注意的是，标签被再封装后，读取敏感度也会发生改变。这是由于对电波最灵敏的镶嵌片受到封装物资的影响以致频率发生了微妙的变化，标签的正面和反面的电波收到一定程度的反射。为此，要根据使用目的来选择标签的加工形态，而且对于加工后的形态是否还拥有所规定的敏感度必须再度进行确认。

## 9.6.4　如何在国外适用

对于需要粘贴标签的跨国流通的物品，必须考虑各国的适用频率后再选择标签。RFID 超高频在各个国家所使用的电波的频率范围各不相同。例如，日本是 952～954MHz，美国是 902～928MHz，欧盟是 865～868MHz。中国已经颁布的应用许可频率范围有两个频段，分别是 840～845MHz 频段和 920～925MHz 频段。EPC 全球规定的是 EPC 等级 1 的第 2 代标签，在世界上能够通读所有这些频率。即对于应对 860～960MHz 的电波而进行了规定。但是，如果一种标签能够在上述全频带上通用，那么它的灵敏度就会受到一定程度的影响。某国的标签，如日本的，在其国内的频率下灵敏度就好。但在其他国家的频率下灵敏度就未必好。粘贴了电子标签的对象物要送到国外去流通的话，必须选定即便在日本之外的国家都具有良好的频率特性和灵敏度。但是，通过实践检验来选定国外的标签通常比较困难。这是因为，若是要在日本发射法定以外频率的电波则必须要经过电波主管部门的审批。发射法定以外频率电波的方法是在电波暗室中进行试验。这是因为在电波暗室中发射的电波几乎不能穿透暗室的墙壁。上述的方法，无论哪一种实现起来都不容易。所以还是直接选择那些适用于各种频率的标签最简单。有些供应商在自己的产品中记载着使用频率以便用户挑选。为此从这种供应商那里买入适用的电子标签，就可在记载的数据中查到相关特性。

# 9.7　正确选用读写器

## 9.7.1　概述

读写器的选定标准有下述几个项目：

（1）使用形态（手持或固定）；

（2）输出的类型；

（3）天线的类型；

（4）读取的性能。

## 9.7.2 使用形态

读写器大致分为手持式和固定式。两者的比较如表9.1所示。固定式顾名思义就是固定在出入口或是传送带上方等位置上，标签随着物品从读写器旁边经过时就可通过读写器来读取。手持式是拿在手上，靠近对象物后发出电波进行读取的类型。作为使用用途，可分为单品或批量读取，都要求不能有漏读现象，也不必卸货后读取。不管什么形态，方便和准确是两大看点。

表 9.1 读写器的种类

| 读写器的种类 | 说　明 | 图 |
|---|---|---|
| 手持型 | 可能移动；与条码阅读器并用的型式较多；即便 UHF，功率小的类型可以不需要执照；（当 UHF）10cm～1m（大功率的情况）需要充电 | 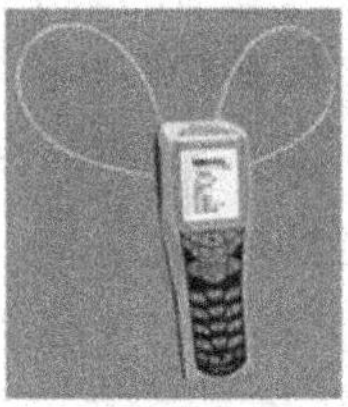 |
| 设置型 | UHF 一般这种类型的居多；读取距离长；（UHF 的场合）2～6m；域内 UHF 使用 时要在无线电管理局申请开设手续 |  |

## 9.7.3 输出类型

超高频频段的读写器有高输出型和特定小电力型两种类型。其不同的是施加给天线的电力不同。施加给天线的电力在 10mW 以下的是特定省电力型，超出 10mW 的被归类为高输出型。在管辖高输出型的超高频频段的读写器使用者必须在管辖使用地区的综合通信局提交域内无线网的登录申请。

## 9.7.4 天线类型

固定型读写器的天线的分类如表9.2所示。

表 9.2 落地固定型天线的种类

| 天线的种类 | 说 明 | 图 |
|---|---|---|
| 圆形偏波 | 电场的振动面的方向旋转 | |
| 直线偏波 | 电场的震动面的方向一定 | |
| 发射接收一体式 | 同一天线机发射和接收;一个天线有一条电缆 | |
| 发射接收在一起 | 一个天线里有专门接收和专门发射的天线;相当于内部有两个单独的天线;一根天线发射,还有一根接收的电缆 | |
| 发射接收独立 | 相互独立的发射天线、接收天线各有一个 | |

表的头两项分别是圆偏振波和直线偏振波。这表示了电波的震动方向的差异。电波也叫电磁波,电场在磁场内的震动像波在空间那样进行传递。其振动方向如图 9.8 左图所示,按照直线沿一定方向的是直线偏振波,右图所示的是回转的圆偏振波。

左:线极化　　　　　　　　　　　右:圆极化

图 9.8 电波行进方向示意

直线偏振波和偶极类型的标签组合存在电波的电场振动方向(称为偏波面)和标签的长边的方向不一致时产生读取敏感度下降的问题。反之,在方向一致时圆偏振波的读写器能够读取较远距离的标签。在使用圆偏振波的情况下,因为偏波面常常回转,没必要使偏波面和标签的天线方向保持一致。

表中下面的 3 行是天线的形态以及构成上的区别。发射和接收一体化的天线不太占用地方,也只有一条电缆,所以安装来比较方便。但是使用一体化天线时，天线一边要向标签供给电力，一边还要接受从标签发来的回答，因此需要采用信号分离电路来实现分离，这种电路质量的好坏容易对读取能力造成影响。

发射和接收相互独立的类型就没有这种信号分离的问题了，因此可以减少电路设计上的复杂性。而且，发射、接收信号的天线配置的自由度增高，可调整的幅度较大。但是，天线的设置场所加大、电缆数也会增加的缺点就显现了。

发射和接收联合型，是上述两种类型的中间类型。构造上因为发射和接收的天线是一体化的，配置的调整幅度比起独立型要少，但是减小了设置和调整的复杂性。

### 9.7.5 读取性能

选择读写器是最重要的。读取距离和批量读取能力是对读取性能的综合评价。为了评价读写器的优劣，通过比较是最有效的评价方法。各个生产读写器的公司都有评价套件，其中有些公司以比较合理的价格向用户提供套件。购入这些套件并进行实践检验的评价方法值得推荐。还有些厂家可以借用供客户试用的设备，建议用户联系读写器的厂家，借出上述装置来试用和评估。

选择读写器的信号调制方式与识别环境要匹配。所谓调制方式，指的是在电波上搭载信号时的搭载方式。EPC 全球在规定的超高频等级 1 第 2 版本的电子标签的规格中，规定有两种被称为 FMO 和米勒副载波的调制方式，但是读写器未必都要支持它们。不过，支持米勒副载波方式的读写器在多台读写器较为靠近的地方同时工作时的读取性能显得比较优越一些。

## 9.8 RFID 中间件的作用

RFID 系统的概观如图 9.9 所示的构造。在此，进行商业应用的企业除了使用读写器等硬件之外，还要用到作为软件的中间件。

RFID 中间件主要用来实现下述功能：

(1) 控制读写器和印刷机等硬件的功能；

(2) 监视硬件的工作状态；

(3) 读写器从读取的多个标签的 ID 中，抽出所需要的 ID 的过滤功能；

(4) 分配 EPC 编码和避免重复的功能；

(5) 执行进货、出货、码垛等典型的操作流程；

(6) 执行 EPC 全球等所规定的 RFID 相关的标准架构；

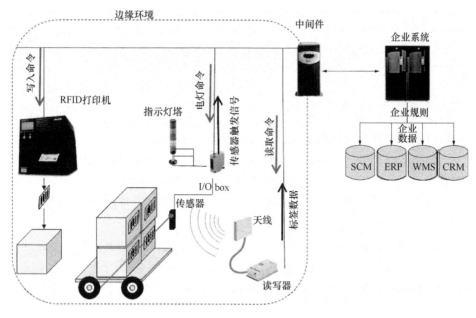

图9.9　系统架构概况

（7）读写器对位置和读到的标签 ID 的跟踪功能。

　　尽管可以不采用市售的中间件而采用自行编写的控制软件作为中间件来使用，但是与市售专用中间件相比，自行编写的中间件一般适应性不强。除非不准备对系统再做变动，而且系统本身很简单时可以这样。但是建议尽量采用市售中间件。中间件不但要支持多种硬件，而且还提供了为应用开发所必需的工具。那些市售中间件已经充分考虑到应对系统结构变更的需求，因而能够有效地减少应用开发所需的时间并可以降低成本。

　　过去，一提到中间件就是指安装在个人电脑服务器中的可执行的配套软件。但是，最近也把它称为装置，也就是固化在特定的计算机中执行特定功能的装置。具体来说，RFID 中间件就是用特定化的计算机为载体执行 RFID 功能的装置。因为中间件固化在了硬件中，使得处理能力大大提高。不但能够控制多个读写器，还具备高速处理由这些读写器所产生的大量数据。另外，一台装置能够很容易地复制另一台装置的设定。发生故障时能够简单地由备份机继续进行控制。RFID 装置的代表性产品是美国的 Reva Systems 公司的标签采集处理器（TAP：Tag Acquisition Processor）。作为 TAP 的一项特殊"叫停"功能，也就是能够在某个读写器前方的标签被另一台本来不应该读取它的读写器读到的时候，可以防止该误读数据上传到上位系统中去。因为有了这种功能，很多台读写器可以在比较靠近的位置上高效率地同时工作而不相互干扰。

# 9.9 实施 RFID 的价值判断

在 RFID 的实施过程中，首先需要决定可否在某处实施 RFID。这个决定从讨论开始直到 RFID 的正式实施为止，虽然需要在几个时间点上进行，但是关键可能在于是否要把实践检验的结果继续实施这一方面上。

要是实践检验已经成功，再向前进行就要进入试点工程，就需要大笔经费的投入，于是正式实施与否的判断就变得很重要。

决定是否实施的重要判断依据在于实施 RFID 的目的以及效益分析。RFID 实施的目的大致可以分为下述 3 个种类：

（1）维持与顾客的关系。客户要求在交付的货物上贴上标签，因此能够提升自身的操作效率，同时也能够得到经济利益。但是对于企业本身来说什么好处也没有。但是，为了日后维持与这个客户的商务关系，这确是必要的了。

（2）改善业务流程。

● RFID 易于实现读取的自动化，比起使用条码来说，能够在读取上节省很多工夫；

● RFID 因为能够批量读取，与逐一读取条码相比，速度加快很多。

（3）改善信息收集水平。

● 与条码相比，可以少费工夫和时间，还可以标识单品。

● 不增加手工却可以增加识读点。

● 通过大量识读点对单品可以实时掌握工程进度及库存的变化。

在利益分析中，分析实施 RFID 所增加的成本和因此产生的效益的关系。利益有 2 种，数字能够表示的经济利益和数字不能表示的战略意义。经济利益由于流程的改善，表现在人工费的削减以及由于在单位时间内正价处理能力所带来的销售额的上升。战略利益是指那些不可能预先通过计算并用数值来表示的企业能够得到的好处。例如，考虑到的可以有如下几点：

● 改善商业流程。

➢ 通过供应链的透明化，尽早发现畅销商品，有利于销售活动并增加销售量。

➢ 因为能够实时地看见库存的增减变化和销售店的订货量的准确信息，所以防止了不良库存的发生。

● 提高可信赖性。

> 能够跟踪单品，防止伪冒商品的流通。
> 发生召回时，可以尽早确定销售路径。
> 强化对变化的应对能力。

能够实时看见流通状况和制造工序的进度，将这些灵活运用到经营判断上，提升企业对于变化的应对能力。

RFID 被定位成自动识别技术中的一种，因为多是和条码进行比较，所以认为它是比以往的方法更有效率的自动读取装置的人很多。的确，通过使用 RFID 实现了效率化读取、减少了人力费、供应链上单位时间内的物流量增加都是不争的事实。但是这种把重点仅放在提高效率上的看法还远远不能完全反映 RFID 的优势。通过使用 RFID 所带来的最大的效果在于，通过实时把握货物的动向，使企业活动变得透明的同时使经营判断变得更加灵活。

关于 RFID 战略及其利好因素已经在第 8 章做了详细的描述。

# 9.10　从试点工程到正式实施

## 9.10.1　试点工程的作用

进行业务分析后策定 RFID 的应用情景，可以通过实践检验做可行性研究。接下来就是适用于实际业务的阶段了。但是为什么不马上构建实际的业务系统而要插进试点工程呢？

其中的一个理由是，在真实的环境中或许会存在着在试验地点中不曾存在的复杂电磁环境。另一个理由是，在实践检验中实行过的读取率的测定软件并非在真实环境下适用，而在试点工程中，将有机会首次与实际业务环境相结合来使用。

试点工程是把在假想业务下构成的系统正式用在真实环境下工作的最初阶段。在试点工程中把 RFID 用于实际业务的操作当中，评价读取状态和系统的动作等，把系统设计和现场的设备工程结合起来，调整到良好的状态中去。试点工程可以称之为正式系统运转前的"彩排"。进行这样的"彩排"，实际上是尝试找出至今为止尚未发现的问题，也是从用户那里得到反馈意见的大好机会，可以有效地把正式实施时的混乱控制在最小限度内。

## 9.10.2　如何成功进行试点工程

进行 RFID 试点工程的主要工作与其他项目的这个阶段没有什么显著的

差别。为了能够顺利做好它，有各种各样的问题需要注意。但是对管理上的一般事项的说明不是本书的目的，在此仅就 RFID 工程中的特别事项加以说明。

（1）无线电管理局进行登录申请：大功率输出的读写器，必须递交设施内无线电台的一揽子登录和开设申请。这些申请要交到管辖这个地域的无线电管理局（中国名称）来进行。公司在申请时必须要有公司的印章，申请审批需要的时间较长，要参照项目的工期预留充分的时间。

（2）添置 RFID 设备：要注意由于社会上的需求量并非很大，所以供应商未必保持充足的库存数量，所以购买设备前有必要确认有无库存。

（3）相关设备的准备：设置在出入口上的读写器要准备好阅读通道，做好叉车和传送带的相应准备等。这与通常的信息技术（IT）工程的准备工作有所不同，有时需要通过咨询专业公司或请教有关人士做必要的调查和准备。

（4）项目经理：项目能否成功取决于项目经理的能力和经验，这和其他的项目没有差别。也就是说，这时没有比拥有一名 RFID 专业技术的经理更重要的事情了。不过如果其他专业技术员也拥有 RFID 技术，那么项目经理有无RFID 经验就不那么重要了。除了 RFID 经验之外，其他项目成功的关键点与一般项目相差无几。

（5）阶段式过程：所谓阶段式过程指的是在构建系统时，将任务和工程分为几个阶段，使每个阶段都能够逐一得到完成。不仅限于 RFID，其他工程都可采用这种方法，但是在 RFID 工程中有时特别有效。例如，某工厂有几个进货口的情况，其中一个率先运行试点系统，进行标签读取的调整。接下去，旁边的那个进口也进行试运行阶段，进行读取标签的调整。这样两个相邻的进口安装的读写器发生电波的相互干扰产生误读时就容易排查原因了。如果当初在几个入口同时开通读写器，那么就不容易搞清发生误读时到底是来自旁边哪台读写器的影响，问题变得很复杂。所以说，有顺序地分阶段将读写器投入运行就避免了排查原因的复杂化。这说明在 RFID 工程中运用阶段式过程的方法十分奏效。

（6）项目组成员的构成：因为 RFID 的实施对企业的各个部门都会带来影响，各个部门的相关人员必须了解试点系统和最终的正式系统的计划以及根据计划制定的目标。为此，现场的操作、商业流程、设施、信息技术等相关部门的核心人物必须成为项目组的成员。

（7）试点结果的测定和比较：为了判断试点工程的成败，必须定义试点系统的成绩测定方法。它的结果应该和现行的流程进行比较，现行系统的成绩和 RFID 试点系统实施后的成绩的比较基准必须在事前就要考虑到。

### 9. 10. 3　从试点工程到正式工程

RFID 项目从试点转入正式的过渡中的重要之处在于应对规模扩大带来的问题和保证系统的稳定性。例如，正式系统比试点系统规模要大，网络流量需要优化等。这些在规模扩大时都要给予充分重视。而且，为了把系统的故障隐患对业务的阻碍控制到最小限度，必须研究对运行的监视手段和在故障发生时把停止运行的系统在尽量短的时间内切换到代替系统上工作并使之迅速正常的方法，即所谓提高故障转移的应变能力。

# 第 10 章

# RFID 物联网在世界主要地区的
# 发展、战略和展望

## 10.1 世界主要地区的发展概况

### 10.1.1 概述

物联网（IoT：Internet of Things）的说法最早出现在 1999 年，是由美国的 Kevin Ashton 提出的。后来也出现在了 Auto-ID 实验室中，是对 RFID 应用的重要概念之一。总的来说，物品与 RFID 发生关联，就可以在没有人介入的情况下，对于这个物本身是什么、来自何处、去往何方等信息了如指掌，因此 RFID 物联网是一个十分有价值的概念。其中，有时要用到 M2M（Machine to Machine Communications）的概念。就是机器对机器，也就是通过 RFID 的阅读器做到物物相联。阅读器自动读取电子标签就是自动编码识别（Auto-ID），简称自动识别，目前 Auto-ID 已经在美国非常盛行。在亚洲地区有些不同，在日本多用"泛在网"，在韩国多用"泛在传感网"（USN：Ubiquitous Sensor Network），在中国则喜欢使用"物联网"的概念。尽管在各国有不同的表达方式，但实质上是相同的。

### 10.1.2 北美

1999 年，在北美设立了自动识别实验室（Auto-ID Labs），其前身是麻省理工学院技术研究室（MTT：Massachusetts Institute of Technology），后来出现了 EPC（Electronic Products Code）组织，那是类似于条码的 UCC（Uniform Code Council）的组织。他们系统地对条码和 RFID 的标准进行了研究和规划，建立了 EPC 标准，后来升级为 ISO18000 - 6c 这样的国际标准。此后，大型超市沃尔玛（Wal-Mart）和家电销售店百思买（Best Buy）等推动了市场中应用 RFID 的热潮。很多公司构筑的 CPG（Consumer Packaged Goods），以它为中心，在物流供应链的透明化方面，RFID 显示了有效性和前瞻性。从此 RFID 开始进入了实用化阶段。

## 10.1.3　日本

日本从 2003 年开始进行了以政府主导的 RFID 调查、研究和实证检验活动。以基础技术开发，利用技术，以国际标准为支柱，计划 3 年内在中央省厅所管辖的范围内实施数十个 RFID 项目。在出版界、家电业界、自动车业界，人们纷纷制定出许多解决方案并积极地进行业界标准的制定和反复进行试验探讨。2005 年，日本的经济产业省和总务省大力开展了"电子日本"（e-Japan）、泛在日本（u-Japan）等 IT 战略，逐步落实"泛在网"的构想。

## 10.1.4　韩国

韩国紧跟日本之后，出现了 RFID/USN（USN：Ubiquitous Sencor Network）等韩国流行语，此后称作"泛在韩国"。由政府带领企业推动 RFID 的普及和推广，实施了各种政策。在韩国，人们推出并叫响了面向大众的"无论何时、无论何地、无论是谁"的概念等及"泛在网络"和"泛在社会"等说法，诸如"泛在生活""泛在城市""泛在家庭"等"泛在××"的说法屡见不鲜。在这里，所谓"泛在"，是接受了日本的"RFID 广泛存在（Ubiquitous）"的理念后派生出来的。

## 10.1.5　欧洲

欧洲委员会从 2000 年下半年开始在 EU 的框架项目（FP7）中推进 RFID 的普及，开始了 CASAGRAS（Coordination and Support Action for Global RFID-related Activities and Standardization）等大型项目。EU 是通过使用网络和 RFID，来实现现实世界和虚拟世界的融合，所进行的推广技术也就是所谓的"物联网"。

## 10.1.6　中国

在中国，围绕 RFID 开展的活动类似于日本和韩国。中国在 2000 年前后也开始进行了实用化的研究。交通卡和北京奥运会、上海世博会门票等方面的应用层出不穷。一般消费者接触 RFID 的机会逐渐增多。物联网是在 2009 年 9 月由温家宝总理提出来的泛在网络战略，成为感知中国的 IT 技术的总称，在国家以及地方政府指定的各种计划中作为"十二五"中的新兴产业而引人注目。

# 10.2　世界主要地区的发展战略

## 10.2.1　概述

物联网已成为许多国家发展的战略。2005 年 4 月 8 日，在日内瓦举办的信息社会世界峰会（WSIS）上，国际电信联盟专门成立了"泛在网络社会（Ubiquitous Network Society）国际专家工作组"，提供了一个在国际上讨论物联网的常设咨询机构。根据这个工作组的报告，2005 年，许多国家已经纷纷启动了"物联网"的发展战略。近年来，越来越多的国家开始了基于物联网发展的计划与行动，中国也不例外。

随着日韩基于物联网的"U 社会"战略、欧洲的"物联网行动计划"以及美国的"智能电网"、"智慧地球"等计划纷纷出台，还有 2009 年温家宝总理在无锡考察时，提出了把无锡建成"感知中国"的中心。各国都把物联网建设提升到国家战略的角度来抓，通过大力加强本国物联网的建设，来占领这个后 IP 时代制高点，从而推动和引领未来世界经济的发展。

物联网已经开始在军事、工业、农业、环境监测、建筑、医疗、空间和海洋探索等领域投入应用。2009 年包括 Google 在内的互联网厂商，IBM、思科在内的设备制造商和方案解决商以及 AT&T、Verizon、中移动、中国电信等在内的电信运营企业纷纷加速了物联网的战略布局，以期在未来的物联网领域取得先发优势。

## 10.2.2　美国

美国非常重视物联网的战略地位。在国家情报委员会（NIC）发表的《2025 对美国利益潜在影响的关键技术》报告中，物联网被列为六种关键技术之一。美国国防部在 2005 年将"智能微尘"（SMARTDUST）列为重点研发项目。国家科学基金会的"全球网络环境研究"（GENI）把在下一代互联网上组建传感器子网作为其中重要的一项内容。2009 年 2 月 17 日，奥巴马总统签署生效的《2009 年美国恢复与再投资法案》中提出在智能电网、卫生医疗信息技术应用和教育信息技术进行大量投资，这些投资建设与物联网技术直接相关。物联网与新能源一道，成为美国摆脱金融危机、振兴经济的两大核心武器。

美国在物联网的发展方面再次取得优势地位，EPCglobal 标准已经在国际上取得主动地位，许多国家采纳了这一标准架构。并且，美国在物联网技术研究开发和应用方面一直居世界领先地位。RFID 技术最早在美国军方使用，无线传感网络也首先用在作战时的单兵联络。新一代物联网、网格计算技术等也首先在美国开展研究，新近开发的各种无线传感技术标准主要由美国企业所掌控。在智能微机电系统（MEMS）传感器开发方面，美国也领先一步。例如，佛罗里达大学和飞思卡尔半导体公司开发的低功耗、低成本的 MEMS 运动传感器，Rutgers 大学开发的多模无线传感器（MUSE）多芯片模块，伊利诺伊州 Urbaba-Champaign 大学开发的热红外（IR）无线 MEMS 传感器等，这些技术将为物联网的发展奠定良好的基础。

在国家层面上，美国在更大方位地进行信息化战略部署，推进信息技术领域的企业重组，巩固信息技术领域的垄断地位；在争取继续完全控制下一代互联网（IPv6）的根服务器的同时，在全球推行 EPC 标准体系，力图主导全球物联网的发展，确保美国在国际上的信息控制地位。

## 10.2.3　欧盟

欧洲在信息化发展中落后美国一步，但欧洲始终不甘落后。2005 年 4 月，欧盟执委会正式公布了未来 5 年欧盟信息通信政策框架"i2010"，提出为迎接数字融合时代的来临，必须整合不同的通信网络、内容服务、终端设备，以提供一致性的管理架构来适应全球化的数字经济，发展更具市场导向、弹性及面向未来的技术。

2006 年 9 月，当值欧盟理事会主席国芬兰和欧盟委员会共同发起举办了欧洲信息社会大会，主题为"i2010——创建一个无处不在的欧洲信息社会"。

自 2007—2013 年，欧盟预计投入研发经费共计 532 亿欧元，推动欧洲最重要的第 7 期欧盟科研架构（EU-FP7）研究补助计划。在此计划中，信息通信技术研发是最大的一个领域，其中包括：

（1）普遍、深入与值得信赖的网络，以及基础网络服务；

（2）有感知的系统，交互作用和机器人技术；

（3）元件、系统和工程；

（4）数字图书馆和目录；

（5）可持续性的和个人的卫生保健；

（6）灵活性，环境的可持续性和节能；

（7）独立的生活和包含物；

（8）将来和即将形成的技术（FET）。

为了推动物联网的发展，欧盟电信标准化协会下的欧洲 RFID 研究项目组的名称也变更为欧洲物联网研究项目组，致力于物联网标准化相关的研究。

欧盟是世界范围内第一个系统提出物联网发展和管理计划的机构。2009年6月，欧盟委员会向欧盟议会、理事会、欧洲经济和社会委员会及地区委员会递交了《欧盟物联网行动计划》（Internet of Things—An Action Plan for Europe），以确保欧洲在构建物联网的过程中起主导作用。2009年10月，欧盟委员会以政策文件的形式对外发布了物联网战略，提出要让欧洲在基于互联网的智能基础设施发展上领先全球。除了通过 ICT 研发计划投资 4 亿欧元，启动 90 多个研发项目提高网络智能化水平外，欧盟委员会还将于 2011—2013 年每年新增 2 亿欧元进一步加强研发力度，同时拿出 3 亿欧元专款，支持物联网相关公司合作短期项目建设。

**未来物联网：欧盟的梦想**

"欧洲正面临经济衰退、全球竞争、气候变化、人口老龄化等诸多方面的挑战，未来互联网不会是万能灵药，但我们坚信，未来互联网将会是这些方面以及其他方面解决方案的一部分甚至是主要部分。"欧盟总部下设的"信息社会和媒体司"2009年5月公布的《未来互联网 2020：一个业界专家组的愿景》报告谈及了未来物联网的四个特征：未来互联网基础设施将需要不同的架构，依靠物联网的新 Web 服务经济将会融合数字和物理世界从而带来产生价值的新途径，未来互联网将会包括物品，技术空间和监管空间将会分离。涉及物联网的就有两项。

该报告强调："我们呼吁决策者、制造商、实业家、技术专家、企业家、发明家和研究人员为创造一个欧盟式的互联网经济制订一个具体计划，以满足欧盟公众的需求和宏愿。欧洲现在必须采取行动，必须共同采取行动来引领新的互联网时代。"

## 10. 2. 4　日韩

日本的物联网发展有与欧美国家一争高下的决心，在 T-Engine 下建立 UID 体系已经在其国内得到较好的效果，并大力向其他国家，尤其是亚洲国家推广。

日本政府于 2000 年首先提出了"IT 基本法"，其后又提出了"e-Japan 战略"，计划在未来四年内建成一个"任何时间、任何地点、任何人、任何物"都可以上网的环境。

日本泛在网络发展的优势在于其有较好的嵌入式智能设备和无线传感器网络技术基础，泛在识别（UID）的物联网标准体系就是建立在日本开发的 TRON（The Real-time Operating system Nucleus，即实时操作系统内核）的广泛应用基础上的。

日本是第一个提出"泛在"战略的国家。2004 年，日本信息通信产业的主管机关总务省（MIC）提出"U-Japan 战略"。2009 年 7 月，日本 IT 战略本部提出"I-Japan 战略 2015"，目标是实现以国民为中心的数字安心、活力社会。在 I-Japan 战略中，强化了物联网在交通、医疗、教育和环境监测等领域的应用。2006 年，韩国提出了为期十年的 U-Korea 战略。在 U-IT839 计划中，确定了八项需要重点推进的业务，物联网是 U-Home（泛在家庭网络）、Telematics/Location based（汽车通信平台＼基于位置的服务）等业务的实施重点。2009 年 10 月，韩通信委员会通过了《物联网基础设施构建基本规划》，将物联网市场确定为新增长动力，确定了构建物联网基础设施、发展物联网服务、研发物联网技术、营造物联网扩散环境等 4 大领域、12 项详细课题。

## 10.2.5　中国

### 10.2.5.1　中国的发展状况与存在的问题

目前，物联网关键技术在我国得到了广泛的应用：RFID 目前主要应用在电子票证/门禁管理、仓库/运输/物流、车辆管理、工业生产线管理、动物识别等领域，中央政府也将 RFID 产业列入"十一五"计划，相关部门投入大量资金实施了目前世界上最大的 RFID 项目（更换第二代居民身份证），各地也积极地实施交通一卡通、校园一卡通、电子身份证、动物管理、液化气钢瓶的安全检测、大学生电子购票防伪系统等项目。二维码技术方面，已广泛应用于动物溯源、汽车行业自动化生产线、公安、外交、军事等部门领域，比如，中国移动与农业部合作推广的"动物标识溯源系统"，已经有 10 亿存栏动物贴上了二维码。

但目前我国物联网还处在零散应用的产业启动期，距离大规模产业化推广还存在很大差距，还存在以下几方面的问题：

（1）行业融合的难度大。物联网的发展目标是促进信息技术与其他行业的深度融合，这种融合会触及到企业的业务流程改变、机械设备改造、人员岗位调整等，必然会遇到较大阻力。

（2）缺乏统一的技术标准。物联网主要是跨行业、跨领域的应用，各行各业应用特点和用户需求不同，没有统一的标准和规范，造成物联网开发、集成、部署和维护的高成本，制约了物联网业务的规模应用。

（3）缺乏可持续的商业模式。物联网的产业链构成复杂，涉及终端制造商、应用开发商、网络运营商、最终用户等诸多环节，各环节利益分配困难，难以实现共赢，进而导致商业模式的不可持续，需要进行商业模式的创新和多元化。

（4）政策环境有待健全。随着物联网应用的推广，会涉及越来越多的国家安全、企业机密和个人隐私的信息，亟待出台保障信息安全、保护个人隐私的法令、法规，加强信息应用的监管。

10.2.5.2　中国的物联网战略

随着物联网迅速发展及欧美各国相应地制定出符合本身物联网发展的国家战略，2009 年，温家宝总理在无锡考察时对物联网的发展提出了三点要求：一是把传感系统和 3G 中的 TD-SCDMA 技术结合起来；二是在国家重大科技专项中，加快推进传感网的发展；三是尽快建立中国的传感信息中心，或者叫"感知中国"中心。我国开始把物联网作为未来重要的发展战略。

在 2009 年 12 月的国务院经济工作会议上，明确提出了要在电力、交通、安防和金融行业推进物联网的相关应用。我国已在无线智能传感器网络通信技术、微型传感器、传感器终端机和移动基站等方面取得重大进展，目前已拥有从材料、技术、器件、系统到网络的完整产业链。我国传感网标准体系已形成初步框架，向国际标准化组织提交的多项标准提案已被采纳，中国与德国、美国、韩国一起，成为国际标准制定的主导国之一。

（1）我国物联网战略实施的阶段划分。信息化应用是驱动产业发展的引擎，是技术发展与产业发展结合的纽带。我国物联网产业发展要经历三个阶段，分别为关键应用阶段、规模应用阶段和普遍应用阶段，如图 10.1 所示。

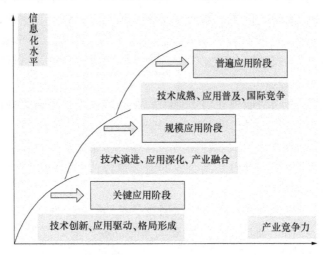

图 10.1　我国物联网战略规划

关键应用阶段：以相关行业的领先企业为龙头，探索工业信息化、农业信息化和社会信息化中的关键应用，以应用创新拉动技术创新，初步形成合理的产业格局和产业价值链。领先企业引领关键应用的产业化突破是这个阶段的关键，这个阶段的成功与否对产业发展的前途至关重要。

规模应用阶段：随着技术的演进，进一步扩大物联网信息化应用的深度、范围和规模，显著提升物联网应用的信息化份额，形成物联网产业与传统产业融合互动的发展格局。

普遍应用阶段：在全国城乡建立与经济和社会发展需求相适应的普遍信息服务体系，建成完善的物联网产业链和产业布局，确立中国在全球物联网产业发展中的核心地位。

（2）我国物联网战略规划的指导原则。

① 自主创新原则。自主创新原则是指力争在若干核心技术领域达到国际先进水平或者领先水平。

② 产业化原则。产业化原则是指确定企业在物联网发展过程中的主体地位，企业之间加强沟通合作形成完整的具有国际竞争力的产业链。

③ 开放原则。开放原则是指密切跟踪技术发展前沿，注重借鉴国外先进技术，推进共赢合作。

④ 协作原则。协作原则是指加强政府各部门之间的沟通协调，重视企业、高等院校及科研院所之间的协作，共同推进技术进步。

10.2.5.3　中国物联网的建设实施

（1）加快物联网标准的制定和推广。加快物联网标准的制定和推广，形成有中国自主知识产权的物联网。全球金融危机，对我国来讲是一个赶超发达国家的机会。缺乏统一的标准阻碍产业发展已是业界的共识，物联网标准体系既包括底层技术的标准，如频率、调制方式、接口标准等，也包括运营管理的标准，如用户认证、业务流程、业务标识等语法和语义。要坚持技术和运营标准并重，尽快建立一套完整的标准体系。

（2）产业化。建立产业孵化基地，通过试点示范项目推广应用。物联网发展的瓶颈不仅有技术问题，更重要的是市场应用，因此国内市场需求是产业竞争力提升的关键因素。通过物联网产业孵化基地，为中小企业的创新提供资金、技术、人才、信息、管理、市场等方面的一站式服务，培育自主创新能力，加快科技成果的转化。目前，物联网关键应用的主要客户以大型、超大型央企为主，推广难度大，需要政府平台的支持。在相关政府部门的指导下，通过应用试点示范项目，面向重点行业企业推广物联网关键应用，形成产业化突破和规模化增长。

（3）宽松的政策环境。健全物联网产业政策环境，促进产业链健康发展。通过开放的产业投资政策、优惠的税收政策，引导国有、民营、国际的各种资本向物联网产业倾斜，打破行业壁垒，允许跨行业投资，建设基础设施和公共设施，积极推广关键应用。尤其在产业启动阶段，要鼓励产业链的开放，在保障信息安全的前提下，通过适度宽松的准入政策、价格政策等政策手段营造开放的产业环境，为我国物联网的发展打下坚实的基础。

我国对国际上物联网的发展已引起高度重视，并积极争取有所作为。下一代网络的研究开发步伐正在加快，新一代互联网关键技术 IPv6 的开发进展与世界同步，居于自主知识产权标准的第三代移动通信正在全国范围内推广，国内许多城市实施对网络的带宽扩大，并加紧推行"无线城市"；全国许多地方，如北京、上海、浙江、江苏、大连、广东等，以及许多行业，如交通运输、零售、生产和食品安全、企业供应链管理等，都在积极推进 RFID 的应用，RFID 产业以迅猛的速度在增长。电子标签国家标准工作重新成立，标志着我国要在全球物联网发展中发出自己的声音，可见中国并不沉默！

# 10.3　国外物联网发展战略与研发应用
# 对我国的启示

## 10.3.1　欧盟目前的物联网应用

从目前的发展看，欧盟已推出的物联网应用主要包括以下几方面：

（1）具有照相或使用近域通信，基于网络的移动手机。目前，这种使用呈现了增长的趋势。

（2）随着各成员国在药品中开始使用专用序列码的情况逐渐增加，确保了药品在到达病人前均可得到认证，减少了制假、赔偿、欺诈和分发中的错误。由于使用了序列码，可方便地追踪到用户的产品，大大提高了欧洲在对抗不安全药品和打击制假方面措施的力度和能力。

（3）一些能源领域的公共性公司已开始部署智能电子材料系统，为用户提供实时的消费信息，同时，使电力供应商可对电力的使用情况进行远程监控。

（4）在一些传统领域，比如，物流、制造、零售等行业，智能目标推动了信息交换，提高了生产周期的效率。

上述这些应用的发展，得益于 RFID、近域通信、2D 条码、无线传感器、IPv6、超宽带或 3G、4G 的发展，这些在未来物联网的部署中仍会继续发挥重大作用。实际上，欧委会在多期研发框架项目（FP5 - 6 - 7）及竞争力和创新框架项目中都加大了在这些领域的投入。以交通领域为例，通过交通物流和智能交通系统行动计划，积极促进部署和发展。

重振欧洲不仅是欧洲人多年的梦想，也是欧盟多年来的行动。提升欧洲在科学技术上的竞争力已成为欧盟实现"成为世界上最具活力和竞争力的知识型经济体"这一宏伟目标的重要举措。物联网、未来互联网等重要的新兴领域也就成为欧盟重点关注的对象。

欧盟首先在政策层面上积极推进物联网及其核心技术 RFID 的发展，因为物联网和 RFID 的影响已经远远超出技术层面，进而对整个社会、经济、隐私、安全、环境带来重大影响，因此，一个健全的产业政策环境对于物联网的发展是十分重要的。

而在具体实施上，欧盟则将物联网及其核心技术纳入到正在实施的、预算高达 500 亿欧元的欧盟第七个科技框架计划（2007—2013 年）中。

## 10.3.2　欧盟的物联网行动计划

2009 年 6 月 18 日，欧盟在比利时首都布鲁塞尔向欧洲议会、欧洲理事会、欧洲经济与社会委员会和地区委员会提交了以《物联网——欧洲行动计划》为题的公告。公告列举了行动计划所包含的 14 项行动：

2009 年 6 月 18 日，欧盟委员会宣布了新的行动计划，确保欧洲在建构新型互联网的过程中起主导作用。这种新型的互联网能够把各种物品，如书籍、汽车、家用电器甚至食品连接到网络中，简称为"物联网"。欧盟认为，此项行动计划将会帮助欧洲在互联网的变革中获益，同时它也提出了将会面临的挑战，如隐私问题、安全问题以及个人的数据保护问题。14 点行动计划的内容如下：

（1）管理：定义一系列"物联网"管理原则，并设计具有足够级别的无中心管理的架构。

（2）隐私及数据保护：严格执行对"物联网"的数据保护立法。

（3）"芯片沉默"的权利：开展是否允许个人在任何时候从网络分离的辩论。公民应该能够读取基本的 RFID（射频识别设备）标签，并且在供应链适当的节点上可以销毁它们以保护人们自身的隐私。当 RFID 及其他无线通信技术使设备小到不易觉察时，这些权利将变得更加重要。

（4）潜在危险：采取有效措施使"物联网"能够应对信用、承诺及安全方面的问题。

（5）关键资源：为了保护关键的信息基础设施，把"物联网"发展成为欧洲的关键资源。

（6）标准化：在必要的情况下，发布专门的"物联网"标准化强制条例。

（7）研究：通过第七研究框架继续资助在"物联网"领域的研究合作项目。

（8）公私合作：在正在筹备的四个公私研发合作项目中整合物联网。

（9）创新：启动试点项目，以促进欧盟有效地部署市场化的、互操作性的、安全的、具有隐私意识的"物联网"应用。

（10）管理机制：定期向欧洲议会和理事会汇报"物联网"的进展。

（11）国际对话：加强国际合作，共享信息和成功经验，并在相关的联合行动中达成一致。

（12）环境问题：评估回收电子标签的难度，以及这些标签对回收物品带来的好处。

（13）统计数据：欧盟统计局将在 2009 年 12 月开始发布 RFID 技术统计数据。

（14）进展监督：组建欧洲利益相关者的代表团，监督"物联网"的最新进展。

### 10.3.3 美国以智能电网为智慧地球突破口，成经济新增长点

国际金融危机爆发以来，美国把新能源产业发展提升到了前所未有的高度。智能电网（Smart Grid）建设更是被奥巴马政府选择为刺激美国经济振兴的核心主力和新一轮国际竞争的战略制高点。

根据美国 2007 年 12 月通过的《能源独立和安全法案》（EISA）第 1305 节的描述，智能电网是一个涵盖现代化发电、输电、配电、用电网络的完整的信息架构和基础设施体系，具有安全性、可靠性和经济性三个特点。通过电力流和信息流的双向互动（two-way），智能电网可以实时监控、保护并自动优化相互关联的各个要素，包括高压电网和配电系统、中央和分布式发电机、工业用户和楼宇自动化系统、能量储存装置，以及最终消费者和他们的电动汽车、家用电器等用电设备，以实现更智慧、更科学、更优化的电网运营管理，并进而实现更高的安全保障、可控的节能减排和可持续发展的目标。

IBM 把智能电网称为"电网 2.0"，认为"与传统的电网相比，智能电网看起来更像因特网，可以接入大量的分布式的清洁能源，如风能、太阳能，并整合利用电网的各种信息，进行深入分析和优化，对电网更完整和深入的洞察，实现整个智能电网'生态系统'更好地实时决策。对于电力用户，可以自己选择和决定更有效的用电方式；对于电力公司，可以决定如何更好地管理电力和均衡负载；对于政府和社会，可以决定如何保护我们的环境。最终，提高整个电网系统的效率、可靠性、灵活性，达到更高的智能化程度"。

# 10.4　未来展望

## 10.4.1　RFID 物联网的未来

不久的将来，在商务现场和日常生活中，RFID 要是还没有成为话题的话，那么就会像空气和水一样被人们遗忘抛却。由于现在处于研究过程中的有机半导体等的进步，电子标签的生产过程被简化了，价格也非常便宜，从大变小，开始在包装和产品上印刷上电子标签，一定会变成非常普遍的东西，使得人们不在意它到底出现在哪里。

伴随着电子标签价格的下调，在阅读器变得很便宜的同时，社会资本中就会存在小巧且数量众多的阅读器。随着储存器和服务器等 IT 设施的高性能化和低价格化以及 CPU 的演算速度飞速地上升，网络的大幅度进化，内置有 RFID 阅读器的第四代手机的普及等的发展，RFID 在今后的影响力难以估量。而且，世界标准化进程的加速，业界特有的旧习和商业习惯等将消失，这将在全球确立 RFID 为基础的供应链的基盘。

由于 RFID 带给社会好的方面，所以实现更安心、更安全，高度效率化的宜居社会的可能性则更大了。

## 10.4.2　某一天在购物时所闻

20×0 年的某一天，A 先生为了买东西去了××综合超市。像以往一样走到了食品卖场，手拿着购物用的卡，举起自己的 ID 卡，卡正面的显示器就会出现"欢迎光临，A 先生"的字样，同时还会出现卖场主任上半身的动画，并同时出现"A 先生，有需要的话请与我们联系"这样的声音，同时面带微笑地指出联络按钮。

"谢谢。"

之后画面就切换掉了，出现了 A 先生专用的定制画面，A 先生上次购物时所买的物品的清单就出现了。不断切换画面，A 先生在最后购入的时间点到经过某段时间后就能显示出家中所缺的东西或是缺的可能性很高的食品和食材的清单。

"那么，牛奶怎么样？"

在清单中看见了牛奶，A 先生拿出手机，只要按下"发送显示智能冰箱的库存情况的信息"，就能瞬间表示出自家的冰箱里某种牛奶所剩无几和奶油也没有了。这个情报也同时被传送到××超市的服务器上，在卡的显示器上，显示出牛奶和奶油在店内货架的所在位置和从本周开始发售的各个种类新产品的情况。

根据这个情况，A 先生到了放有牛奶和奶油的货架，在货架上设置的 RFID 能够自动地识别 A 先生的 ID，在各商品前设置的电子价格标签上的价格就会变更成面向会员顾客的价格。

以前，A 先生在货架中间进进出出完全是靠经验来判断想要购买的食品是不是已经过期，极力地将手伸到货架的里面取货物，认为那里面的东西更新鲜些。

现在，RFID 被实施引起了流通革命，保质期的检验仅仅是一种应用。拿起最靠近手边的牛奶，扔进手推车的框子里。通过小车上设置的阅读器的显示屏就可以查验了。虽然有时你根本不能觉察标签在哪里。显示器上就会出现金额和可追踪的商品的信息，保质期等。

"A 先生，这个牛奶在×××乳业的 ZZZ 工厂于 A 月 B 日生产，之后经由出××批发的 FF 仓库在 KK 月 LL 日进入到本店，在保质期限内。需要更加详细的追踪情报的话，请按下联络键。"

A 先生认为最近确实能够安心地买到食品了。以前，某个输入食材的产品中，经常发生在生产、流通过程中混入其他异物或是农药的事情。屡屡发生不知道究竟哪些人是供应商，在哪里、为什么混入了那些东西等的基本原因总是查不出来的现象。而且，经常改写保质期限，为此引发了消费者的不安，就连原本与此无关的安全食品也被卷入进去，而发生了控购、被废弃处理等，形成了社会全体非效率的系统。

现在通过被世界标准化的 RFID 的广泛普及，跨企业或跨国境的 RFID 情报的共有化，实现了一体化的追踪管理，因此构筑了万一有威胁食品安全性的事态发生的话也能够立刻查明原因的系统。而且，RFID 使物流效率倍增，大幅度缩减了从生产到贩卖的最短时间，实现了费用的效率化，向消费者提供了新鲜且便宜的物品。

又买了其他一些东西的 A 先生，一到柜台，在无人的柜台处，放在那儿的显示器自动就表示出购买履历和明细以及总计金额等，仅仅需要点击显示器的 OK 按钮和选择支付方法的按钮，就完成了付款。

"谢谢惠顾。欢迎再次光临。顺便说一下，本次 A 先生买入的商品的电子标签情报已经全部消去。"

这个信息同时也被传送到 A 先生的手机上。

实际上，A 先生是预先选择了在精算时消去所买商品的电子标签情报的选项后才进入商店的。因此，在结算时，店方会自动消去电子标签情报，这样今后无论是谁也不能任意获取到这些购买情报了。

## 10.4.3　某一天在医院所发生的事

B 先生因为身体不太好，第一次去了附近的医院。在挂号处领取了问诊书。因为要在上面填写，工作人员就递给他一支数码笔。他要用这支笔写名字和过去的病况以及回答其他的问题等。附近有 RFID 打印机，在腕带型电子标签上输入信息后就打印出来。也可以通过数码笔将患者记入的模拟信息数字化后经由网络直接传送到医院的服务器上，然后从服务器上将信息传送到 RFID 打印机中的腕带型电子标签上。

将那个套在手腕上在等待室等待会诊，轮到自己时就到诊察室去，每当一连串的诊察结束后，通过手持式阅读器将结果录入手腕型标签中，结束诊察。通过此技术，药品的安全性有了跨越性的提高。

在药店，只要个人的 IC 卡上的 ID 被读取后，进入医院的服务器，就能够得到与 B 先生处方相关的情报，即使没有带来处方纸也能够买药。

手腕型电子标签，除了像 B 先生这样的轻微症状的患者以外，还可套在新生儿的手上防止弄错。尤其是给有生命危险的患者开错药的场合，在开药之前要读取电子标签，实现了确认 ID 后杜绝开药错误。

## 10.4.4　任职于运输公司的运行管理部门的 C 先生的一天

在拥有 1 000 辆卡车的运输公司的运行管理部门任职的 C 先生，每天早上都要望一眼自己电脑上的日本地图。在那上面，能够实时表示出在日本国内移动的自己公司的卡车在何处。每一辆卡车都好像鱼群探知器上的点一样被即时显现出来。

C 先生将画面切换到东京都内，点击正行驶在首都高中央线的国都 IC 附近的一台卡车，将画面扩大，在画面的中央就将那辆卡车的情况放大，在画面的右上角显示出其现在的正确位置情报和目的地等的情报。然后点击车厢所在的位置，扩大画面，这辆卡车的车厢在此时所运载的托盘的 ID 和相关联的每一个箱子的 ID，以及在箱子中装载的个品的商品情报全都能表示出来，当前此卡车的运载状况被用数值表示出来。

"这辆卡车只运载了其运载容许量的 65%，因此输送效率很低。运送到目的地后，得派遣到其他地方。"

一边这样说，一边将下一个货主的情报发送给司机，将从画面得到的情报传送给司机，通过声音短信向司机传达指示。

接收到情报的司机，对不断变化的拥堵情报和从司机同事那得到的货主情报进行综合判断，通过选择最合适的路线来提升运行的效率。

## 10.4.5　某一天在物流中心

G 先生非常留神地监视着安保室的显示器上显示的物流中心内的安保画面。在这个物流中心，其座右铭是"安心、安全、安保"，这是全球物流安保规格之一，符合"输送资产保护协会"（TAPA：Transported Asset Protection Association）的规格。以运输安全要求（TAPA-FSR2007）的方法为基础来进行操作的结果，大幅度减少了在物流方向上的错误和遗失问题。

TAPA 的主要目的是防止在输送途中或在配送据点买方资产（即在供应链上的产品的遗失，遭窃）。实施最新的安保机器和技术。通过在运用上实行全球的相关安保系统的最实践性的实施和实验，来实现其目的。

TAPA，仓库和物流中心等的建筑物和其内部设施、设备，安保机器的设置等硬件相关联的技术性的要求项目，安保政策的规定，业务流程的步骤以及步骤书的制作，遵守等软件方面相关的要求项目，分别点数化 0、1、2 点，通过客观的数值来判定适合的状况。在 TAPA 中所要求的项目的设定标准有 A、B、C 三种，为了获得最高级的 A，关于上述 8 个项目中被细化的 73 个项目（合计满点是 146 点），必须要获得 60% 以上的点。而且在各个级别，被称作"必须项目"，即有必要达到要求的项目。为了获得 TAPA 的认证，必须要接受 TAPA 指定的专门的认证机构的审查并达到合格，以 ISO 品质管理规格为基准来规定认证的步骤。

这个物流中心在 10 年前接受审查时得到了 A，G 先生自己也拥有 TAPA-FSR 监察人的资格。

在这个物流中心，关于卡车码的出货业务，全部都通过内藏有标准化的 RFID 的塑料托盘来进行，通过在货物进货时自动读取的电子标签，瞬间自动完成和进货情报的对照，被登记到电脑上。

检品完成时的托盘和叉车的操作，放在保管区的任何地方都可以，位于地板上的带有 ID 的电子标签和叉车的阅读器相互读取信息，通过托盘降落的场所，将其自动准确地识别，通过中心内的无线 LAN 自动登录到库存管理系统。

在这个中心，因为能够实时掌握以个品为单位的何物在某处等的状态的情报，G 先生通过之前某个食品生产商在食品中混入了有毒物质为理由，突然提出批量回收的命令时，根据 RFID 和以 TAPA 为基础的安保系统，能够迅速且正确地应对，最终通知该食品的生产商，能够防止有害食品的上市。

# 附录 1

# RFID 相关信息小百科

## 1 RFID 的有关团体

（1）GSI。

GSI 本部设在比利时的布鲁塞尔，是非营利的国际团体。

1977 年国际 EAN 协会的前身 EAN 协会由欧洲 12 个国家的流通业界、编码机构联合设立的。2002 年 11 月，美国的流通编码机构 UCC 和加拿大的流通编码机构 ECC 加入了国际 EAN 协会。2005 年 1 月国际 EAN 协会和美国的 UCC 联合后成立了 GSI。进行供应链、需求链的关于国际物流、流通领域的各种国际标准的开发、管理和普及活动。

（2）EPC 全球。

以设立在美国麻省理工大学 Auto-ID 中心的研究成果为基础设立的非营利法人。2003 年，由国际 EAN 协会（现在的 GSI）和美国 UCC（现在的 GSI，美国）共同设立。EPCglobal 隶属于现在的 GSI，规范并制定了 Electronic Product Code™（电子产品代码 EPC）及其相应的标准。对基于此标准的 RFID 标签上记录的编码体系和通信规格等进行了研究开发和定义。构筑 EPCglobal Network™ 的各种各样的规格和规约的开发、普及的活动。为了推进企业之间乃至各国之间的供应链管理的透明化和高效率，开展了以下各项事业：

EPC 管理的分配、登录、维持等中心数据库的管理；

支持"业务指导委员会"和"技术指导委员会"等工作团体，完成各种相关国际标准活动的实施，公示 EPCglobal 的各种规格与方法的信息；

在各种团体和企业中的实际验证和实施中的相互的关联信息的交流和支持；

在 EPC 范围里的对各种各样的技术和网络利用，通过在各国设置的下属机构，提供与实施方法有关的信息并推动有关教育。

（3）Auto-ID 日本实验室。

作为美国 Auto-ID Labs（http：//www. autoidlabs. org/）在日本的国内联络

组织，设置在庆应大学。美国的 Auto-ID Labs 是 1999 年作为旧的 Auto－ID 中心设置在美国波士顿的麻省理工学院内。是以 RFID 技术为基础进行 EPC 网络的标准化以及普及为目的的事业，2003 年设立的 EPCglobal 继承了 Auto－ID 研究室所进行的特殊的研究开发活动。现在，在世界 7 个国家的大学设置了研究基地，承担了各种各样的专门领域的研究。

（4）财团法人流通系统开发中心。

1972 年，作为日本推进流通系统化的专门机构，在官民的协助下作为财团法人设立的。进行 JAN 编码等的流通编码的登录管理以及促进实施，POS 系统等先进系统的普及。最近，针对情报通信技术的急速发展，进行对应的生产、批发、零售业间的贸易的电子化和网络化等新的流通标准 EDI 的开发和相应的基础整备。而且，作为与 GSI 日本相关的代表机构，参与策划国际流通标准和国际流通系统在日本的推进，与电子标签相关的作为 EPCglobal 日本相关代表机构参与策划系统的普及和标准化操作。

（5）泛在编码中心。

为了确立和普及自动识别物品及其所在场所的基础技术，进而以实现泛在计算为目标展开活动的民间团体。泛在 ID 中心的活动内容如下：

① 构筑用于标识物品和场所的泛在编码体系；

② 确立泛在编码的基础技术；

• 储存泛在编码的载体（基于 RFID 的智能卡、各种类型的标签等）；

• 与编码载体通信的装置；

• 为检索泛在编码的关联信息的通信基础技术的确立。

③ 确立泛在编码及其相关信息确保贯通的广域分散系统的技术基础；

④ 泛在编码空间的分配；

⑤ 运营泛在编码的数据库；

⑥ 运营 eTRON 的认证机构。

（6）社团法人——日本自动编码识别系统协会（JAISA）。

1986 年 8 月作为任意团体的 AIM（日本）（国际自动识别工业会），由 14 家公司设立。以条码和 RFID、OCR 技术等自动识别技术（Automatic Identification 和 AIDC：Automatic Identification & Data Capture）的技术和产品的启蒙、普及为目的设立的。

1999 年 2 月，任意团体 AIM（日本）解散，将团体名更改为社团法人日本自动识别协会，有会员 108 家。推进自动识别系统以及与其相关联的相关软件的调查研究、规格的立案以及标准化、普及以及启发教育等活动，计划在物流、流通等领域内从自动识别技术的角度实现效率化，以此来促进国家的经济发展和国民生活水平的提高。

（7）运输资产保护协会（Transported Asset Protection Association，TAPA）。

TAPA 是 1997 年由美国英特尔公司和康柏电脑等多家高科技企业设立的非营利性组织制定的物流安全规定。在 1999 年，设立了 TAPA EMEA（欧洲、中东、中亚）。2000 年，设立了 TAPA Asia（东南亚），NPO 规格作为现在全球的物流安全规格，在多家有实力的国际性的制造企业、物流、工厂企业等被采用。2007 年，设立了 World Wide Council（万维网会议以及巴西TAPA）。

TAPA 规定的物流安保的对象有：

① Perimeter Security 配送中心和仓库设施周边的安防；

② Access Control-Office Areas 中心的出入管理、事务所区域的管理；

③ Facility Dock/Warehouse 码头和仓库设施；

④ Security Systems 安防系统；

⑤ Security Procedure 安防程序；

⑥ Standard Truck Security Requirement 卡车安防要求事项；

⑦ Pre-Alerts 配送信息的事先通报；

⑧ Enhanced Security Requirements 与设施/设备的保安强化有关的要求事项、从业员训练。

推动各种各样的安保机器的设置、运用、步骤书的制作、遵守、改善对策的研究等。与 ISO 品质管理规格一样，根据 PDCA 循环来规定安保运用。肩负着世界范围内的供应链管理（SCM）的安全，对于 RFID 技术的实施寄予了厚望。

（8）国际电信联盟（ITU-R）。

在无线通信和电气通信范围内实现标准化与进行监管为目的而设立的国际组织。总部设在瑞士的日内瓦。目前共有 191 个国家和地区加盟。在日本为财团法人日本 ITU 协会，（http：//www. ituaj. jp/）。

电波使用的规定在世界上分为以下三个区域：

1 区：欧洲和非洲；

2 区：北美和南美；

3 区：亚洲和澳洲。

各个地域使用的电波频率受国际电信联盟分配，然后根据各国电波的实际使用情况再分别加以规定。因此，即便同样的用途（如超高频 RFID），各国未必使用共同的频率。

# 2　RFID 的基础知识

## 2.1　RFID 基本常识

（1）什么是 RFID？

RFID 全称 Radio Frequency Identification，它是一种非接触式的自动 ID 识别技术。通过射频信号通过对某个目标的 ID 自动识别得到对象的个体信息，并获取相关数据。作为快速、实时、准确采集与处理对象物的 ID 信息的技术，已经被世界公认为 21 世纪十大重要技术之一。它在生产、零售、物流、交通等各个行业得到了应用并有着广阔的前景。在某种意义上说，该技术可称为条码的无线识别的上位版本。RFID 具有条码所不具备的防水、防磁、耐高温、使用寿命长、读取距离大、标签上数据可加密、存储数据容量更大、存储信息更改自如等优点。实际上，RFID 并不仅仅是条码的无线识别的上位版本，它在泛社会化应用中越来越发挥着不可替代的作用。

（2）RFID 的工作原理。

系统的基本工作流程是阅读器通过发射天线发送一定频率的射频讯号，当应答器进入天线的工作区域内时产生感应电流，应答器获得能量被启动；应答器将自身保存的 ID 等信息通过天线发送出去；读写器通过天线接收到信号后，对信号进行处理分离出需要的信息。阅读器将信息传送给上位系统，进行后台系统的检索和管理，系统根据判断该应答器的合法性，针对不同的设定做出相应的处理和控制，发出指令信号来控制执行机构动作或在显示器上表示结果。

（3）怎样区分是否 RFID？

在介绍或学习某项技术时，对于其"定义"的理解有时十分必要。如果对"定义"都不甚了解，很难做到对技术的真正了解。例如，汽车的遥控门锁，因为它利用了无线电波，而且只对门钥特定的汽车 ID 起作用，那么它就是 RFID。相反，电视机的遥控器，利用的是红外线技术，所能控制的不仅仅是某一台电视机。所以就不属于 RFID。另外，有些技术是跨门类的。例如，GPS（Global Positioning System），解释为"全球卫星定位系统"，但是它可以被用作对某个特定物或人的跟踪，而且又是利用无线电波，因此我们也可以把它视为一种"RFID"技术，或至少称之为相关技术。另外，利用 PHS（在我国俗称"小灵通"）的机站和天线分布密度高的特点，同样可以用来识别 ID 所特定的个体的位置，我们也可以称之为"RFID"，或 RFID 的关联技术。

大家也许熟悉在一般 RFID 系统中的电子标签和读写器是什么样子，但切不要以为只限于那些形式。在 PHS 系统里，手机和机站也能相互成为"标签"和"读写器"，以断定手机所在位置。当然这是一种扩大了的解释。

（4）RFID 会取代条码吗？

简要地说，在短时间内不会，至少在以后的 10 ~ 20 年不会。条码的优势是它用最低成本提供基本的辨别能力。但是，RFID 提供了更多的功能，目前的缺点是成本比较高。条码和 RFID 作为关键技术可能会长期并存。尽管 RFID 很重要，但目前它多用于促进企业的物品输送系统，其他先进的数据采集技术也具有类似的目的。例如，条码系统、无线数据和移动计算系统等。

## 2.2　系统构成

（1）RFID 系统是怎样组成的？

最基本的 RFID 系统由以下三部分组成：

① 电子标签（IC Tag）和应答器（Transponder）：由天线、芯片、（电池）和封装材料组成。根据是否搭载电池，分为主动（有源）式和被动（无源）式两种。天线、芯片、（电池）组成的单元是电子标签的核心部分，可以称为应答器。如果根据不同需要将应答器封装后成为的卡片形、圆形、条形，虽可以统称为电子标签，但根据实际需要就会被冠以其他更实用的名称。例如，我国的第二代居民身份证虽然是一种电子标签，但一般不称其为电子标签。人们往往将 RFID 与条码的印刷纸质标签相比，所以称之为电子标签不足为过。但是如果不把它用作标签时，称之为标签则不太贴切，所以不如统称为应答器。它的核心作用正是应答下文所解释的"读写器"的要求，把它内藏的 ID 等信息发送出去。

② 读写器：其作用是向应答器索取或向应答器传送 ID 等信号。读写器可以简化为射频接口和控制单元两个基本模块。射频接口包含发送器和接收器，其功能包括：产生一定功率的射频信号以启动被动式应答器工作；发射调制过的信号，对接收信号进行解调等。可以在读写器内部搭载天线，也可以在读写器外单独设置天线。读写器可以和计算机连接并且向计算机传送 ID 信号或得到根据 ID 检索到的信息。有的读写器还可以用显示器来表示解读后的 ID 等信息。有些读写器只有读取/解读功能，不能向应答器写入数据，此时可以称之为阅读器。但是为统一和方便起见，即使没有写入功能，有时我们也称其为读写器。

③ 天线：作为读写器的外置天线，是连接在读写器上的。外置的原因在于天线的体积很大。另外，天线的外置还可以适合各种实际应用的需要。例

如，为了尽量靠近应答器所标识的物体，只需天线去靠近而不必让读写器与天线一同去靠近被标识的物体。

（2）怎样构筑一个简单的 RFID 系统？

典型的 RFID 系统是由电子标签、读写器（包括天线）和计算机三个部分组成的。但为了系统能够工作，软件是不可缺少的。所以三个硬件加一个软件的 3 + 1 是构成一个简单系统的必要组成部分。很多 RFID 硬件厂家都有"学习机"销售，所谓"学习机"就是除了上述计算机以外的电子标签和读写器以及软件。因为用户都有计算机，所以学习机不包括计算机。这些厂家出售学习机和提供简单培训的目的在于销售自家的 RFID 产品。

（3）怎样使简单的 RFID 系统工作？

先把软件按照各家厂商的要求装入计算机内。有的厂商甚至不提供含有软件的 CD，只是给客户一张印有 URL 和简单设置软件的说明。客户凭着这份简单说明资料便可以从网上指定的地方下载软件并装入计算机。将读写器与计算机用电缆连接起来，就可以开始操作系统了。操作时，根据厂家提供的演示程序，把电子标签放置在可以与读写器之间交换信息的位置上〔注意设置角度和距离等〕并对计算机进行操作。这样，按各种程序所作的 RFID 的演示就可以实现。

## 2.3　商用价值

（1）RFID 的投资回报有多大？

RFID 的投资回报是显而易见的。因为它可以同时读取多个 RFID 标签，还可以读视线外的标签。所以它很适合用固定读取方式读取，这些固定读取器安装在供应链上。例如，应用于门禁或生产车间传送带时，一般不需要人员参与。这样就节省了人力成本。又如在收货，以及其他一些需要数据采集的工作时，这种自动操作相比人工操作而言，既可以提高数据采集的效率，又可以准确地收集数据。再如，可以及时补充仓库的缺货，保证畅达的销售，提高销售的收益等。以上这些实时、准确的信息带来的利益是显而易见的。

（2）每只 RFID 标签的价格大约是多少？

目前，某些 RFID 标签在大量订货时的费用低于 10 美分。当 RFID 的应用扩大和标签的使用数量以 10 亿计时，规模的经济效应将使价格大大降低，很多公司希望将来每个标签低于 5 美分，但是要达到这个价格水平，需要特别先进的生产技术和极大的标签产量，由于这些条件的束缚，RFID 标签的价格水平很难估计，总体来说，价格会随着时间逐步下降。

（3）为什么如此多的公司和机构都在讨论 RFID？

因为世界上许多大型零售商和供应商都想把 RFID 电子标签用于包装箱和托盘来提高运输效率，使产品提高了运输中的可视性。最终达到降低货架的缺货率，为客户提供增值服务的空间。例如，Albertson's，Best buy，Metro，Tesco 等零售商以及美国的国防部。他们的需求拖动了市场，刺激了厂商开拓 RFID 商业领域的欲望，所以很多公司和机构都在讨论 RFID。

# 3　电子标签和阅读器

## 3.1　电子标签（应答器）

（1）按照读写能力分。RFID 标签有哪些种类？

按芯片能否写入内容和写入次数，可分为只读型、只写一次型和反复读写型。

（2）RFID 标签的读取距离是多少？

在标准的状况下，高性能 O 级 EPC 标签的读取距离可达 7~8m。

（3）读取的可靠性如何？

标签的工作环境和标签的大小、材料、读写器和天线的质量都会影响标签的距离和可靠性。例如，当标签暴露在外时，并且单个读取时，例如在传送带上时，读取的准确度接近 100%。但是许多因素都可能降低其性能。一次同时读取的标签越多，越有可能出现一个和多个标签的漏读。

（4）电子标签具有智能吗？

电子标签的所谓智能还不能做到像机器人那样能够下象棋。有时，只要具有了计算功能，我们就不妨说它具有了一定的智能。例如，有些供销费用的电子标签封装成的卡片不但可以通过读写器来读写数据，还可以进行计算。通过计算，持卡人在消费前原有多少余额，本次消费多少，消费后还剩多少余额，再把计算结果存入卡中。但是，大多数电子标签只能根据外部指令存储和取出 ID 信息，就像"条码"一样，只向外部设备提供数据。这样的电子标签不能说它具有"智能"。

（5）什么是"前台"式和"后台"式电子标签？

电子标签通过读写器采集到数据后便可以借助网络与计算机、数据库联系起来的。因此，一般来说，只要电子标签用 200 多位（bit）的内存能够容纳物品的编码就够用了。这种必须通过后台数据库来辨识物品信息的电子标签，可以移为"后台"式电子标签。但在实际使用中，现场有时不易与数据库联机，这必须加大标签的内存量，如几千位到几十千位，这样电子标签可以独立使用，不必再查用数据库信息，这种标签可称为"前台"式电子标签，但是在选用时要注意，一般来说，内存越大，读取时间越长。只有在那些时间因素不很重要，但必须当时就要知道物品的较详细信息的情况下，才采用这种"后台"式电子标签。

（6）RFID 电子标签是越小越好吗？

电子标签尺寸小，则它的适用范围宽，不管大物品或是小物品，都能设置，但是，一味追求尺寸并不是好事。事实上，电子标签设计得比较大可以加大天线的尺寸，有效地提高识读率。与较大的电子标签相对应，读写器的功率也要相应加大。另一方面，有些被标识的物品很小，像注射液的小玻璃瓶那样，就要用很小的标签。例如，容量为 1mL 的小药瓶只有小手指那么细小，大标签就不能适用了。

（7）使用中的电子标签损坏了怎么办？

调查表明在某项应用当中，使用了 10 000 个电子标签时，在一年当中低于 0.1% 的 60 个标签受损坏。为了防止标签的损坏而造成的不便，条码与电子标签的共同使用是一种有效的补救办法，这样可以根据条码记载的信息迅速复制出一个电子标签。另外，一个物品上放两个标签以备万一也是一种方法，但这样做的缺点是成本较高。

（8）RFID 电子标签传送电波有哪些方式？

有电波耦合与电波发射两大类。电波耦合方式上有电感、电磁等种类。

（9）根据是否搭载电池 RFID 电子标签有哪些种类？

根据供电方式分为主动式和被动式。主动式是指芯片是由内部的电池提供电源，其作用距离较远，但寿命有限、体积较大、成本高，且不适合在恶劣环境下工作。被动式无电池内藏，它利用来自读写器的电波波束供电技术将接收到的射频能量转化为直流电源为卡内电路供电，其作用距离相对主动卡短，但寿命长且对工作环境要求不高。按调变方式的不同可分为主动式和被动式。主动式电子标签用自身的射频能量主动地发送数据给读写器；被动式电子标签使用调变散射方式发射数据，它必须利用读写器的载波来调变自己的信号，该类技术适合用在门禁或交通应用中，因为读写器只需启动一定范围之内的电子标签。在有障碍物的情况下，用调变散射方式，读写器的能量必须来去穿过障碍物两次。而主动方式的电子标签发射的信号仅穿过障碍物一次，因此主动方式工作的电子标签主要用于有障碍物的应用中，距离更远（可达 30 公尺①）。

（10）根据使用频率，RFID 电子标签有哪些种类？

按载波频率分为低频电子标签、中频电子标签和高频电子标签。低频电子标签主要有 125kHz 和 134.2kHz 两种，中频电子标签频率主要为 13.56MHz，高频电子标签主要为 433MHz、860～960MHz、2.45GHz、5.8GHz 等。低频系统主要用于短距离、低成本的应用中，如多数的门禁控制、校园卡、动物监管、货物追踪等。中频系统用于门禁控制和需传送大量数据的应用系统；高频系统应用于需要较长的读写距离和高读写速度的场合，其天线波束方向较窄且价格较高，在火车监控、高速公路收费等系统中应用。

（11）目前有哪些国际标准适用于各类电子标签？

目前，可供电子标签使用的几种标准有 ISO10536、ISO14443、ISO15693 和 ISO18000。应用最多的是 ISO14443、ISO15693，应用于高频的这两个标准都由实体特性、射频功率和信号接口、初始化和反碰撞以及传输协议四部分组成。随着超高频电子标签的发展，ISO18000 分类下的 18000－6b 的应用不断增多。

## 3.2　读写器

（1）手持式读写器是怎样解决"漏读"现象的？

这里说的是在正常读取产品的标签时，有的标签没有被读到。为了保证读取的标准性，操作人员必须作第二次扫描，由于第一次扫描的结果存入了读写器中，即使已读产品的 ID 号再次被读入到读写器中，经过设备的自动判断，已读 ID 不再计入，而对那些漏读的产品，则可以补充到已读数据中来。这样"漏读"现象就可以得到纠正。在购置手持式读写器时要注意有没有这项功能。

（2）通信范围主要与哪些因素有关？

射频识别系统的通信范围取决于以下几个因素：

① 功率（power）：用以和电子标签对话的读写器所具有的功率。

② 信噪比（signal to noise ratio）：信噪比是有用信号强度与噪声强度的关系。

③ 周边环境的条件与影响：在频率较高情况下的使用，如超高频，对环境条件的影响较为显著。

———————
① 1 公尺 ＝1 米。

虽然可使用功率的大小是决定通信范围的主要因素，但是使用功率的方式与效率也会影响通信范围的大小。天线所发射的磁场或无线电波，会以天线为中心扩展到其周围空间，而这个磁场或电磁波的能量会随着距离的增加而减少。我们可以利用天线的设计，来决定其所形成磁场或波传导的形状，所以射频识别系统的通信范围也会受读写器与天线之间形成的正向角度的影响。

在一个无障碍的空间，或是在一个不具有任何会吸收电波之结构的空间当中，磁场的能量会以距离平方的比例减少；而当电波在一个空间区域中传导的时候，该空间的地面或障碍物都可能会造成反射的现象，造成能量减少的程度差异极大，减少的比例甚至可能高达距离的四次方。当以多种路径进行传导时，这个现象被称为"多路衰减"。另外在使用较高频率时，空气中的湿气会吸收电磁波，进而影响通信范围。因此，在许多应用当中必须考虑系统外在的和内在的环境对通信范围所造成的影响。然而在评估应用系统内部所使用的一些反射性金属"障碍物"的同时，不仅要考虑到这些障碍物的数目会随着时间而变化，更需要进一步地通过对环境的评估来建立这些改变可能带来的影响。

尽管可以根据应用系统的需求来选用大小不同的功率，但是并不能随心所欲地选择。这是因为可用功率就像载波频率一样，需要受到政府的规范和监管。在提到无线识别系统的功率时，通常是用 100 ~ 500mW 这个数字，但是实际上的数字还是要得到系统所在国家的主管机关的许可。

附录图 3.1　一种读写器模块和天线

（3）电子标签与读写器之间信号的通信距离与哪些因素有关？

射频识别系统的读写距离是一个很关键的参数。目前，长距离射频识别系统的价格还很贵，因此寻找提高其读写距离的方法很重要。影响电子标签读写距离的因素包括天线的工作频率、阅读器的 RF 输出功率、阅读器的接收灵敏度、电子标签的功耗、天线及谐振电路的 $Q$ 值、天线方向、阅读器和电子标签的耦合度，以及电子标签本身获得的能量及发送信息的能量等。大多数系统的读取距离和写入距离是不同的，写入距离是读取距离的40%～80%。

（4）电子标签与读写器之间传输信号都是通过"天线"传送的吗？

一般认为电子标签和读写器之间是通过"无线"间的通信来进行数据的传输。射频识别系统根据两种原理传送数据，一种以电磁耦合或电感耦合，另一种以电磁波传送。目前，这两个方式都被分类为射频识别系统。利用"天线"成为电子标签与读写器的一个不可缺少的特征。严格说来，上述的电磁或电感耦合所使用的"天线"有点类似于变压器中的线圈（见附录图3.2）。"天线"这个名词一般适用于上述电磁波传送系统中，但把它使用于电磁、电感耦合系统中虽不够准确，但也能粗略地描述其信号传送方式和路径。

附录图3.2　一种实用的天线

（5）ID等数据是如何通过空中接口被传送的？

数据的传送不仅受制于一些难以预测的变化，还受包括空气等的数据传送媒介，以及传送数据所用频段的影响。在通信频道中，电磁波的噪声、干扰以及扭曲失真等现象都是造成数据丢损的主要原因，如果要达成零误差的数据传送。为了避免这些现象的产生，为了通过空中接口中或在两个通信组件之间相隔的空间中有效地传送信息，数据必须重叠在一个呈周期变化（如正弦）的场或载波上，这种重叠的技术称为"调幅"，"调频"或"调相"，我们可以将这些称为编码。这三种编码技术的正式名称为：振幅调变（ASK）、频率调变（FSK）、相位调变（PSK）。尽管这个编码的机制对射频识别系统的使用者来说是察觉不到的，系统的规格仍然指明该系统所适用的编码系统。目前有许多不同的编码系统，而且每个系统的表现都呈现不同的特色。

（6）较长识读距离对系统识读率有何好处？

长识读距离是绝大部分射频识别系统性能优化的需求。较长的识别距离对于提高读出率、吞吐率，以及可靠性都有帮助。

（7）怎样才能有较长的识读距离？

提高识读距离是关系整个射频识别系统的，一般而言，我们可以通过几个方面来提高识读距离：降低标签芯片的功耗是最直接的手段；作为标签芯片的核心技术之一的整流电路的效率也是关系到识读距离的重要因素，采用整流效率高的电路结构和元件是目前常用的解决方法；降低信道之间的干扰也是提高识读距离的重要手段。

（8）Ghost Read 是怎么回事？

Ghost Read，现在还没有看到国内有什么准确的翻译方法，暂时翻译为幻影标签。那么 Ghost Read 是什么呢？就是读写器得到了实际在通信范围内并不存在的标签，可能这个标签上存储的 EPC 号码是在别的产品、别的物理空间中的，也可能在整个系统中的任何地方都没有出现过。相对于标签丢失而言，Ghost Read 对于系统的影响更严重。

（9）Gen 2 是怎样避免 Ghost Read 出现的？

解决 Ghost Read 的方式主要依靠严格时序结构、随机数确认通信有效，数据完整性检查等手段加以避免。以 Gen 2 为例，读写器必须经过八重严格定义的检查机制才能够得到一个标签中的 EPC 编码，这样就将 Ghost Read 的出现概率大大降低了。

# 4　RFID 的频率和标准体系

## 4.1　RFID 的频率

（1）什么是 RFID 无线通信中的载波和载波频率？

在有线通信系统中，物体以实体的线路相互连接，有效地将通信联机与网络本身相互隔离。而无线电通信频道一般所采用的方式是通过频段的分配来进行隔离。频段的分配通常都是由政府立法来执行，将电磁波谱分段，分配给不同的目的使用。各国政府分配电磁波谱的方式，因对射频识别系统应用上的考虑不同而有所差异，而射频识别系统标准化的目的就是在寻求排除这方面问题的可能性。

（2）应用不同频率的标签时，有哪些需要注意电波法的情况？

在低频、高频、超高频中比较引人注目的是 860～960MHz 的频段。这个频段大多被各种通信所利用。各个国家对这个范围内的电波使用管理最严厉。中国为了开放这个频段经历了好几年的时间，持续时间长是因为清理原来占有这些频率的其他用途并不容易。中国已经颁布的应用许可频率范围有两个频段，分别是 840～845MHz 频段和 920～925MHz 频段。

RFID 可利用的上述频段并不是在每个国家都能适用的，因为各国的政府可能将某频段分配给特定的使用者。且每个国家都会针对各个频段，以法令规定该频段所适用的用途，而这些规范所规定的项目可能包括功率的大小、电波干扰等。

（3）RFID 有哪些基本的使用频率及相对应有哪些典型的应用？

各频段的范围与应用如下：

① 频段：低频 100～500kHz。

特色：短至中程的读取范围，价格偏低，读取速度慢。

典型应用：门禁系统、动物识别、存货控制、汽车芯片防盗锁。

② 频段：高频 10～15MHz。

特色：短至中程的读取范围，低价偏低，读取速度中等。

典型应用：门禁系统、智能卡。

③ 频段：超高频 860～960MHz

特色：读取范围大、读取速度快。

典型应用：供应链管理、集装箱、铁路车厢识别。

④ 频段：超高频 5.8GHz。

特长：读取距离长、受限于视线直线距离。

典型应用：高速路上的车牌管理、道路收费系统。

## 4.2　高频 RFID 与超高频 RFID 标签应用性能的比较

（1）高频 RFID 的工作频率是多少？

典型的高频 RFID 工作频率为 13.56MHz。该频段的射频标签，其工作能量通过电感耦合方式从阅读器耦合线圈的辐射近场中获得。中高频标签与阅读器之间传送数据时，标签需位于阅读器天线辐射的近场区内。该标签的阅读距离一般情况下小于 1m。即采用电感耦合方式工作，所以宜将其归为低频标签类中。

另外，根据无线电频率的一般划分，其工作频段又称为高频，所以也常将其称为高频标签。鉴于该频段的射频标签可能是实际应用中最大量的一种射频标签，因而我们只要将高、低理解成为一个相对的概念，即不会造成理解上的混乱。

（2）超高频 RFID 的工作频率是多少？

超高频的典型工作频率有 433.92MHz、862（902）~928MHz。超高频标签可分为有源标签与无源标签两类。工作时，射频标签位于阅读器天线辐射场的远区场内，标签与阅读器之间的耦合方式为电磁耦合方式。阅读器天线辐射场为无源标签提供射频能量，将有源标签唤醒。相应的射频识别系统阅读距离一般大于 1m，典型情况为 4~6m，最大可达 10m 以上。阅读器天线一般均为定向天线，只有在阅读器天线定向波束范围内的射频标签可被读/写。由于阅读距离的增加，应用中有可能在阅读区域中同时出现多个射频标签的情况，从而提出了多标签同时读取的需求。目前，先进的射频识别系统均将多标签识读问题作为系统的一个重要特征。

（3）高频 RFID 与超高频 RFID 有何差异？

目前中国 RFID 的应用在高频频段较多，以非物流领域应用为主。不过，物流、供应链领域的应用正在急速增加。而物流领域 RFID 主要应用频段是超高频。

二者相比有所差异：

① 高频 RFID 读写距离一般 1m 或更少，但其穿透能力相对较强，不过穿透物体后信号会有一定的衰减。高频 RFID 读写速度较快，且能同时读取多个标签。超高频 RFID 的优势在于能量较高，读写距离较远，一般超过 1m，典型情况为 4~6m，最大可达 10m 以上（随射频能量的强弱），信号传输速度也很快。

② 由于存在较强的方向定义以及防碰撞算法的问题，超高频（900M 及以上频率）的无源 RFID 目前存在漏读和误读等问题。目前，还没有能保证100% 的识读率的产品，这在一定程度上限制了超高频无源 RFID 在物流单品（通常都是大规模）识读上的应用。高频识读距离近，但反过来也保证了识读的准确性。

③ 超高频 RFID 的信号容易受到遮挡，不能通过许多材料，包括金属、水，灰尘，雾等悬浮颗粒物质。在物流复杂环境的应用中还有些缺陷。高频则相对较好。

④ 高频 RFID 国产技术已经比较成熟，国产化水平高，成本正逐步降低。超高频的读写设备相对还较贵。

（4）超高频 RFID 与高频 RFID 相比又有哪些优势？

尽管高频标签的应用占有一定优势，但随着超高频技术的不断提高和各国对超高频标准的陆续统一以及政府对这一频段管制的解禁，我们相信在不久的将来超高频标签将主导射频识别市场。下面以图书管理系统为例，突出超高频应用的优势：

①　隐藏性强。由于高频 RFID 电子标签受到自身技术的限定，要将其外形缩小到和磁针一样大小，且不影响自助借还、防盗、盘点等功能，就目前的技术状况来看，可能性很小。而超高频 RFID 电子标签可大可小，可长可短，可根据各种应用环境设计成各种形状。针对于图书馆领域，超高频 RFID 的电子标签具有极强的隐蔽性，将其安装于图书内脊，非图书馆专业人士，很难发现其安装位置。

②　实施成本低。随着国际上铜等原材料的价格上扬，由于超高频 RFID 电子标签的用料仅仅相当于高频 RFID 电子标签的 1/3，仅从用料上就已经表现出了极大的价格优势。从芯片来说，由于高频 RFID 电子标签发展的时间较长，芯片成本的下降空间已经不大，而超高频 RFID 电子标签芯片随着技术的不断发展，用量的不断增加，其价格下降的趋势非常明显。对于图书馆来说，电子标签应属于低值易耗品，因此超高频电子标签能够减少图书馆的投资，降低系统应用及维护成本。

③　远距离读写。高频 RFID 电子标签读取的距离极限为 1.5m，而超高频 RFID 电子标签可轻松的从 8m 外读取，有源超高频 RFID 电子标签甚至可达到 200m。也就是意味着高频 RFID 电子标签只能在 1.5m 的空间内发挥作用，新功能的拓展能力微弱。超高频 RFID 电子标签在完成基本功能的基础上，可在广阔的应用空间中层出不穷的推出不胜枚举的奇妙功能，例如，图书定位、取阅统计、盲人导航。

④　快速读取。U 高频 Reader 高速读取速率，对于图书馆管理来说，工作效率会大大提高，特别是盘点及图书查找工作，更是可领略高科技给我们工作和生活带来的乐趣。

⑤　远距离门禁监测。由于超高频识别距离远，因此安全门监测范围广，一套单通道安全门就可替代一套双通道高频安全门，防盗效果是高频安全门的 2 倍。

## 4.3　RFID 的标准

（1）什么是 RFID 的标准化？

RFID 是各个厂家当初在互相独立和各自为政所规定的标准下开发出来的，所以缺乏统一规范。正因为如此，它在大规模的系统中很难得到运用。而热切希望普及 RFID 技术的领域，如物流界由于运作区域非常广泛，对

RFID 的标准化极为重视。RFID 标准化有标签和读写器间的通信协议，以及标签中 ID 的格式和数据检索的结构等方面。

（2）RFID 技术关键的基础标准是什么？

主要标准有编码标准、空中接口协议以及数据格式、公共服务、中间件、测试标准等。

（3）国外有哪些国际标准化组织？

A4 代表性的国际标准组织主要有 5 家，分别是 EPC global（全球电子物品编码），ISO/IEC（国际标准组织/国际电工委员会），UID（Ubiquitous ID Center，泛在识别中心），AIM（Automatic Identification Manufacturers）和 IP - X。简单介绍如下：

① EPC global。EPC global 是以欧美企业为主要阵营的 RFID 标准组织，拥有 533 家会员，其中终端用户 234 家，高级会员 299 家，拥有沃尔玛、思科、敦豪快递、麦德龙和吉列等核心会员。EPC global 利用 Internet、RFID 和全球统一识别系统编码技术给每一个实体对象唯一的代码，构造实现全球物品信息实时共享的实物信息互联网（物联网）。目前 EPC global 已经发布了一系列技术规范，包括电子产品代码（EPC）、电子标签规范和互操作性、识读器 - 电子标签通信协议、中间件软件系统接口、PML 数据库服务器接口、对象名称服务和 PML 产品元数据规范等。

② ISO/IEC。与 EPC global 只专注于 860 ~ 960MHz 频段不同，ISO/IEC 在各个频段的 RFID 都颁布了标准。ISO/IEC 组织下面有多个分技术委员会从事 RFID 标准研究。ISO/IEC JTC1/SC31，即 AIDC 自动识别和数据采集分技术委员会，正在制定或已颁布的标准有不同频率下自动识别和数据采集通信接口的参数标准，即 ISO/IEC18000 系列标准。ISO/IEC JTC1/SC17 是识别卡与身份识别分技术委员会，正在制定或者已经颁布的标准主要有 ISO/IEC14443 系列，我国的二代身份证采用的就是该标准。此外，ISO TC104/SC4 识别和通信分技术委员会制定了集装箱电子封装标准等。

③ UIDC（Ubiquitous ID Center）。日本泛在技术核心组织 UID（Ubiquitous ID Center）目前已经公布了电子标签超微芯片部分规格，但正式标准尚未推出；支持这一 RFID 标准的有 300 多家日本电子厂商、IT 企业。日本和欧美的 RFID 标准在使用的无线频段、信息位数和应用领域等有许多不同点。日本的电子标签采用的频段为 2.45GHz 和 13.56MHz，欧美的 EPC 标准采用超高频频段；日本的电子标签的信息位数为 128 位，EPC 标准的位数为 96 位；日本的电子标签标准可用于库存管理、信息发送和接收以及产品和零部件的跟踪管理等，EPC 标准侧重于物流管理、库存管理等。

④ AIM 和 IP－X。AIM 和 IP－X 的势力则相对弱小。AIDC（Automatic Identification and Data Collection）组织原先制定通行全球的条码标准，于 1999 年另成立 AIM（Auto ID Manufacturers）组织，目的是推出 RFID 标准。不过由于原先条码的运用程度将远不及 RFID，亦即 AIDC 未来是否有足够能力影响 RFID 标准之制定，将是一个变量。AIM 全球有 13 个国家与地区性的分支，且目前的全球会员数已快速累积至一千多个。IP－X 为南美、澳大利亚，瑞士为中性主权国的第三世界标准组织。

（4）标准具体涉及哪些内容？

空中接口协议标准、数据格式标准、公共服务标准、中间件标准、信息安全标准、相关产品标准

① 空中接口协议标准。研究 ISO/IEC 18000 系列标准，分析各协议的技术特点，剖析标准中专利分布情况，跟踪国外相关技术进展和标准动态。

分析国内各产学研单位在空中接口技术方面的已有成果及专利申请情况，跟踪相关课题研究的最新研究进展。结合我国的国情，研究制定我国自主知识产权的空中接口协议标准。

② 数据格式标准。研究分析国际 RFID 技术应用中涉及的数据存储、交换及其处理的相关标准，密切关注其发展动态。

研究制订我国的 RFID 数据格式标准，以保障在各种应用平台下进行信息交换和信息集成，并便于物品信息的分类和分级。

③ 公共服务标准。公共服务体系是 RFID 技术广泛应用的核心支撑，它关系到国民经济运行、信息安全甚至国防安全。因此必须根据我国未来 RFID 应用特点和下一代网络平台来制定公共服务体系标准。

研究分析现有国外的公共服务标准。

由于与编码、数据处理等技术关系密切，建议制定相关标准时应作整体系统的考虑。

④ 中间件标准。RFID 中间件的国际标准正在酝酿和讨论之中，这对我国研究开发具有自主知识产权的 RFID 中间件标准来说，既是挑战又是一个非常难得的机遇。

应把设计和开发具有自主知识产权的 RFID 中间件产品和制定中间件标准相结合。

⑤ 信息安全标准。目前国际上尚未发布有关 RFID 信息安全的标准。

从标签到读写器、读写器到中间件、中间件之间，以及公共服务体系各要素之间均涉及信息安全问题。

应研究制定我国自主的信息安全标准。

⑥ 相关产品标准。电子标签、读写器、中间件（产品）等将应用于众多领域，且数量庞大，必须保证产品质量和性能。

应相应制定通用产品的国家标准，确定基本规范。

⑦ 测试标准。现有的国际 RFID 测试标准，基本不涉及知识产权问题，可以根据我国应用频段的特点适当补充修改后采用。

对于标签、读写器、中间件等产品，应根据其通用产品规范制定测试标准，针对空中接口标准制定相应的测试标准。

对于我国自主制定编码、公共服务体系、数据协议以及应用技术标准，应该制定相应的测试标准。

（5）各种标准体系有哪些内容，它们之间的关系如何？

通常情况下，RFID 阅读器发送的频率称为 RFID 系统的工作频率或载波频率。RFID 载波频率基本上有 3 个范围：低频（30～300kHz）、高频（3～30MHz）和超高频（300MHz～3GHz）。常见的工作频率有低频 125kHz 与 134.2kHz、高频 13.56MHz、超高频 433MHz、860MHz～930MHz、2.45GHz 等。RFID 的低频系统主要用于短距离、低成本的应用中，如多数的门禁控制、校园卡、煤气表、水表等；高频系统则用于需传送大量数据的应用系统；超高频系统应用于需要较长的读写距离和高读写速度的场合，其天线波束方向较窄且价格较高，在火车监控、高速公路收费等系统中应用。另外值得一提的是，在供应链中的应用，EPC Global 规定用于 EPC 的载波频率为 13.56MHz 和 860～930MHz 两个频段，其中 13.56MHz 频率采用的标准原型是 ISO/IEC15693，已经收入到 ISO/IEC18000 - 3 中。这个频点的应用已经非常成熟。

关于 ISO/IEC 标准体系，高频频段的目前在我国常用的两个 RFID 标准为用于非接触智能卡两个 ISO 标准：ISO 14443，ISO 15693。ISO 14443 和 ISO 15693 标准在 1995 年开始操作，其完成则是在 2000 年之后，二者皆以 13.56MHz 交变信号为载波频率。ISO 15693 读写距离较远，而 ISO 14443 读写距离稍近，但应用较广泛。ISO 15693 采用轮寻机制、分时查询的方式完成防冲撞机制。防冲撞机制使得同时处于读写区内的多张卡的正确操作成为可能，既方便了操作，也提高了操作的速度。

① ISO/IEC 15693 标准简介。ISO 15693 标准规定的载波频率亦为 13.56MHz，VCD 和 VICC 全部都用 ASK 调制原理，调制深度为 10% 和 100%，VICC 必须对两种调制深度正确解码。从 VCD 向 VICC 传送信号时，编码方式为两种："256 出 1" 和 "4 出 1"。二者皆以固定时间段内以位置编码。这两种编码方式的选择与调制深度无关。当 "256 出 1" 编码时，10% 的 ASK 调制优先在长距离模式中使用，在这种组合中，与载波信号的场强相比，调制波边带较

低的场强允许充分利用许可的磁场强度对 IC 卡提供能量。与此相反，阅读器的 "4 出 1" 编码可和 100% 的 ASK 调制的组合在作用距离变短或在阅读器的附近被屏蔽时使用。从 VICC 向 VCD 传送信号时，用负载调制副载波。电阻或电容调制阻抗在副载波频率的时钟中接通和断开。而副载波本身在 Manchester 编码数据流的时钟中进行调制，使用 ASK 或 FSK 调制。调制方法的选择是由阅读器发送的传输协议中 FLAG 字节的标记位来标明，因此，VICC 总是支持两种方法：ASK（副载波频率为 424kHz）和 FSK（副载波频率为 424/484kHz）。由于篇幅有限，ISO/IEC 15693 标准详细内容略。

②ISO/IEC14443 标准简介。ISO 14443 适用的工作频率为 13.56MHz。ISO 14443 定义了 TYPE A、TYPE B 两种类型协议，通信速率为 106kbit/s，它们的不同主要在于载波的调制深度及位的编码方式。TYPE A 采用开关键控（On - Off keying）的曼彻斯特编码，TYPE B 采用 NRZ - L 的 BPSK 编码。TYPE B 与 TYPE A 相比，具有传输能量不中断、速率更高、抗干扰能力强的优点。RFID 的核心是防冲撞技术，这也是和接触式 IC 卡的主要区别。ISO 14443 - 3 规定了 TYPE A 和 TYPE B 的防冲撞机制。二者防冲撞机制的原理不同，前者是基于位冲撞检测协议，而 TYPE B 通信系列命令序列完成防冲撞。当一个 A 型卡到达了阅读器的作用范围内，并且有足够的供应电能，卡就开始执行一些预置的程序后，IC 卡进入闲置状态。处于闲置状态的 IC 卡不能对阅读器传输给其他 IC 卡的数据起响应。IC 卡在闲置状态接收到有效的 REQA 命令，则回送到对请求的应答字 ATQA。当 IC 卡对 REQA 命令作了应答后，IC 卡处于 READY 状态。阅读器识别出在作用范围内至少有一张 IC 卡存在。通过发送 SELECT 命令启动 "二进制检索树" 防碰撞算法，选出一张 IC 卡，对其进行操作。

目前的第二代电子身份证采用的标准是 ISO 14443 TYPE B 协议（附录表 4.1）。

附录表 4.1　ISO 14443 标准 A、B 型卡比较

| PCD 到 PICC 的数据传输 | A 型卡 | B 型卡 |
|---|---|---|
| 调制 | ASK 100% | ASK 10%（键控度 8% ~ 12%） |
| 位编码 | 改进的米勒编码 | NRZ 编码 |
| 同步 | 位级同步 | 每个字节有一个起始位和结束位 |
| 波特率/kdB | 106 | 106 |
| PICC 到 PCD 的数据传输 | A 型卡 | B 型卡 |
| 调制 | 用振幅键控调制 847kHz 的负载调制的负载波 | 用相位键控调制 847kHz 的负载调制的负载波 |

| PCD 到 PICC 的数据传输 | A 型卡 | B 型卡 |
|---|---|---|
| 位编码 | 曼彻斯特编码 | NRZ 编码 |
| 同步 | 1 位帧同步 | 每个字节有一个起始位和结束位 |
| 波特率/kdB | 106 | 106 |

③ ISO18000 系列标准。超高频频段的 860～930MHz 频段的应用则较复杂，国际上各国家采用的频率不同：例如美国为 915MHz，欧洲为 869MHz。下面对这几个主要国际标准加以简述：

ISO18000 是一系列标准，此标准是目前较新的标准，有的部分与 EPC 二代标准兼容。

ISO18000 - 1 第一部分全球通用频率非接触接口通信的参数定义。

ISO18000 - 2 第二部分 135kHz 以下非接触接口通信参数。

ISO18000 - 3 第三部分 13.56MHz 频率通信接口参数 。

ISO18000 - 4 第四部分 2.45GHz 非接触通信接口参数。

ISO18000 - 5 第五部分 5.8GHz 非接触接口通信参数。

ISO18000 - 6 第六部分 860～930MHz 频率通信接口参数。

ISO18000 - 7 第七部分 433MHz 频率通信接口参数。

ISO18000 系列包括了有源和无源 RFID 技术标准，主要是基于物品管理的 RFID 空中接口参数。

把我国最常用的高频和超高频合并起来用一张表来表示如附录表 4.2。

附录表 4.2　**ISO/IEC 14443、ISO/IEC 15693 和 ISO/IEC 18000 系列标准**

| 分类 | 规格 | 利用频率/特征 |
|---|---|---|
| 卡片型<br>（SC17） | ISO/IEC 14443 | 13.56MHz 接近型（10cm 以内） |
| | ISO/IEC 15693 | 13.56MHz 接近型（10cm 以内） |
| 标签型<br>（SC31） | ISO/IEC 18000 - 1 | 全球公认的普通空中接口参数 |
| | ISO/IEC 18000 - 2 | 135kHz 空中接口 |
| | ISO/IEC 18000 - 3 | 13.56MHz 空中接口 |
| | ISO/IEC 18000 - 4 | 2.45GHz 空中接口 |
| | ISO/IEC 18000 - 5 | 5.8GHz 空中接口（注：规格化中止） |
| | ISO/IEC 18000 - 6 | 860～930MHz 空中接口 |
| | ISO/IEC 18000 - 7 | 433.92MHz 空中接口 |

（6）RFID 还有哪些国际标准？

目前常用的 RFID 国际标准除了上述这些标准外还有用于对动物识别的 ISO 11784 和 11785，用于非接触智能卡的 ISO 10536（Close coupled cards）、用于集装箱识别的 ISO 10374 等。

ISO11784 和 ISO 11785 标准：工作频率为 134.2kHz，应用动物识别。ISO 11784 和 11785 分别规定了动物识别的代码结构和技术准则，标准中没有对应答器样式尺寸加以规定，因此可以设计成适合于所涉及的动物的各种形式，如玻璃管状、耳标或项圈等。技术准则规定了应答器的数据传输方法和阅读器规范。工作频率为 134.2kHz，数据传输方式有全双工和半双工两种，阅读器数据以差分双相代码表示。应答器采用 FSK 调制，NRZ（反向不归零制）编码。由于存在较长的应答器充电时间和工作频率的限制，通信速率较低。

ISO 10374 标准：ISO 10374 标准说明了基于微波应答器的集装箱自动识别系统。应答器为有源设备，工作频率为 850～950MHz 及 2.4～2.5GHz。只要应答器处于此场内就会被活化并采用变形的 FSK 副载波通过反向散射调制做出应答。信号在两个副载波频率40kHz 和 20kHz 之间被调制。此标准和 ISO 6346 共同应用于集装箱的识别，ISO 6346 规定了光学识别，ISO 10374 则用微波的方式来表征光学识别的信息。

（7）中国国内 RFID 设备主要涉及的标准有哪些？

目前国内 RFID 设备使用的主要频率为高频，即 13.56MHz。例如，身份证、门禁卡、停车计费卡、公交一卡通、地铁/城铁用的电子乘车券等等，这些用途的设备在 RFID 应用的整体数量上占有绝对优势。另外，低频（125kHz/135kHz）用在宠物管理上，而超高频（860～960MHz）实验性地用在物流集装箱、托盘等方面。称之为微波的频率（2.45GHz）也有所应用。低频有缩小趋势，高频用在身份证等证件、门禁、会员卡上。因为人口数量大，所以数量很大。超高频由于对物品应用与日俱增，其前途极其巨大。微波也大有发展趋势。上述使用频率所对应的国际标准如下：低频执行 ISO 18000-2；高频执行 ISO 15693 和 ISO 14443；超高频执行 ISO18000-6；超高频执行 ISO 18000-6；微波执行 ISO 18000-4。因此，对于中国实用的任何 RFID 频率都有国际标准可以参照。

（8）UID 是怎么回事？

泛在 ID 中心（Ubiquitous ID Center）是以东京大学的坂村健教授所主持的 TRON 项目为基础，于 2002 年 12 月设立的标准化团体。其宗旨为将自动物体识别作为 RFID 的核心。不仅以代替条码（一维条码和二维条码）为目标，而且在日常生活的各个领域里全面提供新式服务为基础来推动 RFID 的应用。

作为基本 ID 利用由 128 位数码组成的 U – CODE，我们常称之为 UID 编码。该中心在研究如何以 ID 被发行的时间和场所等为基础来自动生成 ID 的方法。另外 UID 的体系不仅限于通常的 RFID 标签，而且包括搭载有 CPU 的密码化电子标签。这样一来 UID 体系涵盖和涉及了 RFID 标签的多种多样的应用，所以该体系的主要特征为在提高现存的各类标签体系的水准为前提推行标准化。

（9）既然各种频率都有国际标准，还有什么值得争议的呢？

上述各种频率中除超高频外，都没有什么争议。除了执行国际标准之外，标准工作组和部分地方省市还分别制定了一些标准对国际标准进行了一定程度的补充。这些频段多数只能用于封闭环境。所以没有什么争议。唯独超高频频段，由于对于某些重要的应用领域，例如物流、交通等需要识读范围大的情况来说与其他频率相比，其性能最为优越，而且适用于开放环境，需要与网络连接。用途甚至包括国际间的物流、军事等等。于是围绕国家利益等问题，争论不休。例如，"使用 EPC 主导的 ISO 18000 – 6C 将损害国家利益"曾是一种较为典型的反对 EPC 的议论。但是"若不采用这个标准，很难适应全球经济的需要，反倒对国家利益不利"。这是与上述意见相反的意见。但是，目前 EPC 已经被国际标准所接纳。国内普遍使用着国际标准，所以目前上述争议已有很大缓和。

## 4.4　高频 RFID 与超高频 RFID 的应用

（1）高频 RFID 的市场占有率是多少？原因是什么？

数据显示，高频标签占据了 RFID 标签 60% 左右的市场。目前中国 RFID 的应用仍集中在高频频段，以非物流领域应用为主。不过，物流、供应链领域的应用正在缓慢增加。其主要原因：第一，技术成熟。高频技术比较成熟，并且高频产品很早就市场化了，而超高频产品的市场化也是近几年的事情。第二，成本因素。现阶段，高频读写设备的成本比超高频读写设备的成本便宜，但规模应用起来，要用到大量标签时，则超高频标签较为廉价。

高频标签由于可方便地做成卡状，广泛应用于电子车票、电子身份证、电子闭锁防盗（电子遥控门锁控制器）、小区物业管理、大厦门禁系统等。而超高频标签主要用于铁路车辆自动识别、集装箱识别，还可用于公路车辆识别与自动收费系统中。

# 5　电子货品编码 EPC 与标准

## 5.1　基本知识

（1）什么是 EPC？

EPC 的全称是 Electronic Product Code，中文称为产品电子代码。EPC 的载体是 RFID 电子标签，并借助互联网来实现信息的传递。EPC 旨为每一件单品建立全球的、开放的标识标准，实现全球范围内对单件产品的跟踪与追溯，从而有效提高供应链管理水平、降低物流成本。EPC 是一个完整的、复杂的、综合的系统。

（2）EPC Global 是什么样的组织？

EPC Global 用中文解释为全球产品电子代码管理中心，是产品电子代码（EPC）在全球的管理机构，它隶属于国际物品编码协会（GS1），是一个全球用户参与的、中立的、非营利性标准化组织。它通过国际物品编码协会（GS1）在全球 103 个国家和地区的编码组织（在我国是中国物品编码中心）来推动和实施 EPC 工作，主要包括：推广 EPC 标准；管理 EPC Global 网络；实施 EPC 系统的推广工作；与包括麻省理工学院 MIT（Massachusetts Institute of Technology）在内的 7 个 Auto－ID 实验室合作来进行研发。各国编码组织负责管理 EPC 系统成员的注册和标准化工作，在当地推广 EPC 系统，提供技术支持和培训。美国的沃尔玛、IBM、微软、英国的 Tesco、荷兰的飞利浦、日本的 DNP 等数百家企业都是 EPC Global 的成员。

（3）EPC 必须遵循哪些规则？

EPC 必须遵循下述原则：

全球通用、开放、中立。

在知识产权（IP）方面免专利使用费（Royalty free）。

价格低、性能高的 RFID 标签和读写器。

标签尽量简单，ID 信息保持在网络中。

供应链上的所有环节上都要保证精度和可视性。

（4）电子商品编码 EPC 系统包含哪些内容？

EPC 系统是一个非常先进的、综合性的和复杂的系统。其最终目标是为每一单件商品建立全球开放的标准标识代码。它由电子商品代码（EPC）体系、射频识别（RFID）系统及信息网络这 3 个系统构成。主要内容由编码标准、电子标签、读写器、中间件，Savant 系统（神经网络软件）、对象名称解释服务（ONS：Object Name Service）、物理标记语言（PML：Physical Markup Language）等六个方面组成。EPC 系统及主要内容由附录表 5.1 表示：

附录表 5.1　EPC 系统和主要内容

| 系统构成 | 主要内容 | 注释 |
| --- | --- | --- |
| 全球产品电子代码的编码体系 | 编码标准 | 识别目标的特定代码 |
| 射频识别系统 | 电子标签 | 贴在商品之上或者内嵌在商品之中 |
| | 读写器 | 识读 EPC 标签 |
| 信息网络系统 | 中间件 | 介于读写器与应用终端的软件 |
| | 对象名称解释服务（Object Naming Service，ONS） | 为 PML 服务器提供 ID 信息的查询地址的服务器 |
| | 实体标记语言（Physical Markup Language，PML） | 提供与 ID 相关联的信息的服务器 |

（5）EPC 是为全球使用而设计的吗？

EPC 的设计宗旨是为了迎合全球经济技术发展的需求。EPC 技术是目前让单个标签在 850～955 MHz 内使用的，在不同国家和不同地区，无线电的管理规范是不同的，而 EPC 所规定的频段利用是灵活的，可以满足不同国家的规范。但是，不同国家对 RFID 的无线电频段的开设时期不同，北美早已得到开设，因此最适合使用 RFID。欧盟已较早地颁布了一项规范，允许使用 EPC。而在亚洲，各个国家和地区各不相同，中国本土、中国香港、日本、新加坡等已正式启用供 EPC 使用的超高频频段。目前，EPC 的标准已被国际标准化组织（ISO）接纳为一种正式的国际标准。

（6）EPC 有没有关于知识产权的问题？

EPC 的设计包括了免产权费的空中接口协议，所以任何机构建立相关的基本系统都不需要知识产权许可证。然而有些公司声称它们拥有建立 EPC 系统的知识产权，这种说法是错误的。

## 5.2　频率

（1）EPC 标准下的电子标签利用什么频段？

尽管已有低频、高频、超高频、甚超高频等多种频段已为 RFID 所利用，但是 EPC 编码标准只是利用超高频（Ultrahigh Frequency）频段（860～960 MHz）。而超高频频段已被手机、无线广播和其他无线业务所占用。各国为了减小对不宜清理的部分频率的影响，各自选用了超高频内的不同频段为 RFID 专用。美国选用 915MHz，欧洲选用 868MHz，日本在结束第二代手机后将 952 ~ 954MHz 或 950 ~ 956MHz 让位于 RFID。中国香港地区是 865 ~ 868MHz。中国已经颁布的应用许可频率范围有两个频段，分别是 840 ~ 845MHz 频段和 920 ~ 925MHz 频段。

（2）EPC 标准有什么特点？

由于目前的 EPC Gen 2（关于 Gen 2 和下文提到的 Gen 1 请参阅后文的介绍）标准只是针对超高频频段，它适合长距离的读写（读取 ID 可达 8m 左右的距离），因此主要应用在物流等需要通信距离长的领域。目前 EPC 没有对超高频以外的其他频段制定标准。也就是说 EPC 的主要对象是物流，特别是物流中的流通领域，如用于购物。这样把目标限定在很窄小范围内的最大好处在于可以降低电子标签的成本。成本降低到一定程度，例如 5 美分（0.3 元人民币），小商品上就可以使用电子标签。EPC Gen 2 中对于空中接口的标准融合了 Gen 1 和 ISO 协议中有关空中接口的优点，加上一些从其他通信系统借鉴来的信息，如从 802.11 Wi - Fi 路由器，来实现读写器和标签的通信，这样会比现存的 RFID 协议更快捷、更可靠，并且可以解决对环境的噪声污染问题。虽然目前定义完成的 Gen2 是针对超高频频段的，但是 EPC 正在和将要制定高频和 2.45GMW 频段的标准。电波的各种频段的利用见附录表 5.2。

附录表 5.2　电波的各种频段的利用（括号内为 RFID 所利用）

| 电波分类 | 频率范围 | 用途 |
| --- | --- | --- |
| 光 | >3THz | 【670nm：RFID】 |
| 次米厘波·米厘波 | ~3THz（3 000GHz） | 宇宙通信 |
| 微波 | ~30GHz | 局部无线电台【2.45GHz：RFID】 |
| UHF（极超短波） | ~3 000MHz | PHS（小灵通）·手机电视【860 ~ 950MHz：RFID】 |
| VHF（超短波） | ~300MHz | 电视·FM 广播 |
| 短波 | ~30MHz | 【13.56MHz：RFID】 |
| 中波 | ~3MHz | AM 广播 |
| 长波 | ~300kHz | 【125kHz：RFID】 |

## 5.3　编码

（1）产品电子代码 EPC 与 EAN·UCC 编码的关系如何？

EPC 编码是与 EAN/UCC 编码兼容的 RFID 编码标准。像任何编码一样，

EPC 编码必须有载体，通过贴在物品上的载体，物品才能得到标识和识别。RFID 电子标签是 EPC 的唯一载体，EPC 已经成为 GS1（由 UCC 和 EAN 合并后成立的）的一项主要业务。EPC 编码与 EAN/UCC 编码是兼容的，实现了对单个产品的唯一标识，而 EAN/UCC 编码主要还是对产品类别进行标识。

（2）EPC 编码是怎样构成的？

EPC 编码由 96 位数码构成。在各位数里与条码类似地分配有厂家编号、产品编号等数字段。RFID 是比条码具有更高水准的识别码。其主要特征是利用它可以在制造、流通、销售、使用直至再利用的全过程中有效地管理商品，并且有助于制定商品在流通中的最佳管理方式。从 EPC 编码的构成可以看出其数据量之大，不但可以面向数亿企业，而且每个企业能够为 1 千多万种商品、每种商品可以对 680 亿个单品赋码。

（3）采用 EPC C1 Gen2 的空中接口协议是否一定需要采用 EPC 编码？

并不需要。EPC C1 Gen2 空中接口协议是一个非常宽容的协议，制定中考虑了非 EPC 编码的需求。在 EPC C1 Gen2 v1.1.0 的最终版 6.3.2.1.2.2 部分详细定义了协议控制字。简单地说，在控制字中有一位表示是否存储的是 EPC 编码，如果是 EPC 编码则控制字中的其他位存储相应的 EPC 信息，如果不是 EPC 编码，则为非 EPC 编码，控制字存储的是符合 ISO 15961 规范的应用类型 AFI 编码。从而实现了和国际标准的兼容性。在这个架构基础上，我们完全可以采用符合我国应用需求的编码。

## 5.4　网络系统

EPC 的信息网络系统是怎样实现 ID 信息检索的？

EPC 对于 ID 进行信息检索的部件是：Savant，PML（Physical Markup Language），ONS（Object Name Service）的三点。其中 Savant 是连接 RFID 读写器系统的操作软件。PML（Physical Markup Language）是提供与 ID 相关联信息的服务器。ONS 在识别那些 PML 服务器所提供 ID 情报中，起到 DNS（Domain Name Server）的类似作用。其处理流程如下。一旦 Savant 检测到特定的 ID 以后，便向 ONS 服务器查询相应于 ID 的 PML 服务器中的地址。然后，根据得到的地址去查询 PML 服务器，便可得到 ID 所对应的准确信息。

## 5.5　EPC 的版本

（1）什么是 EPC 的 Gen 1？

Gen 1 标准是 EPC Global 的前身 Auto – ID Center 制定的。EPC 的 Gen 1 是第一代之意，Gen 是 generation（世代）的缩写。它包括 Class 0 协议和 Class 1

协议，其中 Class 0 协议下的标签是只读的，不可以写入；而 Class 1 协议下的标签虽是可读写的，但是只能写一次，写完后就成为只读标签，这两种协议下的标签都不具有保密性。Class 0 和 Class 1 协议都是 EPC 的标准协议。

（2）什么是 EPC 的 Gen 2？

因 Gen 1 存在许多问题，EPC Global 在 Gen 1 颁布不久便立即开始制定的新的标准协议 Gen 2。Gen 2 事实上是 EPC Global 制定的 Class 1 超高频频段射频识别空中接口的第二代标准。在 Gen 2 协议下的标签可以重复读写，并且增加了保密性能。其标准和 ISO18000 - 6 类似。Gen 2 的特点参照后文。

（3）EPC 的 Gen 2 经历了怎样的发展过程？

Auto ID Center 的目标是规范编码系统和网络构造，并且采用 ISO 协议作为空中接口标准。早期，EAN 和 UCC 致力于努力制定符合 ISO 的超高频协议的全球标签（GTAG）的标准。但是，Auto ID Center 反对这样做，原因在于 ISO 中的超高频协议过于复杂，并且因此导致电子标签的成本居高不下。

Auto ID Center 开始开发独自的超高频协议，最初计划制定一套适用于不同级别标签的协议。级别越高的标签更完善。结果却一直在调整计划（见附录表5.3）。

附录表5.3 适用于不同级别标签的协议

| 级别 | 性　能 |
|---|---|
| 0 | 被动标签，只读 |
| 1 | 被动标签，只写一次，可编程没有记忆内存 |
| 2 | 被动标签，65kB 内存，可读写 |
| 3 | 半被动标签，65kB 内存，可读写，有内置电池增强读取范围 |
| 4 | 主动标签，有内置电池运行芯片天线，使发射器发出识读信号 |
| 5 | 主动标签，可以与其他级别的标签及或其他设备匹配 |

最终，Auto ID Center 采用 Class 0 和 Class 1 的两种不同的协议，这意味着终端用户必须购买不同的读写器来读取 Class 1 和 Class 0 的标签。

2003 年，Auto ID Center 的 EPC 技术因得到了 UCC 的认可，而开始与 EAN 组织进行合作，使 EPC 技术商业化。2003 年 11 月，EPC Global 成立，Auto ID Center 将 Class 0 和 Class 1 协议转交 EPC Global。后来 EPC Global 通过会议批准 Class 0 和 Class 1 协议作为 EPC 标准。

Class 0 和 Class 1 协议有两个缺点，其一是 Class 0 和 Class 1 协议互不兼容，并且与 ISO 更不兼容。其二是它们不能做到全球通用。例如，Class 0 发射信号时使用一种频率，而接收信号时用另一种不同频率。这与欧洲的标准不同。

2004 年，EPC Global 开始着手第二代协议（Gen 2）的开发，这个协议与 Gen 1 不同，而是要使 EPC 标准将更加接近 ISO 标准。2004 年 12 月，EPC Global 又通过了 Gen 2。这样 Gen 2 和 ISO 标准同时成为 RFID 产品厂家的标准。

Gen 2 虽然接近了 ISO，但是，关于 AFI 却与 ISO 不同。所有的 ISO 标准都有 AFI，这是一个 8 比特的编码，用来识别标签源码，来防止 EPC Global 对标准的垄断。但是，生产商已经开始用 Gen 2 标准来生产产品，这将在供应链中形成全球使用 Gen 2 的趋势。

EPC 的 Gen 2 标准将以 18000 - 6 Type C 的形式，于 2006 年 3 月得到 ISO 的批准认可，纳入 ISO 标准体系。

（4）为什么说 Gen 2 标准是一个相当完备的标准？

Gen 2 中对于空中接口的标准融合了 Gen 1 和 ISO 协议中有关空中接口的优点，加上一些从其他通信系统借鉴来的信息，如从 802.11 Wi - Fi 路由器，来实现读写器和标签的通信，这样会比现存的 RFID 协议更快捷、可靠，并且可以解决对环境的噪声问题。所以这个 Gen 2 不是一个泛泛的概念，而是有具体明确对象的。

射频识别的常用频率范围有高频段，超高频 860 ~ 960MHz 频段，MW 2.45GHz 频段等。不同频段的射频识别各有技术特点，然而针对 EPC 物品编码应用的大物流，供应链管理的应用需求，超高频频段具有读写距离远，通信速率较高等优势而成为最适合上述应用的频段。因此，自 EPC Global 接管 Auto - ID Center 之初，就成立了专门的硬件工作组（Hardware Action Group，HAG）负责制定 EPC 射频识别的空中接口技术，首先进行的就是超高频频段的。该工作组几乎集合了全球最主要的射频识别硬件供应商，在已有的超高频射频识别标准（如 ISO/IEC 18000 - 6）、已有用户需求和相关技术储备基础上，该工作组根据 EPC 应用的特殊需求进行了前后长达两年的分析、论证最终制定了我们所说的 Gen 2 标准。从这一点上，我们就可以说 Gen 2 标准是一个不同一般的射频识别空中接口标准。从技术上说，这个标准是一个相当完备的标准，当然这样造成的后果是实现的复杂度提高，芯片设计难度及制造成本也相应提高。

（5）与 Gen 1 相比，Gen 2 的最基本的优越性有哪些？

与 Gen 1 相比，Gen 2 的最基本的优越性在于：

更快的读取率

Gen 2 协议是为了使读者能在 RFID 标签中读取和写入数据比 Gen1 协议更

快而设计的。Gen 2 支持标签到读写器转变率最高可达到 640kbit/sec，相比较而言，Gen 1 的 Class 0 是 140kbit/sec，Class 1 为 80kbit/sec，比率的提高意味着公司可以用比从前高出很多的速率来读取标签，以适应现场对读取速度的要求。此外，Gen 2 标签每写入 16bit 要少于 20ms。写入一个 96bit 的 EPC，加上开头（标签里储存的一些额外信息）不超过 140ms，并且允许读写器以高于 7 个标签/s 的速度工作，这种速度能满足目前生产线上的实时要求，因此现场不需要放慢他们的生产线的速度就能为标签写入 EPC。

较长的密码

新的 Gen 2 使用 32bit 长的密码，同时也用来终止、锁定和开启记忆。这意味着至少有 4 亿多种密码可供选择，除了得到标签的所有者的许可之外，没有人能够破坏或停止标签的工作状态。

（6）Gen 2 的性能方面对 Gen1 的提升有哪些特点？

Gen 2 的性能方面的提升或者说技术特点主要有下面这几个方面：

① Gen 2 在制定过程中，伴随着世界主要区域的用于射频识别的无线电频段的划分和落实。所以 Gen 2 标准充分考虑了全球范围内的通用性，Gen 2 标准规定了多种编码、信号调制方式，使得射频识别标签及读写器能够在符合地方无线电管理标准的前提下最大程度提升系统性能。

② Gen 2 标准提出了全新的密集读写器（Dense – Reader）模式的解决方案，在后面的问题中我们再具体了解。

③ Gen 2 标准有效地将 Ghost Read（幻影标签）的发生概率极大地降低了，理论分析针对 EPC 的大物流应用，其发生概率也仅为 1 个/年。

④ 明确规定了 kill 指令及 Lock 指令，用于实现隐私保护的用户需求。

# 6　RFID 应用技术

## 6.1　隐私保护

（1）使用 RFID 的同时能否保护个人隐私？

当前，RFID 行业都已经注意到对个人隐私的保护，并且在 RFID 标签中设置了一个电子"开关"，这样消费者可以随意的关闭 RFID 标签。或者可以选择不使用这项服务。比如无须收集就可退货的服务。这样个人隐私在很大程度上可以受到保护。

（2）隐私保护产生于什么样的社会背景？

这些年来，我们期待着 RFID 标签在生产、生活中发挥更大的作用，为此人们就如何在衣服、书籍、家电等领域内广泛应用 RFID 的问题在进行着充分的讨论。RFID 标签在供应链管理（Supply Chain Management）以及物品的跟踪方面进行着各种实验，并使之逐渐得到了实际应用。但是这种便利性带来的是个人隐私有可能被暴露的问题。当个人买入或者借入物品，而这些物品以 RFID 标签记载的物品或个人信息就容易被人读取。这样未经个人允许，原本属于隐私的信息轻易地被旁人获取甚至利用。在那些重视个人隐私保护的国家中遇到这种情况时，某些代表消费者利益的团体便开始组织人们反对使用 RFID 标签甚至发展到抵制购买的运动。日本在 2004 年 6 月经济产业者和总务省共同制定和发表了电子标签个人隐私保护条例，开始整顿 RFID 标签的环境使消费者放心使用。这样 RFID 标签的广泛使用就得到了一定的保障。

（3）隐私方面存在哪些人令人担忧的问题？

使用了 RFID 标签的衣服、鞋、书籍、家电等商品被购入时，RFID 标签没有被去除就交到消费者手中时，RFID 标签的信息（哪怕只有商品信息）容易在本人不知晓的情况下被盗取。如果本人信息又不知不觉地被盗取，那么将本人的信息与商品信息结合在一起时，就容易形成个人隐私的流失。日本在 2005 年 4 月个人信息保护法开始实施，与隐私有关的个人信息的安全问题的处置得到社会的广泛关注。对于这些问题开始得到防患于未然的解决。

（4）关于隐私和保护 JAISA（日本自动编码识别系统协会）有什么条例和方针？

JAISA 的 RFID 隐私保护委员会在 2006 年的活动中做成了下述条例，这个条例要求相关业者在 RFID 设备的制造和使用中严格遵守。

① 向消费者提供 RFID 标签的运用情况。

向消费者提供的信息内容：RFID 标签被使用、设置部位、有关设备的放置场所、标签内容、使用目的和方法等。

向消费者提供信息的手段：在消费者容易看到的地方设置标识或标牌要求在 RFID 标签安装的地方说明这是 RFID 标签的字样以及使用目的，例如，商品管理等。对商品进行说明和销售时直接进行此类口头声明可以得到更好的效果。

② 用装有 RFID 标签的标记向消费者表示 RFID 标签的使用状况（今后制定具体方法）。采用谁都容易明白的标记，看到这种标记后 RFID 标签的动作距离（例如几十公分、几米、几十米）一目了然。

③ 向服务业界建议在采用减小 RFID 标签对消费者的危机感。采用减小 RFID 标签对消费者的危机感。例如采用短距离通信的 RFID 标签，使得远处的窃读失效来保护隐私。

④ 明确 RFID 标签以及信息的管理主体、负责人和管理人。使管理主体明确化和教育的推进。服务业者需指定 RFID 标签及其信息的管理主体公布 RFID 标签使用的信息以及联系方式。RFID 标签信息管理主体要设在服务业者内部，要教育他们对于消费者的意见要迅速做出对应。

⑤ 要注意不得将个人信息与 RFID 标签结合在一起。记入 RFID 标签的信息。将个人信息与其他信息相结合就容易暴露个人隐私时，不得写入个人信息。作为原则，一般不要记入个人信息。

⑥ 创造一种让消费者可以选择标签利用可否的环。RFID 标签利用与否要由消费者选择。创造一种让消费者可以选择是否利用 RFID 标签的环境。例如，买商品的时候，要设置和运用满足消费者要求的设备（读取距离的限定等）消费者可以利用店里放置的设备"杀死"标签。

## 6.2　环境保护

（1）JAISA 是怎样争取对环境保护作出贡献和怎样将消极因素防范与未然的？

RFID 标签通过从供应链的上游到下游的灵活使用可以使生产～物流～销售的整个环节都可以提高效率、节省能源，以至减少 $CO_2$ 的排放。另外对于物品的分类可以提高再利用和可修复物品的比例，这些对地球环境都将产生积极影响。

与此相反，现在的 RFID 标签是由金属和黏合剂制成的，尽管十分微小，但将它贴在书籍或纸箱上后，这些物品的再生使用都有可能产生问题。

因此作为 RFID 标签供货商的责任要抓住废弃 RFID 标签的课题，防患于未然，在 RFID 标签大量被使用之前充分预见这个阶段的到来并制定必要的对策。

（2）RFID 标签在废弃时会出现什么问题，有哪些解决方案？

目前为止所认识到的课题以及对策如下：

① RFID 标签构成材料的化学成分一般由 RFID 标签的构成来决定，其中 IC 芯片在废弃时不会产生问题。对于天线和母材的铜、银、铝和塑料（PET）在大量废弃的时候需要探讨对环境的影响。另外，通过分析表明目前使用的 RFID 标签中不含有毒物质。

② 废弃状况以及经年变化对环境的影响。关于 RFID 标签在焚烧和掩埋以及经年变化是否对环境产生影响这一课题我们一度想请国家研究机关进行有关实验，但是很难预料其本身的危害性，所以暂时排除了实验的必要性。

③ 根据 RFID 标签的 LCA（生命周期评价法）推算其生命周期，生命结

束后的废弃与应用规模有关。目前导入 RFID 标签的场所比较固定，今后，导入范围将扩大到供应链的方方面面，涉及的企业将更为复杂，与废弃有关的责任以及费用负担也有可能变得更加困难。

④ 关于相关法规的适应方面，考虑到 RFID 标签多设置在对象物上并与之一起废弃，例如包装容器，家电，食品，建材，汽车等。此时就要根据不同领域的业界所制定的再利用法规来运作。欧共体（EU）规制了 6 种与电气电子设备有关的有害物质，从 2006 年开始施行。与 EU 的资料对照，我们发现在 RFID 的芯片中不含有这些有害物质成分。

⑤ 关于用户的实态调查，为了了解实际应用着 RFID 标签的现场如何废弃标签的情况，我们对全国利用 RFID 的图书馆作了电话调查。调查发现，破损了图书废弃时，由于 RFID 标签价格较高，所以标签几乎全都被仔细地与纸一起剪下来重新使用。RFID 标签因为天线部分损坏时，有些被废弃，但更多的是被送回厂家或保存下来。

（3）对瓦楞纸箱进行再利用方面 JAISA 做了那些实验？

RFID 标签的废弃虽然没有成为现实问题，但是设想 RFID 标签大量晋及使用时，大量废弃自然发生，任何应对那种情况是我们所要考虑的问题。在各种废弃 RFID 的可能性当中，我们选择瓦楞纸箱的情况作了实验现将结果汇总如下：

① 目前瓦楞纸箱的再生率高达 90%，因此不能仅因为贴标签的原因就降低这种再生率。为了检查标签中的金属物质进入纸箱原料，从而让金属探测仪检查出的可能性进行了实验调查。

② 实验流程

用水将纸箱进行离解→将离解后的材料中分离出异物→将分离出的异物用手工做成薄片，以此进行了分析实验。

③ 实验结果和见解

通过以上流程制成的薄片虽然含有微小的铝片和铜片，但手持式金属探测仪却没有反应。贴有 RFID 标签的纸箱进行再生时，金属便会应该混入纸箱用纸的原料中。金属探测仪无法检出原因或许是因为金属碎片太小、太薄。但是这些金属碎片在光照下有时会闪闪发光，凭视觉判断属于不良品。其他诸如黏合剂对于设备的影响或者原纸里沉入明显斑点的制纸不良都可能发生。

④ 问题的解决方法

再生使用前将 RFID 标签分离下来的最好方法是使用剥离不下来也不妨碍再生的标签，例如开发不容易破碎，可以原封不动地取下来再利用的标签也是一个好办法。

（4）今后在上面粘贴 RFID 标签的有关材料当再生利用时 JAISA 有哪些课题呢？

我们在探讨的课题如下：

① RFID 标签自体的废弃。我们没有进行关于 RFID 标签自体的废弃实验，所以没有得出准确的应对方法，但是目前应该将其作为产业废弃物进行处理。另外当前随物品进入家庭的 RFID 标签为数甚少。但是标签作为家庭垃圾处理时应该根据各地方的垃圾分类标准来处置。建议尽早进行 RFID 标签在大量废弃时的实验。

② RFID 标签自身的再利用。在现代社会中，RFID 标签必须做到与保护环境相对应。尽量不废弃 RFID 标签，而是采用重复使用的方法。我们从这点出发，今后将去研究再利用的可能性。

③ 适用于再利用的 RFID 标签。眼下进行的以贴有 RFID 标签的对象物做再生的实验有待进一步深入。而且，对象物的种类将不断增加，为了让用户在再生方面也能够放心地使用 RFID 标签，我们也要认真从事各项有关试验。

## 6.3　减少对于医疗设备的影响

（1）JAISA 在 RFID 对于医疗设备的影响做了哪些研究？

近年来日本国内在图书管理、电子货币各种物品的在库管理、防盗装置等方面，RFID 开始得到普遍应用。今后以物流的流通领域为中心，RFID 将扩大到人们生活的方方面面。RFID 系统中使用的读写器是基于电波的发射和接收来工作的，所以对于这些机器的开发和使用必须顾及到是否对医疗设备产生不良的影响。为了适应这种需要，以总务省为中心从 2004 年开始用了两年多的时间，在业界进行了以"关于电波对医疗设备的影响"的研究。

JAISA 在会员的协助下得到了进行这项研究所需的设备。另外，在总务省的指示下，建立 RFID 设备运用规范，并且做了干扰模型的实验和模拟实验。我们及时公开了实验结果。为了将 RFID 设备对医疗设备的影响减到最小的程度，我们还采取了广泛的宣传活动使更多的人了解此事。

（2）JAISA 与大学合作进行了哪些减少对医疗设备影响的共同研究？

为了减小一般环境下设置的 RFID 设备对医疗设备的影响，RFID 专业委员会专门设置了调查对医疗设备的影响，进行调查的分会，与心脏起搏器协会、大学的研究机构不断进行沟通和信息交流。在这些活动中与两所大学进行着共同研究，这两项研究如下：

① 用实际设备作影响的研究。使用医疗设备的测定模式以及 RFID 设备来研究 RFID 设备对医疗设备的影响。主要是研究医疗设备零部件的质量，目

的是即便医疗设备旁边设置了 RFID 设备时医疗设备也能正常工作，进而创建一个安全使用医疗仪器的良好环境。

② 分析 RFID 设备对医疗设备影响的主要原因。为了消除 RFID 设备对医疗设备的影响或者将这种影响控制在最低程度上，在各自设备的设计阶段就采用共同的应对方法是我们的主要目的。这项研究从 2004 年开始一直在持续进行着。根据 JAISA 的会员或非会员中希望作调查的企业利用心脏起搏器协议提供的设备反复进行不良影响的调查。调查的设备如附录表 6.1 所示。从这些调查中得到的数据在上述第①项的研究中也发挥了一定作用。附录表 6.1 试验对象的医疗设备种类。附录表 6.2 是试验对象的 RFID 种类。

**附录表 6.1  实验对象的医疗设备种类**                  种

| 医疗设备 | 2005 年 | 2006 年 |
|---|---|---|
| 心脏起搏器 | 10 | 20 |
| 微颤消除器 | 3 | 7 |

**附录表 6.2  试验对象的 RFID 种类**                  种

| 频率 | 2005 年 | 2006 年 |
|---|---|---|
| 125kHz | 4 | 4 |
| 13.56MHz | 2 | 25 |
| 953MHz | 2 | |
| 2.45GHz | 2 | 2 |

## 6.4  利用读写器的方向性

当货物上放着带有电子标签的货物时，货架也用电子标签来标识时，为了读取货物和所在位置，怎样仅利用一台手持式读写器来读货品和货架的标签？

这台手持式读写器必须只能识读一种设置方向电子标签，不能识读与这个方向垂直方向设置的标签。在贴标签时，使产品上的标签贴在垂直方向，而货架上的标签贴在水平方向。这样一来当手持读写器垂直方向去进行读取时，只能识读产品上的标签，反之，将读写器在水平方向上去读取就只能识读货物架上的电子标签。这是有些厂家特意设计的辨别不同用途标签的解决方案，不是所有厂家的产品都能实现的，当客户需要具有这种功能时，可以进行选择。

# 7　热敏重印技术

（1）什么是热敏重印？

所谓热敏重印是用一种热转印打印机将 PET/PVC（塑料薄片）或纸张上事先覆盖的特殊薄膜局部受热并改变印字（受热）部位的颜色，形成文字图案，并且可以将已经印字的内容全部消除，恢复原来的纯白色，供重新打印使用。这里，"热敏"指的是原理，即这也是一种热转印，通过加热方式打印；"重印"指的是功能，像黑板一样写了字可以抹去，可以将旧的内容清除掉，重新印字。这种打印方法不但为很多场合提供了方便，而且避免了一次性使用带来的资源浪费，也可以起到保护环境的效果。附录图 7.1 展示了利用热敏重印技术对卡片进行循环应用的过程。

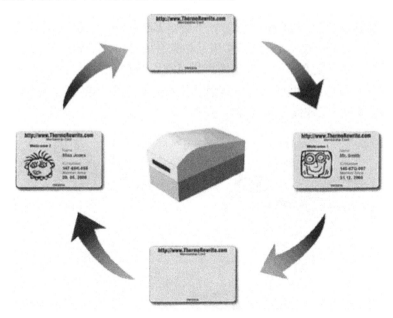

附录图 7.1　卡片因热敏重印而循环应用

（2）热敏重印的特长是什么？

热敏重印有如下特长：

① 印字的对比度高而且鲜明，打印的文字和图片一目了然，还可以印条码。附录图 7.2 是印制效果。

② 分辨率很高，在十分有限的面积内可以印上很大的信息量，不仅可以表现文字，还可以表现图片，甚至包括面部照片。参见附录图 7.3。

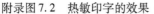

附录图7.2　热敏印字的效果　　　　　　附录图7.3　文字和图片的表现效果

③ 能够实现丰富的设计，重印膜为白色半透明，透过它还可以看到原本白色的基体以及在基体材料上以一般印刷方法事先印刷的文字图片。也就是说基体材料和重印膜上的图片和文字"交相辉映"、各司其职，结果实现了一般印刷的五彩缤纷与热敏重印的实用性相结合的效果（见附录图7.4）。

④ 重印也可以有不同的印刷颜色。目前，蓝色和黑色已经商品化了。实际上，根据染料的选用可以实现蓝色、黑色、红色等丰富多彩的颜色。将来这些颜色都可以实现商品化（见附录图7.5）。

附录图7.4　美观实用兼顾的印刷效果　　　　　附录图7.5　不同颜色的印刷

（3）热敏重印与一般的热转印有什么不同？

这种使用在打印纸上的覆膜材料与一次性材料有很多相同的地方，都是利用了染料和显色剂，将这两种材料混合在一起均匀地涂抹在 PET 的表面，经较高温度（260℃左右）的快速受热和冷却，显色剂可以帮助原本无色的染料变成黑色，这是一般热敏方式打印纸的原理，此时，染料和显色剂是按照不可逆转的方式配合的。而可重印的情况，是将两种材料的配合按照可以逆转方式配合的，即在较低温度（160℃）的条件下缓慢加热和冷却（约需

1s)，使两种材料可以恢复到没有印字时的状态中去，即纸面恢复白色。也就是像原理图所示的那样，当两种材料整齐地排列时（图的下方），纸面为纯白色；当两种材料混在一起时（图的上方），纸面出现颜色。

（4）热敏的显色和消色的原理是什么？

热敏重印应用了传真机等上面所使用的热敏纸局部受热变色相同的原理——染料和显色剂受热相互作用。不同的是热敏重印使用了可逆性显色剂，通过加热和冷却的温度和时间控制实现了可反复显色和消除的特性。

热敏重印的显色/消色的机理可用附录图7.6模式图（（a）、（b））来表示。施加在印字层中的燃料和显色剂的热量使温度达到必要的熔点温度（约170℃）以上时，这两种材料达到熔合的状态，使这种状态急速冷却后，熔合在一起的两种材料因结晶形成的颜色保持下来。相反，从较热的状态下较缓慢地冷却后，染料和显色剂分别形成结晶，不能保持显色状态。

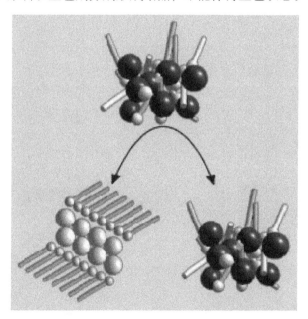

附录图7.6（a）　显色和消色的原理图1

另外，染料和显色剂即使在熔点以下保持一定长度的加热时间，染料和显色剂慢慢分离开来并结晶，可以达到消色的状态，实现消色的温度范围为120℃～140℃。也就是说，实现热感应重印的印字和消去就是控制染料和显色剂的混合物的结晶化过程。

各公司开发的重印用打印机都是根据这种机理来设计的，印字用的热敏打印部分大都一样，消去的方法却各不相同。

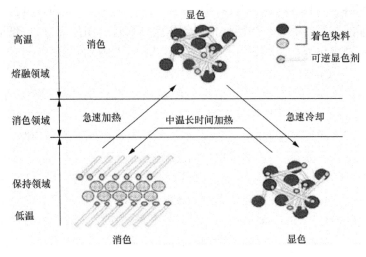

附录图 7.6（b）    显色和消色的原理图 2

（5）热敏重印中消字是怎样实现的？

附录图 7.7 是热敏重印打印机中实现印字和消去的过程，上面的图表示印字颜色的深度，下面的图表示在印字材料上加热的升降温度的过程。高温短时间（数十毫秒）加热可以显色，低温长时间（1 秒以下）可以消色。

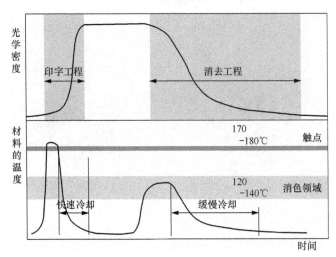

附录图 7.7    热敏重印打印机中实现印字和消去的过程

（6）印字灵敏度是怎样表示的？

是用光学密度和消耗能量的关系来表示的。使用热敏重印的例子可以用附录图 7.8 来表示。

（7）消去特性是怎么回事？

是用光学密度和温度的关系来表示的，利用"热印章"消去特性的例子可以用附录图7.9来表示。

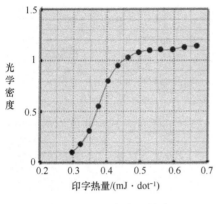

附录图7.8 印字灵敏度

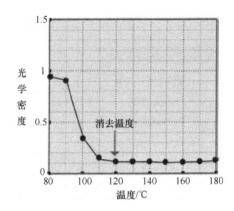

附录图7.9 消去特性

（8）热敏重印是怎样用在卡片上的？

热敏重印卡片是利用专门的读写器读得的卡上磁条或IC记录的信息在它的热敏重印面上反复改写印字的一种卡片。除了上述的专门打印机之外，还需要控制和管理用的软件。也就是说，在卡片上利用重印技术需要热敏重印卡、读写器和软件。可以用来进行重印的卡主要有白浊重印和热敏重印两种。

（9）热敏重印与白浊重印有什么异同？

与热敏重印那样的使染料显色的方式不同，也有被称为白浊型的重印材料。这是在纸基上覆盖反光用的铝反射层之后又在其上加上机能层和保护层组成的。透明的机能层是由高分子的结合剂以及均匀分布其中的高级脂肪酸等低分子物质组成的。根据加热的分布不均，这种低分子物质变成单结晶或微结晶的集合状态，在结合剂内原来含有的间隙变得稀密不均，即间隙大的地方从铝反射膜反射光强。相反，间隙小的地方反射光较弱。因此形成了反差，就能够看到印刷的图像或文字。附录表7.1列举了热敏重印和自浊重印的性能比较。

附录表7.1 热敏重印和自浊重印的比较

| 特性 | 热敏重印（耐久、高速） | 自浊重印 |
|---|---|---|
| 印字色 | 蓝、黑等 | 银灰 |
| 辨视性 | ◎ | △ |
| 分解能 | ◎ | ○ |

续表

| 特性 | 热敏重印（耐久、高速） | 自浊重印 |
|---|---|---|
| 耐久性 | 300～500 次 | 300～500 次 |
| 耐水性 | ◎ | ◎ |
| 耐光性 | △ | ◎ |
| 耐热性 | ○ | △～○ |
| 设计上的自由度 | ◎ | △ |
| 处理速度 | ○ | ○ |
| 印刷成本 | ◎ | △ |
| 应用上的自由度 | ◎ | △ |
| 注：表中符号意义　◎很好　　○好　　△尚好　　×不好 | | |

（10）热敏重印再印有哪些应用实例呢？

① 入场券、车票：可多次使用（与个人身份无关），覆有热敏重印膜的非接触 RFID 卡作为滑雪场的利用券已经在欧洲普遍使用。虽然重印使卡的成本有所增加，但由于可以反复利用，具有削减成本和节约资源的效果（见附录表7.2）。

**附录表 7.2　入场券和车票的应用场所**

| 检票·验票 | 交通工具 | 门禁管理 |
|---|---|---|
| 滑雪场 | 月票 | 工厂、机关、单位、居民楼、写字楼、购物中心 |
| 游乐场 | 多次券 | |
| 各种会场 | 船票、电车票 | |

使用在非接触式卡片上时，卡片不必插入读取设备，不造成卡片本身磨损，而且在检票口可以非常迅速通过。在日本已经在电车乘车票上得到应用。例如月票卡，卡内有 IC 芯片，卡面使用热敏重印可以修改印字内容，例如有效期限、乘车区间等。

尽管热敏重印也可以与磁卡复合实用，但是跟磁卡相比，IC 卡能更好地保护消费者的信息安全，而且能够存贮更多的信息。

② 身份证（例如学生证等）、积分卡、会员卡（与个人身份有关）：在大学作为学生证，卡片的正面以热升华转印方式印面部照片，背面以热敏重印方式印更新日期、住址等信息（可以更改）。这种复合式学生证已经得到应用。

应用事例：医院就诊卡、学校文化中心的学生卡、会员卡、企业、机关单位的职工证和临时员工证。

③ 积分卡：近来普遍使用的积分卡也开始使用重印技术。每当顾客购物以后，将相应的"分数"积累在顾客的卡内，并可以用"积分"购物。每次购物利用积分购物后热敏重印便可在积分卡上改写积分状况。不但积分状况，商店的商品广告也可印刷。这对于为顾客提供方便、吸引顾客、收集顾客的信息都起到很好的效果（见附录表 7.3）。

附录表 7.3　积分卡和应用场所

| 餐饮店 | 商店 | 娱乐设施 | 服务业 | 其他 |
|---|---|---|---|---|
| 饭店 | 超市 | 游戏厅 | 声像租赁店 | 商店街、旅店 |
| 酒店 | 购物中心 | 扒金宫 | 洗衣店 | 酒店 |
| 茶屋 | 体育用品店 | 高尔夫练习场 | 美容理发店 | 资料馆 |
| 快餐店 | 糕点店面包店 | 网吧 | 按摩店 | 温泉洗浴中心学习班、学校医院、加油站 |

④ 电子标签：在电子标签上可以印刷条码和文字，这样文字、条码、RFID 芯片三位一体的结果既可以目视又可以用条码扫描和 RFID 阅读器来读取数据，随着 RFID 内容的变化，印刷内容也可以改变，这样使那些原来不能修改的条码 RFID 标签可以重复使用，降低了因 RFID 标签价格高产生的成本问题。这样的三位一体标签可以用于物流和工程管理。

应用事例：物流配货中心的在库、出库、入库管理制造工程中的流程表和派工单；借书、租赁管理等。

⑤ 显示器、数据用纸（见附录图 7.10 和附录图 7.11）：可以作为大型屏幕，如车间内的告示板。也可以用在重复使用的数据用纸上，例如半导体制造车间所需的无尘纸。

附录图 7.10　显示器

附录图 7.11　数据用纸

# 附录 2

# 作者介绍

**编著者**

三宅 信一郎（みやけ　しんいちろう）

〈日文原稿各章编辑、执笔日文第 3 章、第 4 章、第 5 章、第 6 章、第 10 章〉。

万库咨询有限公司执行顾问·顾问总监

（株）BFC 咨询公司总裁兼首席执行官

1983 年毕业于北海道大学经济学部，曾就职于日本商井公司（株）、（株）日本商业创造公司。

参与新事业开发，在惠普日本公司（株），担任 RFID 解决商务的特别小组的领导者。

资格：社团法人日本自动识别系统协会认定　自动识别基本技术者

　　　TAPA 内部审查员

　　　ISMS（ISO - 27001）情报安全商务系统审查员

　　　经济产业省　次世代电子交易推进协会　电子标签普及研究 WG 干事

邮箱地址：miyakeshin@ waku-con. com

　　　　　shinichiro. miyake@ bfc-con. com

周文豪（Zhou Wenhao）

〈日文各章翻译、全书编辑、校对、执笔附录 1〉

亚太 RFID 技术协会秘书长

射频世界杂志社长兼主编

《世界物联网》主编

无锡浩汉物联传感技术有限公司 CEO，从事 RFID 物联网、传感网技术研究与市场开发。1986 年受中国政府公派赴日美攻读博士学位。1990 年东京工

业大学博士课程结业，获工学博士学位后从事博士后研究。在国外期间曾于
（株）东京精密、日本 AMP（株）、日本泰科（株）任研究员、课长。在美国
GITS Inc. 任 CEO，从事和率领团队开发超精密非接触三维坐标测定机、图像
检查机等自动测定机器和传感器、应用软件开发。在国内曾任清华大学、北
京科技大学、中南工业大学客座教授和讲师等职，担任"机械工程测试技术"
等课程主讲教师等。

　　邮箱地址：gits_usa@ sina. com　网址：www. a2816. com

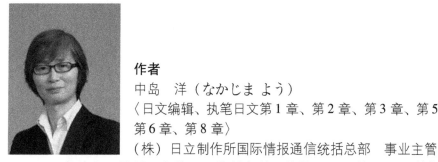

**作者**
中岛　洋（なかじま　よう）
〈日文编辑、执笔日文第 1 章、第 2 章、第 3 章、第 5 章、
第 6 章、第 8 章〉
（株）日立制作所国际情报通信统括总部　事业主管

　　1980 年毕业于早稻田大学理工学研究科，曾就职于（株）日立制作所，
担当制造业·流通业的系统工程师，商务解决方法的企划等。2003 年 10 月在
追踪业务发展中心担任负责人。2004 年 10 月担任项目中心负责人，追踪以及
RFID 相关的产品，解决方法的推进·统括。日本总务省的"ICT 提高生产效
率委员会"委员。

　　邮箱地址：yo. nakajima. bu@ hitachi. com

及川　资朗（おいかわ　しろう）
〈执笔日文第 3 章、第 5 章〉
万库咨询有限公司执行顾问、顾问总监
程序·咨询公司（株）首席执行官
惠普日本公司（株）咨询·集成统括
咨询营业本部 BI/RFID 担当管理

　　其专攻领域是有关 ERP/DWH 等的基干系、情报系的构筑和利用 RFID 项
目的系统构筑的高级规划。

　　资格：TAPA 内部审查员
　　邮箱地址：oikawa@ waku-con. com
　　　　　　　oikawa@ steps-con. com

柳下　典男（やぎした　のりお）
〈执笔日文第 5 章、第 9 章〉
Toyokanetsu（株）开发设计部开发 2 组组长。

　　从事研究 RFID 和条码自动识别码技术和标签系统的开发、设计以及利用可擦写来换写标签的系统的研究、研发；2005 年作者作为 RFID 技术人员参与日本惠普 RFID Noisy 实验室的筹建与建成后的运行。

　　邮箱地址：yagishita@ toyokanetsu. co. jp

内田　雄治（うちだ ゆうじ）
〈执笔日文第 9 章〉
日本托盘租赁公司（株）IT 事业部　创新推进部
RFID 开发科专任科长

　　1991 年毕业于大阪府立大学院工学研究科（专业是航空宇宙构造工学）。进入惠普日本公司（株）。HP-UX 日本语环境等的软件开发部署，在咨询、集成统括本部技术本部解决方法·生产本部，进行补足 HP 解决方法销售给其他公司以及 RFID 关联产品的销售和技术咨询。作为 RFID 技术员参与策划了 HP RFID 噪音实验室·日本联盟，模拟系统的企划、立案、构筑以及检验服务的实施等。

　　资格：社团法人日本自动识别系统协会认定 RFID 专门技术者

　　作品：《JMF Java Media Framework：》、《IT 管理的 XML 入门》、《Itanium 革命》（全部都是皮尔森教育刊）

　　邮箱地址：uchida_ y@ jpr. co. jp

下川　孝弘（しもかわ　たかひろ）
〈执笔日文第 2 章、第 10 章〉
担任 IDEC 公司（株）市场营销企划室企业营销助理
室长
关西学院大学经营学修士毕业（MBA）

1986 年进入 IDEC 公司后，从事条形码、RFID 等的自动识别技术的营业、市场营销、应用的开发。近年来，担当监控相机和画面传感机器等的开发事业。进行在安保和追踪领域的应用开发。

资格：社团法人日本自动识别系统协会认定 RFID 专门技术者

　　　TAPA 内部审查员

　　　安全系统专家

邮箱地址：tshimokawa@idec.co.jp

冈　正俊（おか まさとし）
〈执笔日文第 6 章〉
凸版 FORMS 株式会社信息媒体部销售策划促进部销售
策划促进第三组经理
凸版 FORMS 株式会社担任账票处理机器以及系统开发。

2003 年至今日从事 RFID 系统的开发，推进实际验证和试验检证与系统的开发。

東京都港区东新桥 1 - 7 - 3

TEL：03 - 6253 - 6287　FAX：03 - 6253 - 5658

E-Mail：oka@toppan-f.co.jp

秦　钟（Qin Zhong）
〈执笔第 7 章〉
上海秀派电子科技有限公司，任副总经理兼技术总监。
西安电子科技大学技术物理系毕业。

　　2005 年创立上海秀派电子科技有限公司，在 Active RFID 领域，提出了基于 2.45Ghz 短程无线技术的 Active RFID 的架构，建立起对称的、实时的、超低功耗、远距离、高防冲撞性的 Active RFID 技术平台，实现 Active RFID 的产品化和规模应用。

　　资格：中国国家标准 GB/T—23678、国际标准 PAS ISO/IEC—18186、中国标准 GBJ7377.2—2011 起草人。

　　获 2009 年上海市科学技术奖二等奖。

　　列入上海市徐汇区 2010—2012 学科带头培养计划。

李向文（Li Xiangwen）
〈执笔第 10 章〉
　　大连海事大学交通运输管理学院物流系，物流工程研究中心，副教授，研究生导师。所在学科为物流工程与管理，研究方向为物流信息管理和交通运输发展战略。主要从事水运交通运输发展战略、企业竞争策略、物流信息化等方面的研究工作，共培养研究生 30 余名。主持完成科研课题与项目近 20 项。在国内外学术刊物上发表论文共 100 余篇。兼任"中国物流学会"理事、特约研究员；"中国物流与采购网"物流信息化专家，交通运输与物流公共信息平台标准组专家，中国电子集团电子软件研究院特聘物流信息化咨询顾问，中国管理科学院高级研究员；物流软件企业咨询顾问，大连市物流工程 RFID 实验中心负责人，辽宁省、大连市与大连海事大学物联网工程技术中心专家，大连市专家库信息化评审专家。

　　出版作品：《物流信息技术与管理系统》、《综合物流模拟实践教程》、《物流信息系统开发与应用》、《物流系统优化与评估实验教程》、《物流实用信息技术》、《物流信息管理概论》、《现代物流发展战略》、《欧盟推动物联网发展系列白皮书》（翻译）、《物联网概论》、《数字物流与电子物流》

　　邮箱地址：*xawenli@163.com.*